H. J. Blaß, I. Bejtka, T. Uibel

Tragfähigkeit von Verbindungen mit selbstbohrenden Holzschrauben mit Vollgewinde

Titelbild: Selbstbohrende Holzschraube mit Vollgewinde

Band 4 der Reihe
Karlsruher Berichte zum Ingenieurholzbau

Herausgeber
Universität Karlsruhe (TH)
Lehrstuhl für Ingenieurholzbau und Baukonstruktionen
Univ.-Prof. Dr.-Ing. H. J. Blaß

Tragfähigkeit von Verbindungen mit selbstbohrenden Holzschrauben mit Vollgewinde

Die Arbeiten wurden aus Haushaltsmitteln des Bundesministeriums für Wirtschaft und Arbeit (BMWA) über die Deutsche Gesellschaft für Holzforschung e.V. und die Arbeitsgemeinschaft industrieller Forschungsvereinigungen „Otto von Guericke" e.V. (AiF) gefördert

von

H. J. Blaß

I. Bejtka

T. Uibel

Lehrstuhl für Ingenieurholzbau und Baukonstruktionen
Universität Karlsruhe (TH)

universitätsverlag karlsruhe

Impressum

Universitätsverlag Karlsruhe
c/o Universitätsbibliothek
Straße am Forum 2
D-76131 Karlsruhe
www.uvka.de

Universitätsverlag Karlsruhe 2006
Print on Demand

ISSN 1860-093X
ISBN 3-86644-034-0

Vorwort

In diesem Forschungsbericht werden auf der Grundlage zahlreicher Versuche die wichtigsten tragfähigkeitsrelevanten Parameter angegeben, die für die Bestimmung der Tragfähigkeit von Holzverbindungen mit selbstbohrenden Schrauben notwendig sind. Dazu wurden die Lochleibungsfestigkeit des Holzes, die Ausziehparameter sowie die Mindestabstände der Schrauben untereinander und zum Rand für selbstbohrende Holzschrauben mit unterschiedlichen Gewindeaußen-Kerndurchmesser-Verhältnissen bestimmt. Zur Ermittlung des Tragverhaltens von schräg zur Belastungsrichtung eingedrehten Schrauben sowie des Tragverhaltens der Schraube als Verstärkungselement wurden ferner Ausziehparameter in Abhängigkeit vom Einschraubwinkel sowie in Abhängigkeit von der Querbelastung der Schraube ermittelt. Die Untersuchung der Lochleibungsfestigkeit des Holzes bei Beanspruchung durch selbstbohrende Holzschrauben in Abhängigkeit vom Winkel zwischen Belastungs- und Holzfaserrichtung sowie vom Winkel zwischen Verbindungsmittelachse und Holzfaserrichtung war ebenfalls Gegenstand dieses Forschungsvorhabens.

Ein Bemessungsverfahren für Holz-Holz-Verbindungen mit schräg zur Belastungsrichtung eingedrehten Schrauben wurde auf der Grundlage der Resultate dieses Vorhabens weiter entwickelt und optimiert, damit Verbindungen mit selbstbohrenden Vollgewindeschrauben allgemein anwendbar werden.

Darüber hinaus wurde ein Berechnungsverfahren für Verbindungen mit Vollgewindeschrauben als Verstärkungselemente zur Vermeidung des Aufspaltens von Nadelhölzern und zur Erhöhung der Tragfähigkeit bei konventionellen Verbindungen mit Bolzen und Stabdübeln entwickelt.

Die Arbeit wurde durch die Deutsche Gesellschaft für Holzforschung (DGfH) aus Haushaltsmitteln des Bundesministeriums für Wirtschaft und Technologie (BMWi) über die Arbeitgemeinschaft industrieller Forschungsvereinigungen „Otto von Guericke“ e.V. (AIF) gefördert.

Die Versuche zur Ermittlung der Mindestabstände der Schrauben untereinander und zum Rand wurden von Herrn Dipl.-Ing. T. Uibel geplant, durchgeführt und ausgewertet.

Die Planung, Durchführung und Auswertung der Versuche zur Ermittlung der Lochleibungsfestigkeit des Holzes und des Ausziehwiderstandes der Schrauben, die Entwicklung eines Berechnungsverfahrens für verstärkte Verbindungen sowie die Planung, Durchführung und Auswertung der Versuche zur Verifizierung dieses Berechnungsverfahrens erfolgte durch Herrn Dr.-Ing. I. Bejtka. Dieser Forschungsbericht wurde von den Herren Dipl.-Ing. T. Uibel und Dr.-Ing. I. Bejtka erstellt.

Für die Herstellung der Versuchskörper sowie der Versuchsvorrichtung und für die Messungen im Labor waren die Herren A. Klein, M. Huber, G. Kranz und M. Deeg verantwortlich. Bei der Auswertung der Versuchsergebnisse haben die wissenschaftlichen Hilfskräfte des Lehrstuhls für Ingenieurholzbau und Baukonstruktionen tatkräftig mitgewirkt.

Allen Beteiligten ist für die Mitarbeit zu danken.

Hans Joachim Blaß

Inhalt

1 Einleitung

Gegenwärtig stehen für den Holzbau selbstbohrende Vollgewindeschrauben mit Längen bis zu 600 mm und Durchmessern bis zu 12 mm zur Verfügung, die ohne Vorbohren und damit schnell und wirtschaftlich ins Holz eingedreht werden können. Mit diesen Schrauben eröffnen sich zahlreiche Möglichkeiten, tragfähigere und steifere Verbindungen kostengünstig herzustellen bzw. das Holz in gefährdeten Bereichen wirkungsvoll zu verstärken.

In der traditionellen Verbindungstechnik wird bei der Verbindung zweier Hölzer das stiftförmige Verbindungsmittel (Schraube) in der Regel entweder rechtwinklig zur Schraubenachse auf Abscheren oder in Schaftrichtung auf Herausziehen beansprucht. Dabei werden die Schrauben in den zu verbindenden Teilen rechtwinklig zur Holzfaserrichtung eingeschraubt.

Dreht man die Schrauben unter einem Winkel von weniger als 90° in die Hölzer ein, entsteht eine Verbindung, die bei gleicher Schraubenzahl und Holzabmessungen deutlich tragfähiger und vor allem steifer ist als die herkömmliche Verbindung. Der Grund für die erhebliche Steigerung der Tragfähigkeit und Steifigkeit ist die hohe axiale Tragfähigkeit der Vollgewindeschraube auch bei Verbindungen, die planmäßig nur parallel zur Fuge beansprucht werden.

Vollgewindeschrauben können als wirksame Verstärkungselemente zur Vermeidung des Aufspaltens von Nadelhölzern und zur Erhöhung der Tragfähigkeit bei konventionellen Verbindungen mit Bolzen und Stabdübeln eingesetzt werden. Durch eine Anordnung der Vollgewindeschraube rechtwinklig zur Faserrichtung des Holzes und zur Beanspruchungsrichtung kann das Spalten des Holzes bei konventionellen Verbindungen mit Bolzen und Stabdübeln, insbesondere bei Verbindungen mit geringen Abständen der Verbindungsmittel untereinander, verhindert und die Tragfähigkeit damit gesteigert werden. Werden die Vollgewindeschrauben darüber hinaus im direkten Kontakt zu den Bolzen und Stabdübel eingedreht, kann die Tragfähigkeit weiter gesteigert werden.

Um diese Möglichkeiten für die Praxis allgemein nutzbar machen zu können, bedarf es anerkannter Rechenverfahren sowie konstruktiver Randbedingungen. Rechenverfahren für die kombiniert beanspruchten, schräg zur Faser angeordneten Schrauben können aus den Grundfällen reine Abscher- und Herausziehbeanspruchung abgeleitet werden. Rechenverfahren für verstärkte konventionelle Verbindungen lassen sich in Anlehnung an die Theorie von Johansen (1949) herleiten.

Damit beide Rechenverfahren für die Praxis allgemein nutzbar sind, sind jedoch die tragfähigkeitsrelevanten Eingangsgrößen für selbstbohrende Vollgewindeschrauben zu bestimmen.

In diesem Forschungsvorhaben, das durch die Deutsche Gesellschaft für Holzforschung e.V. mit Mitteln der Arbeitsgemeinschaft industrieller Forschungsvereinigungen „Otto von Guericke“ e.V. in Köln finanziert wurde, wurden auf der Grundlage zahlreicher Versuche die wichtigsten tragfähigkeitsrelevanten Parameter ermittelt, die für die Bestimmung der Tragfähigkeit von Holzverbindungen mit selbstbohrenden Schrauben notwendig sind. Dazu wurden die Lochleibungsfestigkeit des Holzes, die Ausziehparameter sowie die Mindestabstände der Schrauben untereinander und zum Rand für selbstbohrende Holzschrauben mit unterschiedlichen Gewindeaußen-Kerndurchmesser-Verhältnissen bestimmt. Zur Ermittlung des Tragverhaltens von schräg zur Belastungsrichtung eingedrehten Schrauben sowie des Tragverhaltens der Schraube als Verstärkungselement wurden ferner der Ausziehparameter in Abhängigkeit vom Einschraubwinkel sowie in Abhängigkeit von der Querbelastung der Schraube ermittelt. Die Untersuchung der Lochleibungsfestigkeit des Holzes bei Beanspruchung durch selbstbohrende Holzschrauben in Abhängigkeit vom Winkel zwischen Belastungs- und Holzfaserrichtung sowie vom Winkel zwischen Verbindungsmittelachse und Holzfaserrichtung war ebenfalls Gegenstand dieses Forschungsvorhabens.

Auf der Grundlage der Resultate dieses Vorhabens wurde die Bemessung von Verbindungen mit geneigt eingedrehten Schrauben weiter entwickelt und optimiert und ein Bemessungsverfahren für mit selbstbohrenden Vollgewindeschrauben verstärkte konventionelle Verbindungen mit Bolzen und Stabdübeln entwickelt.

2 Grundlagenversuche

2.1 Lochleibungsfestigkeit des Holzes bei Beanspruchung durch selbstbohrende Vollgewindeschrauben

Die Lochleibungsfestigkeit des Holzes ist der Widerstand, der einem stiftförmigen Verbindungsmittel rechtwinklig zu seiner Achse beim Eindrücken in das Holz von diesem entgegengebracht wird. Für übliche stiftförmige Verbindungsmittel wie Stabdübel, Bolzen oder Nägel ist die Lochleibungsfestigkeit des Holzes von der Rohdichte des Holzes, vom Durchmesser des stiftförmigen Verbindungsmittels und gegebenenfalls vom Winkel zwischen der Faserrichtung und der Kraftrichtung abhängig.

An zahlreichen unterschiedlichen Hölzern, darunter auch Laubhölzer, wurde die Lochleibungsfestigkeit bei Beanspruchung durch glattschaftige Verbindungsmittel und Sondernägel ermittelt. Die Forschungsergebnisse sind unter anderem in Werner (1993), Hilson et al. (1987), Rodd et al. (1987), Smith und Whale (1987), Whale und Smith (1989), Whale et al. (1989) und Ehlbeck und Werner (1992) wiedergegeben.

Die Ergebnisse aus diesen Untersuchungen sind im folgenden zusammengefasst:

Die Last-Verformungs-Kurven können gut durch eine 3-parametrische Exponentialfunktion angepasst werden.

Die Lochleibungsfestigkeit wird signifikant durch die Rohdichte und den Durchmesser des stiftförmigen Verbindungsmittels beeinflusst.

Für große Durchmesser ist der Einfluss des Winkels zwischen Kraft- und Faserrichtung größer als für kleine Durchmesser.

Die genannten Untersuchungen enthalten keine Lochleibungsfestigkeiten bei Beanspruchung durch den Gewindebereich von Holzschrauben. In DIN 1052:2004-08 wird die Lochleibungsfestigkeit des Holzes bei Beanspruchung durch Holzschrauben in vorgebohrten Hölzern entsprechend der Lochleibungsfestigkeit bei Beanspruchung durch Nägel in vorgebohrten Hölzern ($d \leq 8$ mm) oder durch Stabdübel ($d > 8$ mm) berechnet. Die Lochleibungsfestigkeit bei Beanspruchung durch Holzschrauben in nicht vorgebohrten Hölzern wird wie die Lochleibungsfestigkeit bei Beanspruchung durch Nägel in nicht vorgebohrten Hölzern berechnet. Selbstbohrende Holzschrauben werden dabei als Verbindungsmittel in nicht vorgebohrten Hölzer betrachtet. Damit beträgt der charakteristische Wert der Lochleibungsfestigkeit des Holzes bei Beanspruchung durch selbstbohrende Holzschrauben nach DIN 1052:2004-08:

$$f_{h,S,k} = 0{,}082 \cdot \rho_k \cdot d^{-0{,}3} \quad \text{in } \frac{\text{N}}{\text{mm}^2} \qquad (1)$$

mit

d	Schraubennenndurchmesser in mm
ρ_k	charakteristischer Wert der Rohdichte des Holzes in kg/m^3

Wie für Nägel in nicht vorgebohrten Hölzern ist bei selbstbohrenden Holzschrauben kein Einfluss des Winkels zwischen Kraft- und Faserrichtung zu berücksichtigen.

An der Universität Karlsruhe (TH), Versuchsanstalt für Stahl, Holz und Steine durchgeführte Vorversuche zeigen, dass die Lochleibungsfestigkeit des Holzes bei Beanspruchung durch den Gewindebereich von selbstbohrenden Holzschrauben, insbesondere für höhere Werte der Rohdichte des Holzes, von den nach Gleichung (1) berechneten Werten abweicht. Mit steigender Rohdichte des Holzes steigt das Verhältnis zwischen den Versuchswerten und den nach Gleichung (1) berechneten Werten.

Im Rahmen dieses Forschungsvorhabens wurden Versuche zur Bestimmung der Lochleibungsfestigkeit des Holzes bei Beanspruchung durch den Gewindebereich selbstbohrender Holzschrauben in Anlehnung an DIN EN 383 durchgeführt. Variiert wurden hierbei der Nenndurchmesser der Schrauben (d = 6 mm, 8 mm, 10 mm und 12 mm) sowie der Winkel α zwischen der Kraft- und der Faserrichtung des Holzes. Weiterhin wurde der Winkel ε zwischen der Schraubenachse und der Holzfaserrichtung variiert. Die Definition der Winkel α und ε ist in Bild 2-1 dargestellt.

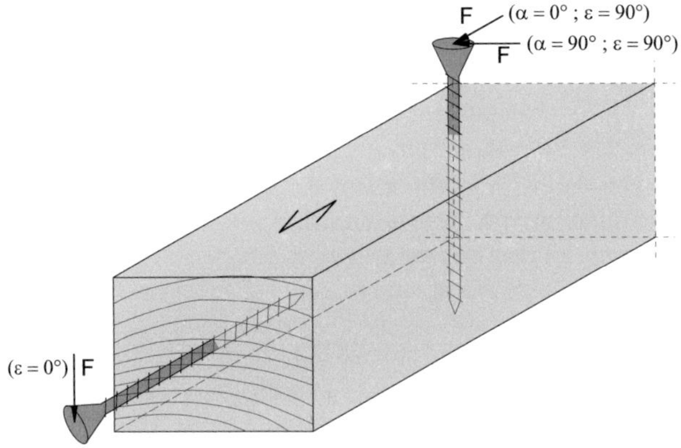

Bild 2-1 Definition der Winkel α und ε

Folgende Winkelkombinationen wurden untersucht:

ε = 90°:	α = 0, 30, 45, 60 und 90°	(n = 410 Versuche)
α = 0°:	ε = 0, 30, 45 und 60°	(n = 323 Versuche)

Für jede Winkelkombination und für jeden Verbindungsmitteltyp wurden mindestens 20 Versuche durchgeführt. Die Gesamtzahl beträgt n = 733 Versuche. Die Einschraubtiefe wurde bei allen Versuchen so gewählt, dass sich die Verbindungsmittel bei Beanspruchung rechtwinklig zur Schraubenachse nicht verbogen. Bei Schrauben mit 6 mm Durchmesser betrug die Einschraubtiefe 3,3·d. Bei Schrauben mit 8, 10 und 12 mm Durchmesser wurde die Einschraubtiefe zu 3·d bestimmt. Die Einschraubtiefe entsprach der Prüfkörperdicke t.

Für die Versuchskörper wurde Vollholz der Holzart Fichte (picea abies) verwendet. Das verwendete Vollholz wurde nach Verfahren 1 der DIN EN 28970 für einen charakteristischen Wert der Rohdichte von ρ_k = 380 kg/m^3 ausgesucht. Im Bereich der eingedrehten Schrauben war das Holz fehlerfrei. Die mittlere Rohdichte der 733 Prüfkörper betrug ρ_m = 420 kg/m^3 bei einer Standardabweichung von 49,4 kg/m^3. Die Häufigkeitsverteilung der Rohdichte des verwendeten Holzes ist in Bild 2-2 dargestellt.

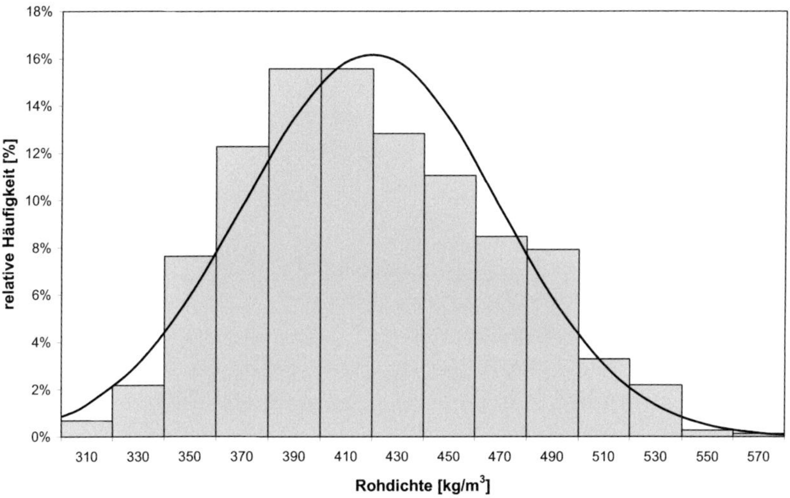

Bild 2-2 Häufigkeitsverteilung der Rohdichte des Holzes

In Bild 2-3 sind für rechtwinklig zur Faserrichtung des Holzes eingedrehte Schrauben (ε = 90°) die in Versuchen ermittelten 410 Werte der Lochleibungsfestigkeit des Holzes über den nach Gleichung (1) berechneten Werten aufgetragen. Der Korrelationskoeffizient R wurde zu R = 0,761 bestimmt. Nach der Methode der kleinsten Quadrate wurde die Steigung der Regressionsgeraden zu m = 1,457 bei einem Abszissenabschnitt b = -5,886 bestimmt.

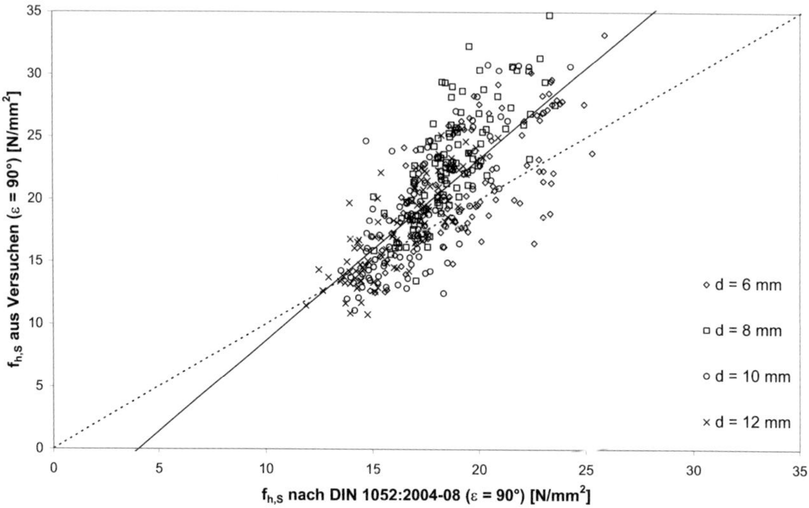

Bild 2-3 Lochleibungsfestigkeit des Holzes $f_{h,S}$ aus Versuchen über der nach Gleichung (1) in Anlehnung an DIN 1052:2004-08 berechneten Lochleibungsfestigkeit des Holzes $f_{h,S}$ für $\varepsilon = 90°$

Das 5%-Quantil der Grundgesamtheit für die untersuchten Holzschrauben bezogen auf den 5%-Quantilwert der Rohdichte der verwendeten 410 Holzproben ($\rho_{0,05}$ = 340 kg/m^3) wird erreicht, wenn der Parameter p = 0,082 in Gleichung (1) auf p = 0,076 abgemindert wird.

In Bild 2-4 sind die aus Versuchen ermittelten 733 Werte der Lochleibungsfestigkeit des Holzes über den berechneten Werten nach Gleichung (2) aufgetragen. Gleichung (2) wurde aus einer multiplen Regressionsanalyse bestimmt. Es ergibt sich ein Korrelationskoeffizient R von R = 0,909. Nach der Methode der kleinsten Quadrate wurde die Steigung der Regressionsgeraden zu m = 0,995 und der Abszissenabschnitt b zu b = -0,051 bestimmt.

$$f_{h,S} = \frac{0{,}022 \cdot \rho^{1{,}24} \cdot d^{-0{,}3}}{2{,}5 \cdot \cos^2 \varepsilon + \sin^2 \varepsilon} \quad \text{in } \frac{\text{N}}{\text{mm}^2} \qquad (2)$$

mit

d	Schraubennenndurchmesser in mm
ρ	Rohdichte des Holzes in kg/m^3
ε	Winkel zwischen der Schraubenachse und der Holzfaserrichtung

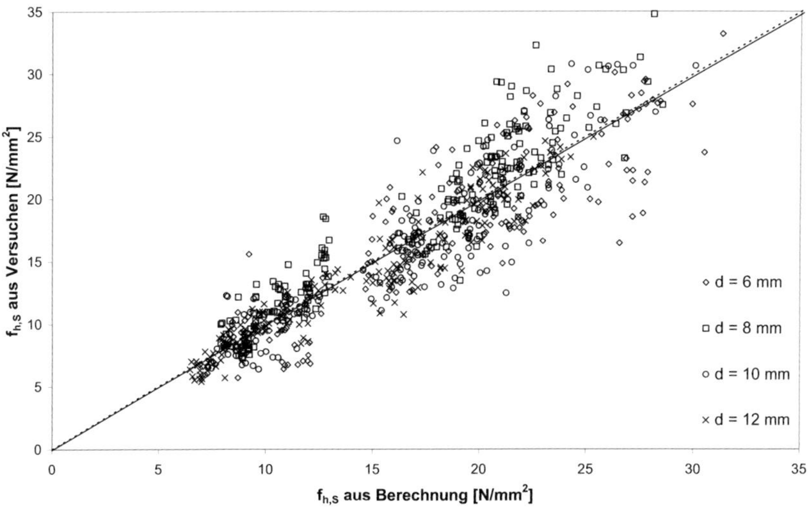

Bild 2-4 Lochleibungsfestigkeit des Holzes $f_{h,S}$ aus Versuchen über der nach Gleichung (2) berechneten Lochleibungsfestigkeit $f_{h,S}$

Das 5%-Quantil der Grundgesamtheit für die untersuchten Holzschrauben bezogen auf den 5%-Quantilwert der Rohdichte der verwendeten 733 Holzproben ($\rho_{0,05}$ = 350 kg/m^3) wird erreicht, wenn der Parameter p = 0,022 in Gleichung (2) auf p = 0,019 abgemindert wird.

Der charakteristische Wert der Lochleibungsfestigkeit des Holzes bei Beanspruchung durch den Gewindebereich selbstbohrender Holzschrauben kann damit nach Gleichung (3) berechnet werden:

$$f_{h,S,k} = \frac{0{,}019 \cdot \rho_k^{1{,}24} \cdot d^{-0{,}3}}{2{,}5 \cdot \cos^2 \varepsilon + \sin^2 \varepsilon} \quad \text{in } \frac{\text{N}}{\text{mm}^2} \qquad (3)$$

Für rechtwinklig zur Faserrichtung eingedrehte selbstbohrende Holzschrauben (ε = 90°) sind in Bild 2-5 die aus Versuchen ermittelten 410 Werte der Lochleibungsfestigkeit des Holzes über den nach Gleichung (2) berechneten Werten aufgetragen. Für einen Einschraubwinkel ε = 90° ergibt sich ein Korrelationskoeffizient R von R = 0,765. Die Steigung der Regressionsgeraden beträgt m = 1,082 und der Abszissenabschnitt b = -1,981.

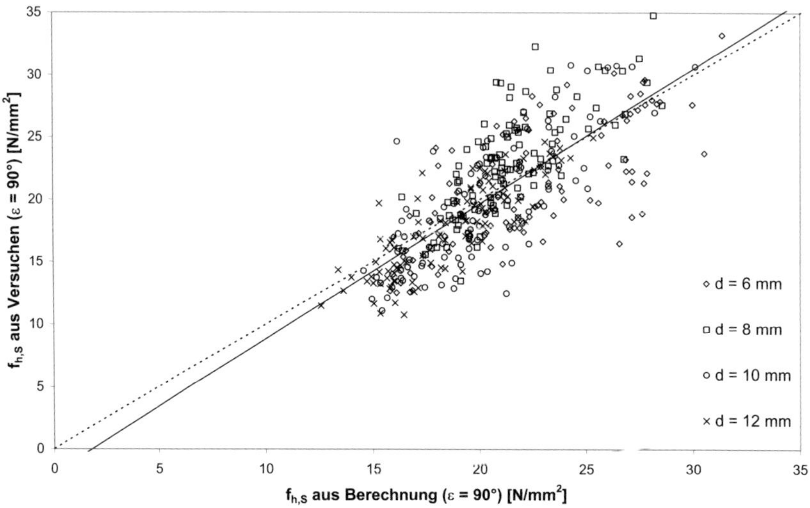

Bild 2-5 Lochleibungsfestigkeit des Holzes $f_{h,S}$ aus Versuchen über der nach Gleichung (2) berechneten Lochleibungsfestigkeit $f_{h,S}$ für $\varepsilon = 90°$

Das 5%-Quantil der Grundgesamtheit für die untersuchten Holzschrauben bezogen auf den 5%-Quantilwert der Rohdichte der verwendeten 410 Holzproben ($\rho_{0,05}$ = 340 kg/m^3) wird erreicht, wenn der Parameter p = 0,022 in Gleichung (2) ebenfalls auf p = 0,019 abgemindert wird.

Die Abminderung des Parameters p = 0,022 auf p = 0,019 gilt gleichermaßen unter Berücksichtigung aller 733 Ergebnisse bzw. unter Berücksichtigung der Ergebnisse für rechtwinklig zur Holzfaserrichtung eingedrehte Schrauben (n = 410).

Mit einer sehr guten Korrelation zwischen den Versuchsergebnissen und den berechneten Werten wird der charakteristische Wert der Lochleibungsfestigkeit des Holzes bei Beanspruchung durch den Gewindebereich selbstbohrender Holzschrauben nach Gleichung (3) berechnet. Diese Gleichung gilt für die verwendeten selbstbohrenden Holzschrauben unter Berücksichtigung der Winkel α und ε im Bereich zwischen 0° und 90°.

Wie für Nägel und Klammern in nicht vorgebohrten Löchern konnte ein Einfluss des Winkels α auf die Lochleibungsfestigkeit des Holzes nicht beobachtet werden. Der Einfluss des Durchmessers des Verbindungsmittels auf die Lochleibungsfestigkeit des Holzes ist in Gleichung (1) und (2) gleich. Der Einfluss der Rohdichte auf die Lochleibungsfestigkeit ist in Gleichung (2) jedoch etwas größer als in Gleichung (1). Dieser Einfluss ist insbesondere bei Hölzern höherer Rohdichte feststellbar. Der

Winkel ε zwischen der Schraubenachse und der Holzfaserrichtung ist ein neuer, bisher unberücksichtigter Parameter. Parallel zur Holzfaser eingedrehte und rechtwinklig zur Achse beanspruchte Holzschrauben weisen eine 60% kleinere Lochleibungsfestigkeit auf als rechtwinklig zur Holzfaser eingedrehte und rechtwinklig zur Achse beanspruchte Holzschrauben.

Soll das Last-Verformungs-Verhalten von Verbindungen mit selbstbohrenden Holzschrauben realitätsgetreu nachgebildet werden, müssen sämtliche traglastrelevanten Parameter bekannt sein. Diese dienen zum Beispiel als Eingangsgröße für die Modellierung von Verbindungen mit stiftförmigen Verbindungsmitteln mit Hilfe der Finite-Elemente-Methode. Das nichtlineare Lochleibungsverhalten des Holzes bei Beanspruchung durch selbstbohrende Holzschrauben kann in Anlehnung an Werner (1993) durch eine 3-parametrische Exponentialfunktion nachgebildet werden. Der Verlauf dieser Näherungsfunktion ist in Bild 2-6 dargestellt.

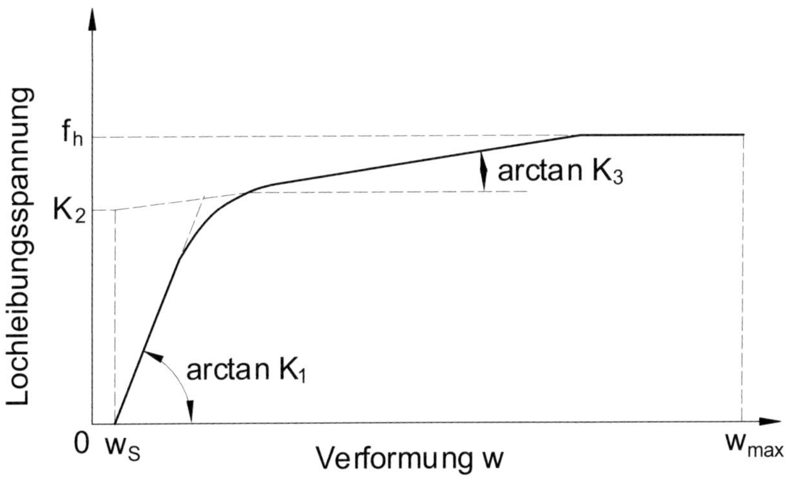

Bild 2-6 Verlauf der Näherungsfunktion zur Anpassung der Spannungs-Verformungs-Kurve eines Lochleibungsversuches

Die in Bild 2-6 dargestellte 3-parametrische Exponentialfunktion lautet:

$$\sigma_{h,S}(w) = \left[K_2 + K_3 \cdot (w - w_S)\right] \cdot \left[1 - e^{\left(-K_1 \cdot \frac{w - w_S}{K_2}\right)}\right] \leq f_{h,S} \tag{4}$$

mit K_1 in N/mm^3, K_2 in N/mm^2, K_3 in N/mm^3, w_S in mm nach Bild 2-6 und $f_{h,S}$ in N/mm^2 nach Gleichung (2).

Zur Bestimmung der Parameter K_1, K_2, K_3 und w_S wurden mit den Ergebnissen aus den Lochleibungsversuchen multiple Regressionsanalysen durchgeführt. Obwohl die Lochleibungsfestigkeit $f_{h,S}$ nach Gleichung (2) vom Winkel α unabhängig ist, trifft dies nicht notwendigerweise auf die Kurvenparameter K_1, K_2, K_3 und w_S zu. Infolgedessen wurden die Kurvenparameter aus allen Versuchen sowie für unterschiedliche α und ε ermittelt.

In Tabelle 2-1 bis Tabelle 2-4 sind die Mittelwerte und die Standardabweichungen der Kurvenparameter K_1, K_2, K_3 und w_S für selbstbohrende Holzschrauben dargestellt.

Die Kurvenparameter K_1, K_2, K_3 und w_S für parallel zur Faserrichtung beanspruchte und rechtwinklig zur Faserrichtung eingedrehte Schrauben sind in Tabelle 2-1 dargestellt.

Tabelle 2-1 Beanspruchung in Faserrichtung, Schrauben rechtwinklig zur Faserrichtung (α = 0°, ε = 90°) - n = 80 Versuche

α = 0°, ε = 90°	**K_1**	**K_2**	**K_3**	**w_S**
Mittelwert	1,287	1,029	-0,010	0,022
Standard-abweichung	0,0081	0,0060	0,0015	0,0019

Tabelle 2-2 zeigt die Kurvenparameter K_1, K_2, K_3 und w_S für unter 45° zur Faserrichtung beanspruchte und rechtwinklig zur Faserrichtung eingedrehte Schrauben.

Tabelle 2-2 Beanspruchung unter 45° zur Faser, Schrauben rechtwinklig zur Faserrichtung (α = 45°, ε = 90°) - n = 80 Versuche

α = 45°, ε = 90°	**K_1**	**K_2**	**K_3**	**w_S**
Mittelwert	1,301	0,889	0,019	0,009
Standard-abweichung	0,0083	0,0045	0,0012	0,0018

K_1, K_2, K_3 und w_S für rechtwinklig zur Faserrichtung beanspruchte und rechtwinklig zur Faserrichtung eingedrehte Schrauben enthält Tabelle 2-3. In

Tabelle 2-4 sind schließlich die Kurvenparameter K_1, K_2, K_3 und w_S für parallel zur Faserrichtung eingedrehte Schrauben dargestellt.

Tabelle 2-3 Beanspruchung rechtwinklig zur Faser, Schrauben rechtwinklig zur Faserrichtung (α = 90°, ε = 90°) - n = 80 Versuche

α = 90°, ε = 90°	**K_1**	**K_2**	**K_3**	**w_S**
Mittelwert	0,917	0,695	0,061	0,025
Standard-abweichung	0,0050	0,0040	0,0010	0,0017

Tabelle 2-4 Schrauben parallel zur Faserrichtung (ε = 0°) - n = 80 Versuche

ε = 0°	**K_1**	**K_2**	**K_3**	**w_S**
Mittelwert	1,678	0,878	0,021	0,010
Standard-abweichung	0,0090	0,0027	0,0008	0,0012

Kurvenparameter für weitere Winkel α und ε wurden nicht ermittelt. Sie können aus den in Tabelle 2-1 bis Tabelle 2-4 angegebenen Parametern durch lineare Interpolation bestimmt werden.

In Bild 2-7 ist der berechnete Verlauf der Lochleibungsspannung in Abhängigkeit von der Verformung w für drei unterschiedliche Winkel α zwischen der Kraft- und der Faserrichtung des Holzes (ε = 90°) dargestellt. Weiterhin ist ein Kurvenverlauf für parallel zur Faserrichtung des Holzes eingedrehte Schrauben angegeben (ε = 0°).

Mit Hilfe von Gleichung (4) sowie den zugehörigen Parametern in Tabelle 2-1 bis Tabelle 2-4 kann das Lochleibungsverhalten des Holzes bei Beanspruchung durch den Gewindebereich selbstbohrender Holzschrauben realitätsgetreu nachgebildet werden.

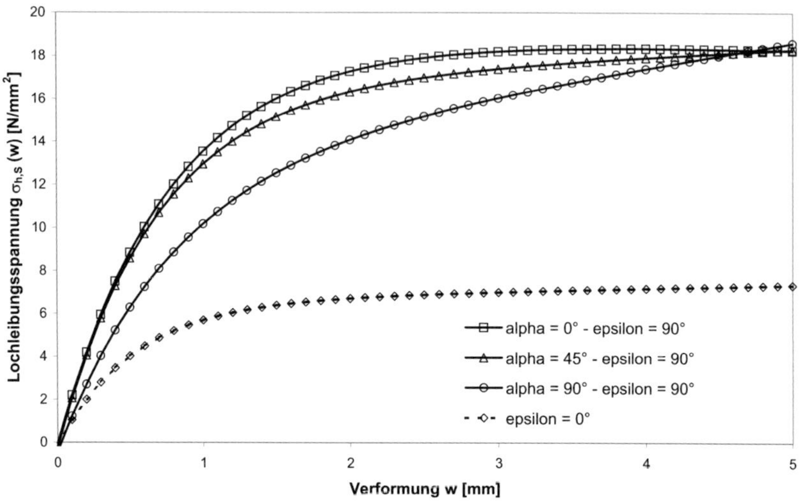

Bild 2-7 Verlauf der Lochleibungsspannung in Abhängigkeit von der Verformung w für Schrauben mit d = 8 mm Durchmesser sowie für eine Rohdichte des Holzes mit ρ = 380 kg/m³

2.2 Ausziehwiderstand unter Berücksichtigung der Einschraubtiefe

In DIN 1052:2004:08 wird der charakteristische Wert der Tragfähigkeit $R_{ax,k}$ auf Herausziehen beanspruchter Schrauben nach folgender Gleichung berechnet:

$$R_{ax,k} = \min\left\{ \frac{f_{1,k} \cdot d \cdot \ell_{ef}}{\sin^2\alpha + \frac{4}{3}\cdot\cos^2\alpha} \; ; \; f_{2,k} \cdot d_k^{\,2} \right\} \tag{5}$$

Die axiale Tragfähigkeit ist von der Zugtragfähigkeit der Schraube (in Gleichung (5) nicht angegeben) sowie von der Tragfähigkeit des Schraubengewindes im Holz und von der Tragfähigkeit des Kopfes gegen Durchziehen abhängig. Bei Vollgewindeschrauben ist die Kopfdurchziehtragfähigkeit nicht maßgebend. Die Tragfähigkeit auf Herausziehen beanspruchter Vollgewindeschrauben ist damit vom Durchmesser d, von der Einschraubtiefe ℓ_{ef}, vom Einschraubwinkel α zwischen der Schraubenachse und der Holzfaserrichtung sowie vom charakteristischen Wert des Ausziehparameters $f_{1,k}$ abhängig. Der charakteristische Wert des Ausziehparameters ist außerdem vom charakteristischen Wert der Rohdichte des Holzes sowie von der Tragfähigkeitsklasse des Schraubengewindes abhängig. Holzschrauben werden entsprechend ihrem Widerstand gegen Herausziehen aus Nadelholz bei Beanspruchung in Schaftrichtung in die Tragfähigkeitsklassen 1, 2 oder 3 eingeteilt. Der charakteristische Wert des Ausziehparameters $f_{1,k}$ berechnet sich für die Tragfähigkeitsklasse 1 zu $f_{1,k} = 60 \cdot 10^{-6} \cdot \rho_k^2$, für die Tragfähigkeitsklasse 2 zu $f_{1,k} = 70 \cdot 10^{-6} \cdot \rho_k^2$ und für die Tragfähigkeitsklasse 3 zu $f_{1,k} = 80 \cdot 10^{-6} \cdot \rho_k^2$.

Im Eurocode 5 wird der charakteristische Wert des Ausziehwiderstandes $R_{ax,k}$ nach folgender Gleichung berechnet:

$$R_{ax,k} = n^{0,9} \cdot \left(\pi \cdot d \cdot \ell_{ef}\right)^{0,8} \cdot \frac{3,6 \cdot 10^{-3} \cdot \rho_k^{1,5}}{\sin^2\alpha + 1,5 \cdot \cos^2\alpha} \quad (6)$$

Im Vergleich zur Gleichung (5) ist die axiale Ausziehtragfähigkeit nach Gleichung (6) nicht linear von der Schraubenanzahl, nicht linear vom Schraubendurchmesser sowie nicht linear von der wirksamen Einschraubtiefe abhängig. Auf der Seite des Schraubenkopfes entspricht die wirksame Einschraubtiefe der Eindringtiefe des Gewindeteils im Holz. Auf der Seite der Schraubenspitze dagegen wird die wirksame Einschraubtiefe aus der Differenz der Eindringtiefe des Gewindeteils im Holz und dem Schraubendurchmesser berechnet. Damit wird der Einfluss der Schraubenspitze rechnerisch berücksichtigt.

Für selbstbohrende Holzschrauben kann die Ausziehtragfähigkeit entsprechend Gleichung (5) und (6) berechnet werden. An der Universität Karlsruhe (TH), Versuchsanstalt für Stahl, Holz und Steine durchgeführte Vorversuche mit selbstbohrenden Holzschrauben belegen, dass die nach Gleichung (5) berechneten Werte des Ausziehwiderstandes (DIN 1052:2004-08) im Vergleich zu den Versuchsergebnissen konservativ sind. Für auf Herausziehen beanspruchte selbstbohrende Holzschrauben kann gegebenenfalls ein höherer Wert des Ausziehparameters angenommen werden, als derjenige der Tragfähigkeitsklasse 3.

Im Vergleich der Ergebnisse aus den Vorversuchen mit denjenigen nach Gleichung (6) stellte sich dagegen heraus, dass die nach Eurocode 5 berechneten Werte zum Teil größer sind als die Versuchsergebnisse. Aus diesem Grund wurden im Rahmen dieses Forschungsvorhabens weitere Versuche zur Bestimmung der Tragfähigkeit auf Herausziehen beanspruchter selbstbohrender Holzschrauben durchgeführt.

Zunächst wurde der Ausziehwiderstand nur unter Berücksichtigung der Einschraubtiefen ohne Variation des Einschraubwinkels ermittelt. Der Winkel zwischen der Schraubenachse und der Holzfaserrichtung war bei allen Prüfkörpern mit α = 90° konstant.

Der Einfluss des Einschraubwinkels auf die axiale Ausziehtragfähigkeit sollte in weiteren Versuchsreihen untersucht werden.

Es wurden insgesamt 413 Versuche durchgeführt. Holzschrauben mit Durchmessern von d = 6 mm, d = 7,5 mm, d = 8 mm, d = 10 mm und d = 12 mm wurden unter 90° zur Faserrichtung des Holzes ohne Vorbohren in die Prüfkörper eingedreht, so dass die Schraubenspitze außerhalb der Prüfkörper war. Die Schrauben wurden in Richtung ihrer Achse auf Herausziehen beansprucht. Hierbei wurde die Last über eine Aufsteckhülse auf die Schraubenspitze parallel zur Schraubenachse aufgebracht. Voruntersuchungen haben gezeigt, dass bei selbstbohrenden Holzschrauben die Tragfähigkeit bei Beanspruchung auf Herausdrücken gleich der Tragfähigkeit bei Beanspruchung auf Herausziehen ist. Bei der gewählten Versuchsdurchführung war es möglich, die Relativverschiebung zwischen der Oberfläche des Holzes und der Schraube ohne Verformungen in der Schraube sowie ohne Verformungen der Oberfläche des Holzes zu ermitteln. In Bild 2-8 ist die Versuchsvorrichtung zur Ermittlung des Ausziehwiderstandes von selbstbohrenden Holzschrauben dargestellt.

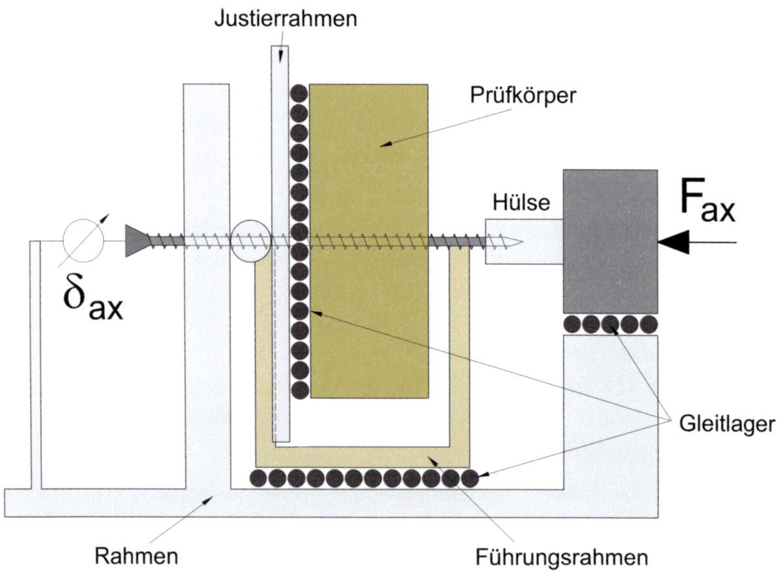

Bild 2-8 Versuchsvorrichtung zur Ermittlung des Ausziehwiderstandes

Die maximale Einschraubtiefe betrug l_S = 120 mm und entsprach bei Schrauben mit einem Durchmesser von d = 7,5 mm einer Einschraubtiefe von 16·d. Größere Einschraubtiefen wurden im Rahmen dieses Vorhabens nicht untersucht. Damit sollte ein eventuelles Ausknicken der Schrauben bei Beanspruchung auf Herausdrücken verhindert werden. Folgende Schraubentypen wurden geprüft:

Schmid Star Drive Schraube 6 x 130 mm: l_S = 20 bis 60 mm

Würth AMO III Schraube 7,5 x 182 mm: l_S = 40 bis 120 mm

Würth ASSY Schraube 8 x 340 mm: l_S = 40 bis 100 mm

Schmid Star Drive Schraube 10 x 200 mm: l_S = 40 bis 100 mm

ABC Spax-S Schraube 12 x 420 mm: l_S = 40 bis 100 mm

Für die Versuchskörper zur Ermittlung des Ausziehwiderstandes wurde Vollholz der Holzart Fichte (picea abies) verwendet. Das verwendete Vollholz wurde nach Verfahren 1 der DIN EN 28970 für einen charakteristischen Wert der Rohdichte von ρ_k = 380 kg/m³ ausgesucht. Im Bereich der eingedrehten Schrauben war das Holz fehlerfrei. Die mittlere Rohdichte der 413 Prüfkörper betrug ρ_m = 396 kg/m³ bei einer Standardabweichung von 31,2 kg/m³. Die Häufigkeitsverteilung der Rohdichte des verwendeten Holzes ist in Bild 2-9 dargestellt.

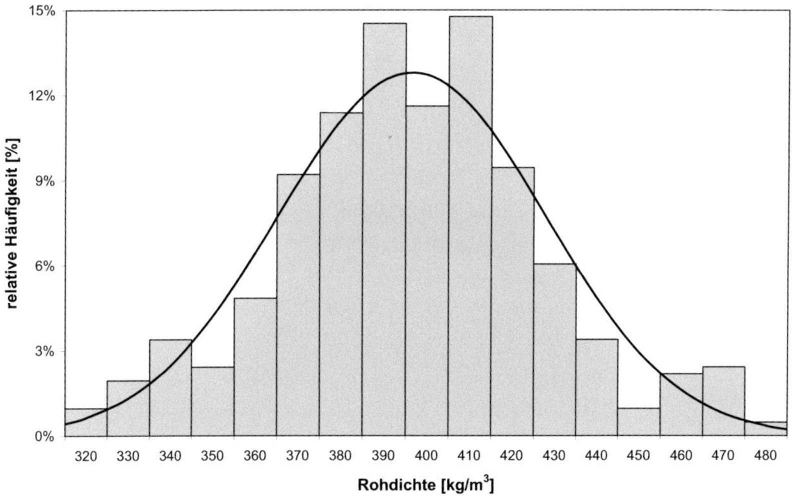

Bild 2-9 Häufigkeitsverteilung der Rohdichte des Holzes

In Bild 2-10 sind für rechtwinklig zur Holzfaserrichtung eingedrehte und auf Herausziehen beanspruchte selbstbohrende Holzschrauben die in den Versuchen ermittelten 413 Werte des Ausziehwiderstandes über den nach Gleichung (5) berechneten Werten aufgetragen. Hierbei wurden die Ausziehwiderstände mit dem größten Wert des Ausziehparameters $f_1 = 80 \cdot 10^{-6} \cdot \rho^2$ für die Tragfähigkeitsklasse 3 und mit der zugehörigen Rohdichte jedes einzelnen Prüfkörpers berechnet. Der Einschraubwinkel α wurde zu $\alpha = 90°$ angenommen. Die Einschraubtiefe entsprach der Prüfkörperbreite. Die axiale Tragfähigkeit wurde nach Gleichung (5) ohne den Kopfdurchziehwiderstand berechnet. Unter Berücksichtigung aller 413 Werte ergibt sich ein Korrelationskoeffizient R von R = 0,927. Die Steigung der Regressionsgeraden zwischen den nach der DIN 1052:2004-08 berechneten Werten und den 413 Versuchsergebnissen beträgt m = 1,011 bei einem Abszissenabschnitt b = 2270.

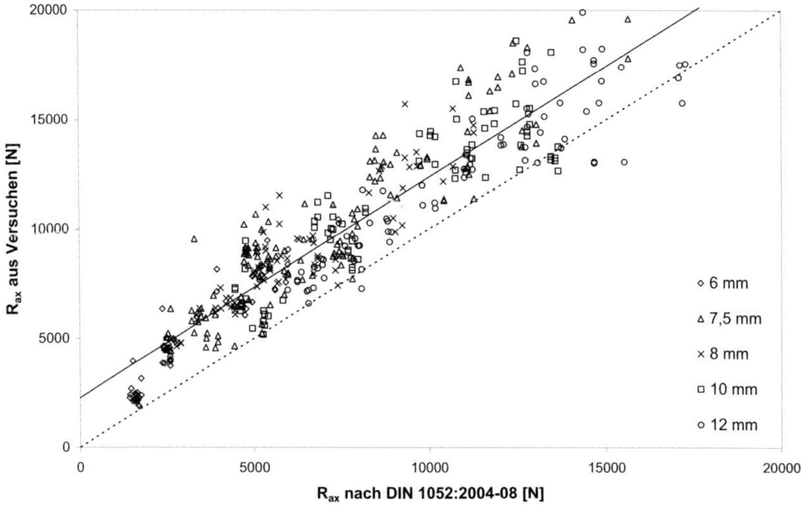

Bild 2-10 Ausziehwiderstand R_{ax} aus Versuchen über dem nach Gleichung (5) in Anlehnung an DIN 1052:2004-08 berechneten Ausziehwiderstand R_{ax} für $\alpha = 90°$ und für $f_1 = 80 \cdot 10^{-6} \cdot \rho^2$

Das 5%-Quantil der Grundgesamtheit für die untersuchten Holzschrauben bezogen auf den 5%-Quantilwert der Rohdichte der verwendeten 413 Holzproben ($\rho_{0,05} = 342$ kg/m^3 für 413 Holzproben) wird noch erreicht, wenn der charakteristische Wert des Ausziehparameters von $f_{1,k} = 80 \cdot 10^{-6} \cdot \rho_K^2$ auf $f_{1,k} = 113 \cdot 10^{-6} \cdot \rho_K^2$ erhöht wird.

In Bild 2-11 sind für rechtwinklig zur Holzfaserrichtung eingedrehte und axial beanspruchte selbstbohrende Holzschrauben die in Versuchen ermittelten 413 Werte des Ausziehwiderstandes über den nach Gleichung (6) berechneten Werten aufgetragen. Die Ausziehwiderstände wurden nach Gleichung (6) mit der zugehörigen Rohdichte jedes einzelnen Prüfkörpers sowie mit n = 1 berechnet. Der Einschraubwinkel α wurde zu $\alpha = 90°$ angenommen. Da die Schraubenspitze außerhalb der Prüfkörper lag, entsprach die wirksame Einschraubtiefe der Prüfkörperbreite. Unter Berücksichtigung aller 413 Werte ergibt sich ein Korrelationskoeffizient R von R = 0,945. Die Steigung der Regressionsgeraden beträgt m = 0,871 bei einem Abszissenabschnitt b = 933.

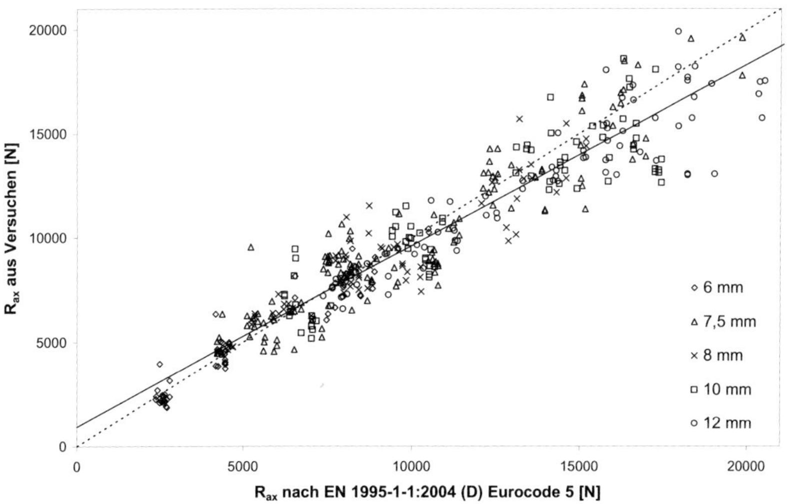

Bild 2-11 Ausziehwiderstand R_{ax} aus Versuchen über dem nach Gleichung (6) in Anlehnung an EC 5 berechneten Ausziehwiderstand R_{ax} für α = 90°

Im Gegensatz zum Vergleich der Versuchsergebnisse mit den nach DIN 1052:2004-08 berechneten Werten muss beim Vergleich der Versuchsergebnisse mit den nach Eurocode 5 berechneten Werten der Parameter p = 3,6 in Gleichung (6) auf p = 2,95 abgemindert werden, um das 5%-Quantil der Grundgesamtheit für die untersuchten Holzschrauben bezogen auf den 5%-Quantilwert der Rohdichte der verwendeten 413 Holzproben ($\rho_{0,05}$ = 342 kg/m³ für 413 Holzproben) noch zu erreichen.

Die beste Korrelation zwischen den Versuchsergebnissen und den rechnerisch ermittelten Traglasten wird mit einem Korrelationskoeffizienten R = 0,953 mit Gleichung (7) erreicht (siehe Bild 2-12). Die Steigung der Regressionsgeraden berechnet sich zu m = 1,003 bei einem Abszissenabschnitt b = -26,7.

$$R_{ax} = 0{,}61 \cdot d^{0,53} \cdot \ell_{ef}^{\;0,91} \cdot \rho^{0,79} \tag{7}$$

Eine Steigung der Regressionsgeraden m = 1,086 bei einem Abszissenabschnitt b = -173 und ein Korrelationskoeffizient R = 0,954 werden noch erreicht, wenn Gleichung (7) zur Gleichung (8) vereinfacht wird.

$$R_{ax} = 0{,}6 \cdot \sqrt{d} \cdot \ell_{ef}^{\;0,9} \cdot \rho^{0,8} \tag{8}$$

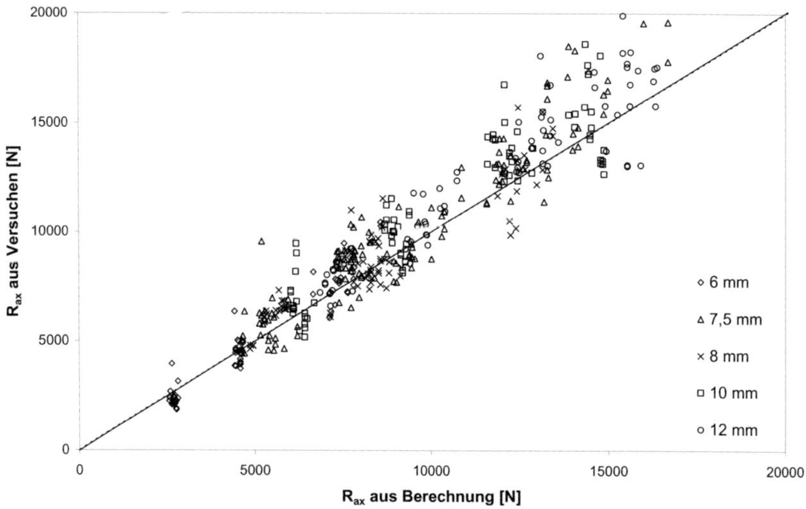

Bild 2-12 Ausziehwiderstand R_{ax} aus Versuchen über dem nach Gleichung (7) berechneten Ausziehwiderstand R_{ax}

Das 5%-Quantil der Grundgesamtheit für die untersuchten Holzschrauben bezogen auf den 5%-Quantilwert der Rohdichte der verwendeten 413 Holzproben ($\rho_{0,05}$ = 342 kg/m^3 für 413 Holzproben) wird erreicht, wenn der Parameter p = 0,6 in Gleichung (8) auf p = 0,56 abgemindert wird.

Der charakteristische Wert des Ausziehwiderstandes für selbstbohrende Holzschrauben kann damit nach Gleichung (9) berechnet werden:

$$R_{ax,k} = 0{,}56 \cdot \sqrt{d} \cdot \ell_{ef}^{\;0,9} \cdot \rho_k^{\;0,8} \tag{9}$$

Obwohl Gleichung (8) die beste Korrelation zu den Versuchsergebnissen darstellt, gilt diese zunächst für rechtwinklig zur Faserrichtung des Holzes eingedrehte und axial beanspruchte selbstbohrende Holzschrauben. Der Einfluss des Einschraubwinkels sowie der Querbelastung auf den Ausziehwiderstand wird in den folgenden Abschnitten behandelt.

2.3 Ausziehwiderstand in Abhängigkeit vom Einschraubwinkel

In DIN 1052:2004:08 wird der Einschraubwinkel berücksichtigt, indem die Tragfähigkeit auf Herausziehen beanspruchter Holzschrauben für Einschraubwinkel α < 90° abgemindert wird. Nach Gleichung (5) beträgt bei einem Einschraubwinkel von α = 45° die Ausziehtragfähigkeit etwa 86% des entsprechenden Wertes für rechtwinklig zur Faserrichtung des Holzes eingedrehte Holzschrauben. Das Verhältnis zwischen der Tragfähigkeit axial beanspruchter Holzschrauben für einen Einschraubwinkel von α = 45° und dem entsprechenden Wert für einen Einschraubwinkel von α = 90° berechnet sich nach Eurocode 5 (vgl. Gleichung (6)) zu 80%. In DIN 1052:2004:08 gilt die Gleichung zur Ermittlung der Tragfähigkeit auf Herausziehen beanspruchter Holzschrauben nur für Einschraubwinkel zwischen 45° und 90°. Einschraubwinkel α < 45° sind nicht zulässig.

Die in Abschnitt 2.2 angegebenen Gleichungen (7) und (8) gelten nur für rechtwinklig zur Faserrichtung des Holzes eingedrehte und axial beanspruchte selbstbohrende Holzschrauben. Um zu überprüfen, inwieweit diese Gleichungen für andere Einschraubwinkel angepasst werden müssen, wurden weitere Ausziehversuche durchgeführt.

Untersucht wurde der Einfluss des Winkels zwischen der Schraubenachse und der Holzfaserrichtung auf die Ausziehtragfähigkeit. Hierbei wurde der Einschraubwinkel zwischen 0° und 90° jeweils in 15°-Schritten variiert. Je Winkel und Verbindungsmitteltyp wurden mindestens 20 Versuche durchgeführt. Die Einschraubtiefe war bei allen Versuchen mit $l_S = 4 \cdot d$ konstant um einen Einfluss der Einschraubtiefe zu vermeiden. Für die Versuche zur Bestimmung des Ausziehwiderstandes in Abhängigkeit vom Einschraubwinkel wurden selbstbohrende Holzschrauben mit Durchmessern von d = 5 mm, 7,5 mm, 8 mm, 10 mm und 12 mm verwendet.

Es wurden 799 Versuche durchgeführt. Das für die Prüfkörper verwendete Holz mit einer Dicke, die der Einschraubtiefe entsprach, wurde aus Kanthölzern unter dem Winkel 90° - α herausgeschnitten. Selbstbohrende Holzschrauben wurden rechtwinklig zur Oberfläche der Prüfkörper ohne Vorbohren in diese eingedreht, so dass die Schraubenspitze außerhalb des Prüfkörpers war. Anschließend wurden die Prüfkörper in die eigens konstruierte Vorrichtung zur Bestimmung des Ausziehwiderstandes eingebaut (Bild 2-8) und in Achsrichtung beansprucht. Hierbei wurde die Last über eine Aufsteckhülse auf die Schraubenspitze parallel zur Schraubenachse aufgebracht. Bei dieser Versuchsdurchführung ist es möglich, die Relativverschiebung zwischen der Oberfläche des Holzes und der Schraube ohne Verformungen in der Schraube sowie ohne Verformungen der Oberfläche des Holzes zu ermitteln.

Für die Versuchskörper wurde Vollholz der Holzart Fichte (picea abies) verwendet. Das Vollholz wurde nach Verfahren 1 der DIN EN 28970 für einen charakteristischen Wert der Rohdichte von ρ_k = 410 kg/m^3 ausgesucht. Im Bereich der eingedrehten Schrauben war das Holz fehlerfrei. Insbesondere für die Versuchskörper mit parallel zur Faserrichtung des Holzes eingedrehten selbstbohrenden Holzschrauben (α = 0°) wurde das Holz vorwiegend aus der Mitte der Kanthölzer herausgeschnitten, um Schwindrisse im Prüfkörper zu minimieren. Die mittlere Rohdichte der 799 Prüfkörper betrug ρ_m = 452 kg/m^3 bei einer Standardabweichung von 50,1 kg/m^3. Die Häufigkeitsverteilung der Rohdichte des verwendeten Holzes ist in Bild 2-13 dargestellt.

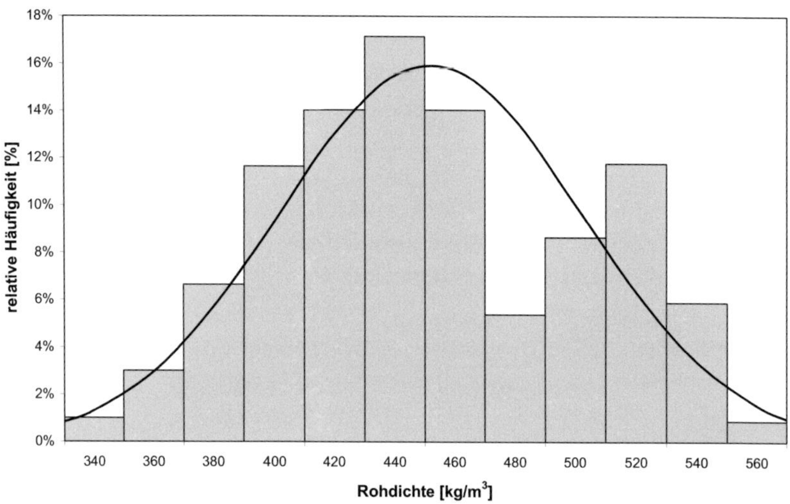

Bild 2-13 Häufigkeitsverteilung der Rohdichte des Holzes

Unter Berücksichtigung der jeweiligen Rohdichte wurde für jeden Prüfkörper der Ausziehwiderstand nach Gleichung (8) berechnet. Auf der Basis der in Abschnitt 2.2 vorgestellten Ergebnisse war zu erwarten, dass für Versuchskörper mit rechtwinklig zur Holzfaserrichtung eingedrehten Schrauben die beste Korrelation zwischen den berechneten Werten und den Versuchsergebnissen erreicht wird, wenn der Ausziehwiderstand nach Gleichung (8) berechnet wird. In Bild 2-14 sind die Verhältnisse zwischen den Versuchsergebnissen und den nach Gleichung (8) berechneten Werten in

Abhängigkeit vom Einschraubwinkel mit ihrem Höchst-, Kleinst- und Mittelwert dargestellt.

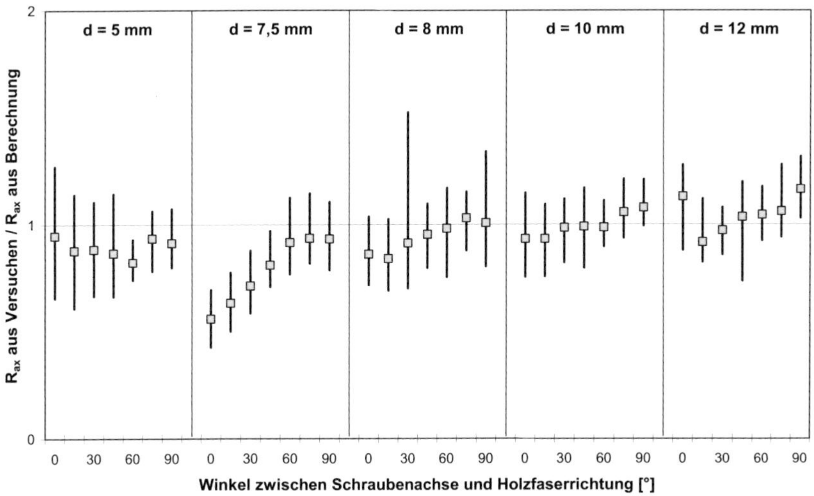

Bild 2-14 Verhältnis zwischen den Versuchswerten und den nach Gleichung (8) berechneten Werten des Ausziehwiderstandes

In Bild 2-14 ist ein eindeutiger Einfluss des Winkels zwischen der Schraubenachse und der Holzfaserrichtung nicht zu erkennen. Insbesondere für Schrauben mit einem kleinen Durchmesser (d = 5 mm) ist der Ausziehwiderstand für einen Einschraubwinkel von α = 0° praktisch gleich dem entsprechendem Wert für einen Einschraubwinkel von α = 90°. Ein ähnlich geringer Einfluss des Winkels ist bei Schrauben mit einem Durchmesser von d = 8 mm und d = 10 mm und mit Ausnahme des Einschraubewinkels α = 0° auch bei Schrauben mit einem Durchmesser von d = 12 mm zu beobachten. Der deutlichste Einfluss des Einschraubwinkels ist bei Schrauben mit einem Durchmesser von d = 7,5 mm zu erkennen. Bei diesen Schrauben ist die Gewindesteigung bezogen auf den Gewindeaußendurchmesser am geringsten und das Verhältnis zwischen dem Kern- und dem Gewindeaußendurchmesser am größten.

In Bild 2-15 sind für die geprüften Schrauben die 799 Versuchswerte über den nach Gleichung (5) berechneten Werten aufgetragen. Hierbei wurden die Werte des Ausziehwiderstandes mit dem Wert des Ausziehparameters $f_1 = 80 \cdot 10^{-6} \cdot \rho^2$ für Schraubengewinde der Tragfähigkeitsklasse 3 und mit der zugehörigen Rohdichte jedes Prüfkörpers berechnet. Die Einschraubtiefe $l_S = 4 \cdot d$ entsprach der Prüfkörperbreite. Die axiale Tragfähigkeit wurde nach Gleichung (5) (DIN 1052:2004-08) ohne den Kopfdurchziehwiderstand, jedoch unter Berücksichtigung des Einschraubwinkels berechnet. Unter Berücksichtigung aller 799 Werte ergibt sich ein Korrelationskoeffizient R von R = 0,910, eine Steigung der Regressionsgeraden m = 0,989 und ein Abszissenabschnitt b = 1044.

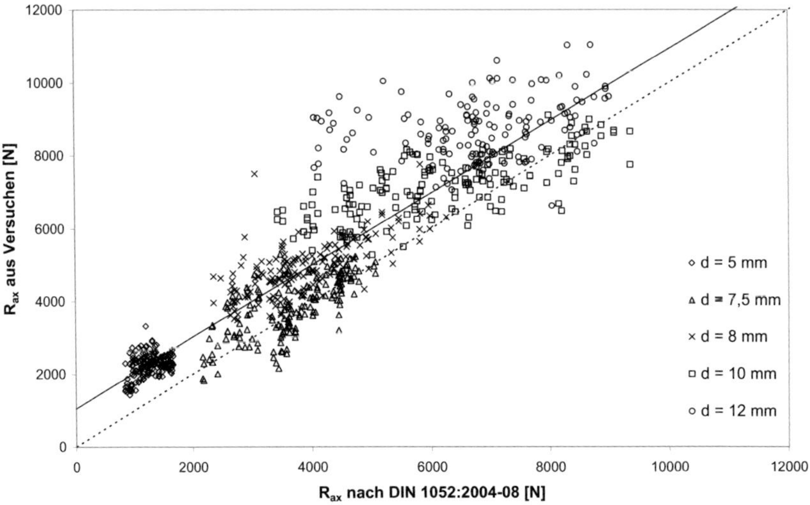

Bild 2-15 Ausziehwiderstand R_{ax} aus Versuchen über dem nach Gleichung (5) berechneten Ausziehwiderstand R_{ax} für $f_1 = 80 \cdot 10^{-6} \cdot \rho^2$

Das 5%-Quantil der Grundgesamtheit für die untersuchten Holzschrauben bezogen auf den 5%-Quantilwert der Rohdichte der verwendeten 799 Holzproben ($\rho_{0,05}$ = 373 kg/m^3 für 799 Holzproben) wird noch erreicht, wenn der Wert des Ausziehparameters von $f_{1,k} = 80 \cdot 10^{-6} \cdot \rho_K^2$ auf $f_{1,k} = 109 \cdot 10^{-6} \cdot \rho_K^2$ erhöht wird.

In Bild 2-16 sind für die verwendeten Holzschrauben die in Versuchen ermittelten 799 Werte des Ausziehwiderstandes über den nach Gleichung (6) berechneten Werten aufgetragen. Der Ausziehwiderstand wurde nach Gleichung (6) mit der zugehörigen Rohdichte jedes Prüfkörpers sowie mit n = 1 berechnet. Unter Berücksichtigung aller 799 Werte ergibt sich ein Korrelationskoeffizient R von R = 0,902. Die Steigung der Regressionsgeraden beträgt m = 0,728 bei einem Abszissenabschnitt b = 420.

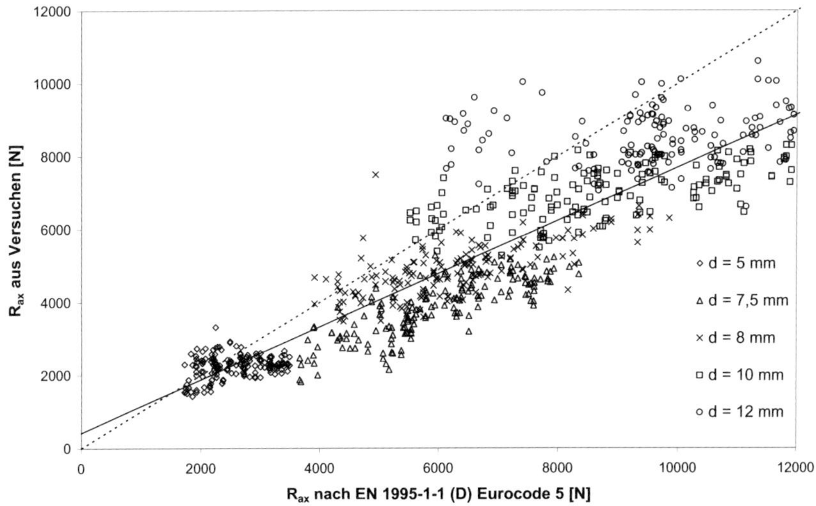

Bild 2-16 Ausziehwiderstand R_{ax} aus Versuchen über dem nach Gleichung (6) in Anlehnung an den Eurocode 5 berechneten Ausziehwiderstand R_{ax}

Beim Vergleich der Versuchsergebnisse mit den nach EC 5 berechneten Werten muss der Parameter p = 3,6 in Gleichung (6) auf p = 2,85 abgemindert werden, um ein 5%-Quantil der Grundgesamtheit für die untersuchten Holzschrauben bezogen auf den 5%-Quantilwert der Rohdichte der verwendeten 799 Holzproben ($\rho_{0,05}$ = 373 kg/m^3 für 799 Holzproben) noch zu erreichen.

Sowohl in Abschnitt 2.2 als auch in Abschnitt 2.3 wurde gezeigt, dass der Wert des Ausziehparameters nach DIN 1052:2004-08 für die untersuchten Holzschrauben erhöht werden könnte. Das 5%-Quantil der Grundgesamtheit für die in Abschnitt 2.2 untersuchten Holzschrauben bezogen auf den 5%-Quantilwert der Rohdichte der verwendeten Holzproben wird noch erreicht, wenn der charakteristische Wert des Ausziehparameters von $f_{1,k} = 80 \cdot 10^{-6} \cdot \rho_{\kappa}^2$ auf $f_{1,k} = 113 \cdot 10^{-6} \cdot \rho_{\kappa}^2$ erhöht wird. Bei diesen Versuchen wurde der Einschraubwinkel nicht variiert. Unter Berücksichtigung unterschiedlicher Einschraubwinkel kann der charakteristische Wert des Ausziehparameters von $f_{1,k} = 80 \cdot 10^{-6} \cdot \rho_{\kappa}^2$ auf $f_{1,k} = 109 \cdot 10^{-6} \cdot \rho_{\kappa}^2$ erhöht werden. Damit ist es möglich, für die verwendeten Holzschrauben eine weitere Tragfähigkeitsklasse 4 mit einem charakteristischen Wert des Ausziehparameters von $f_{1,k} = 100 \cdot 10^{-6} \cdot \rho_{\kappa}^2$ einzuführen.

Der Vergleich der Versuchsergebnisse mit den nach EC 5 berechneten Werten des Ausziehwiderstandes zeigt dagegen, dass die berechneten Tragfähigkeiten deutlich größer sind als die Versuchsergebnisse. Damit das 5%-Quantil der Grundgesamtheit mit der Berechnung übereinstimmt, muss der Parameter p = 3,6 in Gleichung (6) auf p = 2,85 abgemindert werden. Dies gilt sowohl für die Untersuchungen in Abschnitt 2.2 als auch in Abschnitt 2.3.

Obwohl in Bild 2-14 kein eindeutiger Einfluss des Winkels zwischen der Schraubenachse und der Holzfaserrichtung zu erkennen ist, wird die beste Korrelation zwischen den Versuchsergebnissen und den rechnerisch ermittelten Traglasten mit einem Korrelationskoeffizienten R = 0,953 nach Gleichung (10) erreicht. Die Steigung der Regressionsgeraden in Bild 2-17 berechnet sich zu m = 1,202 bei einem Abszissenabschnitt b = -821.

$$R_{ax} = \frac{0{,}6 \cdot \sqrt{d} \cdot \ell_{ef}^{\;0{,}9} \cdot \rho^{0{,}8}}{1{,}2 \cdot \cos^2\alpha + \sin^2\alpha} \qquad (10)$$

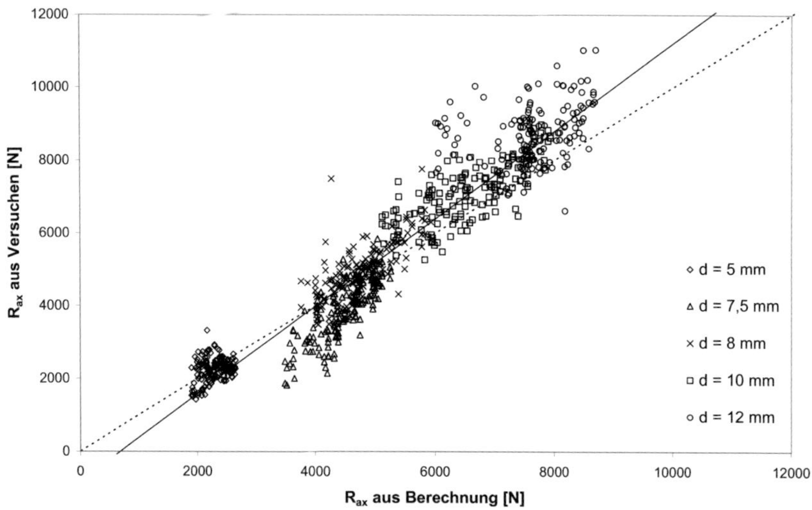

Bild 2-17 Ausziehwiderstand R_{ax} aus Versuchen über dem nach Gleichung (10) berechneten Ausziehwiderstand R_{ax}

Das 5%-Quantil der Grundgesamtheit für die untersuchten Holzschrauben bezogen auf den 5%-Quantilwert der Rohdichte der verwendeten 799 Holzproben ($\rho_{0,05}$ = 373 kg/m^3 für 799 Holzproben) wird berechnet, wenn der Parameter p = 0,6 in Gleichung (10) auf p = 0,52 abgemindert wird.

Der charakteristische Wert der Tragfähigkeit auf Herausziehen beanspruchter selbstbohrender Holzschrauben unter Berücksichtigung des Winkels zwischen der Schraubenachse und der Holzfaserrichtung beträgt damit nach Gleichung (11):

$$R_{ax,k} = \frac{0{,}52 \cdot \sqrt{d} \cdot \ell_{ef}^{\;0,9} \cdot \rho_k^{\;0,8}}{1{,}2 \cdot \cos^2 \alpha + \sin^2 \alpha} \tag{11}$$

Dieses Ergebnis gilt jedoch nur für die verwendeten selbstbohrenden Holzschrauben. Für selbstbohrende Holzschrauben anderer Geometrien gilt Gleichung (11) nicht notwendigerweise. Für selbstbohrende Holzschrauben anderer Geometrien sollte der Einfluss des Einschraubwinkels daher durch Versuche bestimmt werden.

2.4 Ausziehwiderstand unter Berücksichtigung der Querbelastung

Selbstbohrende Holzschrauben sind besonders wirksam, wenn sie gleichzeitig auf Abscheren und Herausziehen beansprucht werden. Bei gleichzeitiger Beanspruchung auf Abscheren und Herausziehen ist nach DIN 1052:2004-08 der Tragfähigkeitsnachweis mittels einer quadratischen Interaktion zu führen.

Ein Beispiel für eine kombinierte Beanspruchung infolge Herausziehen und Abscheren stellen Verbindungen mit geneigt angeordneten Holzschrauben dar. Bei einer geneigten Anordnung werden diese Verbindungsmittel gleichzeitig auf Herausziehen und Abscheren beansprucht. Für den Nachweis der Tragfähigkeit wird in der Regel der Anteil der Abscherkomponente vernachlässigt. Die Tragfähigkeit einer Verbindung mit geneigt angeordneten Holzschrauben ist damit in erster Linie von der Tragfähigkeit bei Beanspruchung auf Herausziehen abhängig. Auch wenn die Abscherkomponente vernachlässigt wird, ist anzunehmen, dass bei einer kombinierten Beanspruchung die Tragfähigkeit bei Beanspruchung auf Herausziehen geringer ist als der entsprechende Wert ohne Querbelastung.

Um diesen Sachverhalt zu klären, wurden Versuche mit gleichzeitiger Beanspruchung in und rechtwinklig zur Schraubenachse durchgeführt. Insgesamt 180 Holzschrauben mit einem Durchmesser von 6 bis 12 mm wurden mit unterschiedlich hoher Querbelastung auf Herausziehen geprüft. In Bild 2-18 ist die Versuchsvorrichtung schematisch dargestellt. Zwei Ansichten der Versuchsvorrichtung zeigt Bild 2-19.

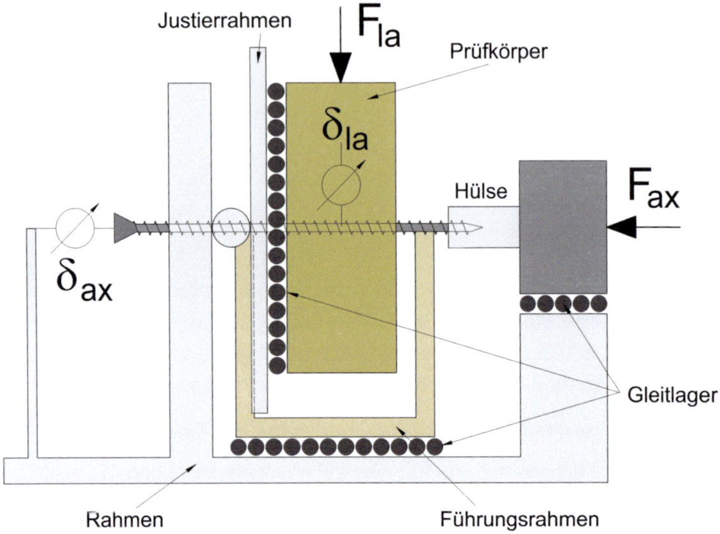

Bild 2-18 Versuchsvorrichtung zur Ermittlung des Ausziehwiderstandes bei gleichzeitiger Querbelastung

Bild 2-19 Versuchsvorrichtung mit induktiven Wegaufnehmern, zwei Kraftmessdosen sowie mit einem eingebauten Versuchskörper – Links: Blick auf den Schraubenkopf – Rechts: Schraubenspitze und Kraftmessdosen

Bild 2-20 Versuchsvorrichtung mit eingebautem Versuchskörper

Die Prüfkörper wurden aus Vollholz der Holzart Fichte mit einer Breite und Höhe von mindestens 20·d hergestellt. Rechtwinklig zur Oberfläche der Prüfkörper wurden selbstbohrende Holzschrauben mit einem Durchmesser von 6 bis 12 mm eingedreht, sodass die Schraubenspitze und der Schraubenkopf außerhalb der Prüfkörper lagen. Die Prüfkörperdicke lag im Bereich zwischen 2,5·d und 3,3·d. Damit konnte gewährleistet werden, dass die Schraube infolge der Beanspruchung rechtwinklig zu ihrer Achse nicht verbogen wurde.

Für jeden Versuchskörper wurde die Lochleibungsfestigkeit des Holzes $f_{h,cal}$ bei Beanspruchung durch den Gewindebereich berechnet. Die Prüfkörper wurden auf zwei unterschiedliche Arten zunächst rechtwinklig zur Schraubenachse beansprucht. Entweder wurde eine vorgegebene laterale Verschiebung $\delta_{la} \leq 5$ mm rechtwinklig zur Schraubenachse aufgebracht oder es wurde bis zu einer vorgegebenen Lochleibungsspannung $\sigma_h \leq f_{h,cal}$ belastet. Anschließend wurden die Schrauben bei gleich bleibender lateraler Verschiebung bzw. Lochleibungsspannung bis zum Versagen auf Herausziehen beansprucht. Mit Hilfe zweier induktiver Wegaufnehmern wurde die Verschiebung δ_{la} rechtwinklig zur Schraubenachse aufgezeichnet. Die axiale Relativverschiebung δ_{ax} zwischen der Schraube und der Oberfläche des Holzes wurde mit Hilfe eines induktiven Wegaufnehmers aufgezeichnet. Dieser wurde auf der spannungsfreien Seite der Schraube am Schraubenkopf befestigt. Die Relativverschiebung δ_{ax} konnte damit ohne den Einfluss der Dehnung in der Schraube sowie ohne Oberflächenverformungen des Holzes ermittelt werden. Für jeden Versuchskörper wurde ein Last-Verschiebungs-Diagramm für die axiale sowie für die laterale Beanspruchung aufgezeichnet. Aus den Last-Verschiebungs-Diagrammen wurden die

Tragfähigkeiten bei Beanspruchung auf Herausziehen sowie die zugehörigen lateralen Verschiebung bzw. Lochleibungsspannungen ermittelt.

Für die Versuche wurde Vollholz der Holzart Fichte (picea abies) verwendet. Im Bereich der eingedrehten Schrauben war das Holz fehlerfrei. Die mittlere Rohdichte der 180 Prüfkörper betrug ρ_m = 419 kg/m^3 bei einer Standardabweichung von 36,5 kg/m^3. Die Häufigkeitsverteilung der Rohdichte des Holzes ist in Bild 2-21 dargestellt.

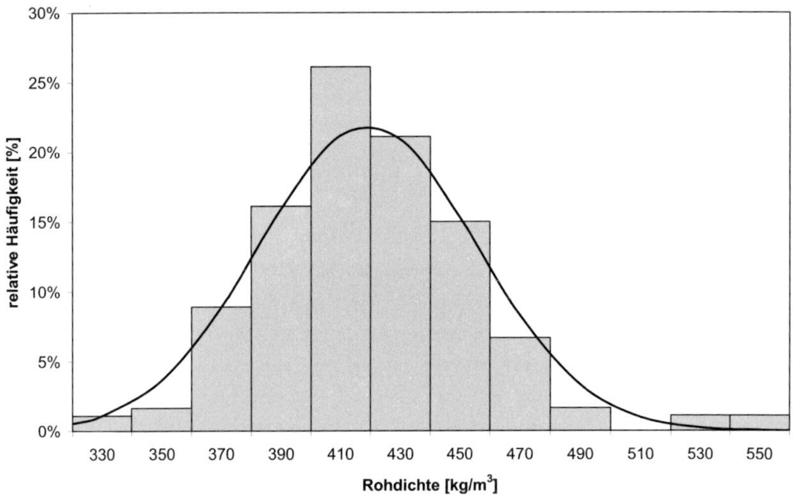

Bild 2-21 Häufigkeitsverteilung der Rohdichte des verwendeten Holzes

Die Ergebnisse der durchgeführten Versuche sind in Bild 2-22 dargestellt. Der korrigierte Ausziehparameter ist in Abhängigkeit von der lateralen Verschiebung für Schrauben mit einem Durchmesser von 6 bis 12 mm dargestellt. Zum besseren Vergleich der Versuchsergebnisse untereinander wurden die Ausziehparameter durch Multiplikation mit dem Korrekturfaktor k_ρ korrigiert. k_ρ wird als Quotient aus der für das verwendete Holz zugrunde gelegten charakteristischen Rohdichte des Holzes (hier: ρ_k = 380 kg/m^3) und der Rohdichte jedes einzelnen Prüfkörpers berechnet.

Ohne laterale Verschiebung beträgt der mittlere Wert des Ausziehparameters bezogen auf eine charakteristische Rohdichte des Holzes von ρ_k = 380 kg/m^3 f_{ax} = 14,8 N/mm^2. Mit zunehmender Verschiebung δ_{la} sinkt der Wert des Ausziehparameters. Bei einer Verschiebung von δ_{la} = 5 mm beträgt der Wert des Ausziehparameters 78,5% des entsprechenden Wertes ohne Querbelastung. Innerhalb einer Verschiebung von bis zu δ_{la} = 5 mm wird angenommen, dass die Lochleibungsfestigkeit des Holzes erreicht wird. Mit diesen Versuchen sollte lediglich gezeigt werden, dass die

Tragfähigkeit auf Herausziehen beanspruchter selbstbohrender Holzschrauben mit zunehmender Lochleibungsspannung sinkt. Auf Grund der Vielzahl der zu untersuchenden Parameter waren jedoch weitere Versuche vorgesehen.

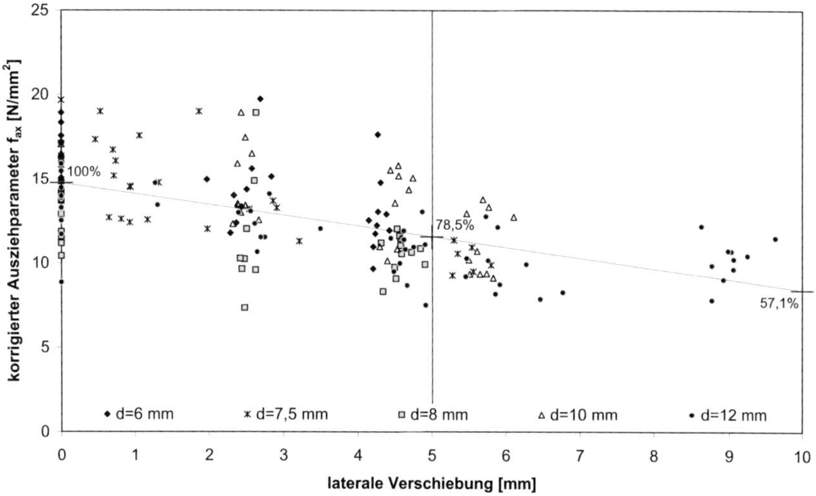

Bild 2-22 Korrigierter Ausziehparameter in Abhängigkeit von der lateralen Verschiebung

Zur Ermittlung des Ausziehwiderstandes in Abhängigkeit von der Querbelastung wurden weitere 300 Versuche durchgeführt. Um die Anzahl der zu untersuchenden Parameter zu minimieren, wurden nur noch Schrauben mit einem Durchmesser von 8 mm und 12 mm verwendet. Die Einschraubtiefe wurde bei Schrauben mit 8 mm Durchmesser zu 2,25·d und bei Schrauben mit 12 mm Durchmesser zu 3,3·d gewählt. Variiert wurde der Winkel β zwischen der Schraubenachse und der Holzfaserrichtung zwischen 0° und 90° in 15°-Schritten sowie der Winkel α zwischen der lateralen Beanspruchung rechtwinklig zur Schraubenachse und der Holzfaserrichtung zwischen 0° und 90° in 15°-Schtritten. Die Ausziehversuche wurden mit unterschiedlicher lateraler Quereindrückung δ_{la} durchgeführt. Hierbei wurden 80 Ausziehversuche ohne Quereindrückung, 100 Ausziehversuche mit δ_{la} = 2 mm sowie 120 weitere Ausziehversuche mit δ_{la} = 5 mm durchgeführt. Bei einer lateralen Eindrückung von δ_{la} = 5 mm wird angenommen, dass die Lochleibungsfestigkeit des Holzes erreicht ist.

Die Versuche wurden analog zu den Versuchen mit der in Bild 2-18 dargestellten Versuchsvorrichtung durchgeführt. Für jeden Versuch wurde jeweils ein Last-Verschiebungs-Diagramm für die axiale sowie für die laterale Beanspruchung aufgezeichnet.

Für die Versuchskörper wurde Vollholz der Holzart Fichte (picea abies) verwendet. Im Bereich der eingedrehten Schrauben war das Holz fehlerfrei. Insbesondere für die Versuchskörper mit parallel zur Faserrichtung des Holzes eingedrehten selbstbohrenden Holzschrauben wurde das Holz vorwiegend aus der Mitte der Kanthölzer herausgeschnitten, um Schwindrisse in den Prüfkörpern zu vermeiden. Die mittlere Rohdichte der 300 Prüfkörper betrug ρ_m = 410 kg/m^3 bei einer Standardabweichung von 43,1 kg/m^3. Die Häufigkeitsverteilung der Rohdichte des Holzes ist in Bild 2-23 dargestellt.

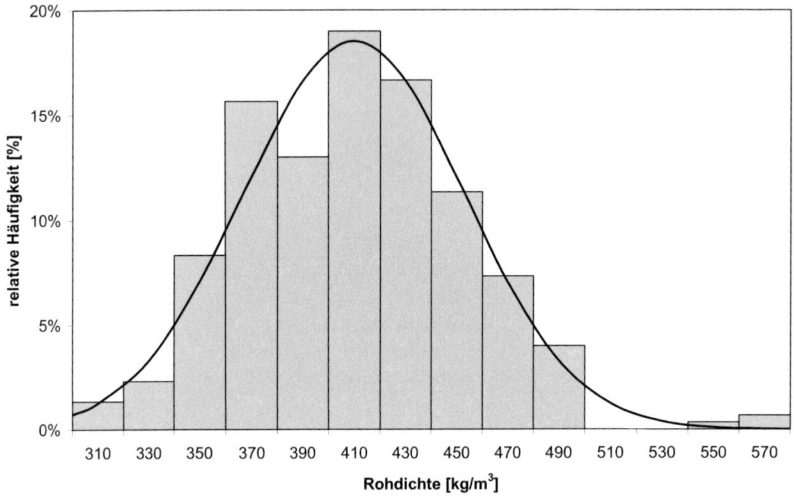

Bild 2-23 Häufigkeitsverteilung der Rohdichte des verwendeten Holzes

Die Tragfähigkeit auf Herausziehen beanspruchter selbstbohrender Holzschrauben ist in den Abschnitten 2.2 und 2.3 angegeben. Um zu überprüfen, inwieweit die dortigen Gleichungen auf Ausziehversuche bei gleichzeitiger Querbelastung übertragen werden können, wurden mit den jeweiligen Werten der Rohdichte der Prüfkörper die Tragfähigkeiten nach Abschnitt 2.2 und 2.3 berechnet und den Versuchsergebnissen gegenübergestellt. Hierbei wurden sowohl die Werte des Ausziehwiderstandes ohne Querbelastung (δ_{la} = 0 mm) als auch die Tragfähigkeiten bei Querbelastung (δ_{la} = 2 mm und δ_{la} = 5 mm) berechnet.

In Bild 2-24 sind sämtliche 300 Werte des Ausziehwiderstandes für eine laterale Verschiebung von δ_{la} = 0 mm, 2 mm und 5 mm über den nach Gleichung (5) berechneten Werten aufgetragen. Hierbei wurden die Werte des Ausziehwiderstandes mit dem Wert des Ausziehparameters $f_1 = 80 \cdot 10^{-6} \cdot \rho^2$ für die Tragfähigkeitsklasse 3 und der zugehörigen Rohdichte jedes einzelnen Prüfkörpers berechnet. Die Einschraubtiefe entsprach der Prüfkörperbreite. Die axiale Tragfähigkeit wurde nach Gleichung (5) ohne den Kopfdurchziehwiderstand berechnet. Die Werte des Ausziehwiderstandes für eine laterale Verschiebung von δ_{la} = 2 und 5 mm wurden ebenfalls nach Gleichung (5) ohne Abminderung infolge der lateralen Eindrückung berechnet.

Aus den 80 Ausziehversuchen ohne laterale Verschiebung (δ_{la} = 0) wurde die Regressionsgerade mit einer Steigung m = 1,264 und einem Abszissenabschnitt b = 173 ermittelt.

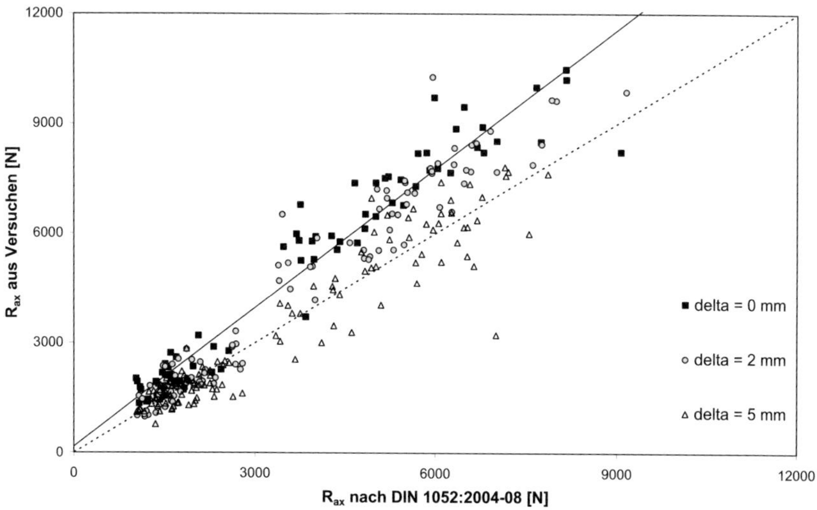

Bild 2-24 Ausziehwiderstand R_{ax} aus Versuchen über dem nach Gleichung (5) berechneten Ausziehwiderstand R_{ax} für $f_1 = 80 \cdot 10^{-6} \cdot \rho^2$

Der Korrelationskoeffizient R betrug für diese 80 Versuche R = 0,967.

Bild 2-25 zeigt den Vergleich zwischen den 300 Versuchsergebnissen für eine laterale Verschiebung von δ_{la} = 0, 2 und 5 mm und den Werten nach Gleichung (6) (vgl. Eurocode 5). Die Werte des Ausziehwiderstandes wurden mit der zugehörigen Rohdichte jedes einzelnen Prüfkörpers sowie mit n = 1 berechnet. Die wirksame Einschraubtiefe entsprach der Prüfkörperbreite. Die Werte des Ausziehwiderstandes für eine laterale Verschiebung von δ_{la} = 2 und 5 mm wurden ohne Abminderung infolge der lateralen Eindrückung berechnet. Aus den 80 Ausziehversuchen ohne laterale Verschiebung (δ_{la} = 0) wurde eine Regressionsgerade mit einer Steigung m = 0,886 und einem Abszissenabschnitt b = -459 ermittelt. Der Korrelationskoeffizient R betrug für diese 80 Versuche R = 0,951.

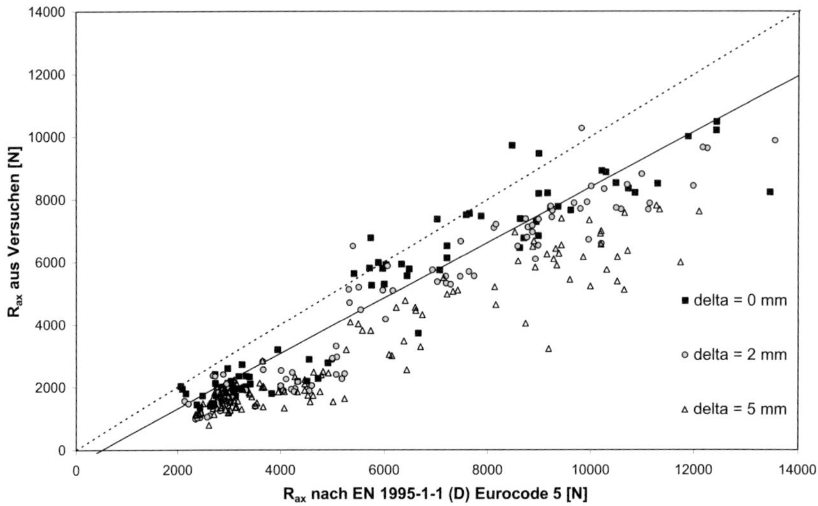

Bild 2-25 Ausziehwiderstand R_{ax} aus Versuchen über dem nach Gleichung (6) in Anlehnung an den Eurocode 5 berechneten Ausziehwiderstand R_{ax}

Schließlich sind in Bild 2-26 die in Versuchen ermittelten 300 Werte des Ausziehwiderstandes für eine laterale Verschiebung von δ_{la} = 0, 2 und 5 mm über den nach Gleichung (10) berechneten Werte aufgetragen.

Auch für die Darstellung in Bild 2-26 wurden die Werte des Ausziehwiderstandes ohne Abminderung infolge der lateralen Eindrückung berechnet. Aus den 80 Ausziehversuchen ohne laterale Verschiebung (δ_{la} = 0) wurde die Regressionsgerade mit der Steigung m = 1,391 und einem Abszissenabschnitt b = -1467 ermittelt. Der Korrelationskoeffizient R betrug für diese 80 Versuche R = 0,979.

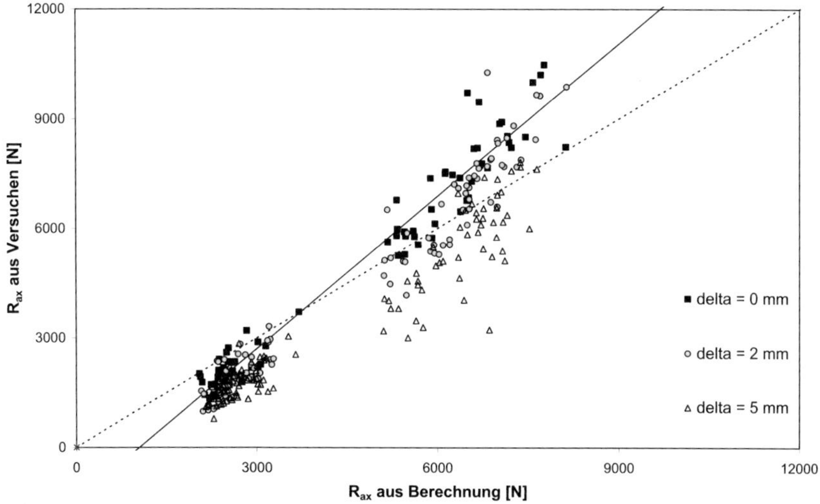

Bild 2-26 Ausziehwiderstand R_{ax} aus Versuchen über dem nach Gleichung (10) berechneten Ausziehwiderstand R_{ax}

Nachfolgend werden Abminderungsfaktoren ermittelt, mit deren Hilfe der Ausziehwiderstand entsprechend der Größe der lateralen Verschiebung bzw. der Größe der Lochleibungsspannung abgemindert werden kann. Zur Ermittlung der Abminderungsfaktoren wurde für jede Versuchsreihe der Quotient aus der Tragfähigkeit bei Beanspruchung auf Herausziehen für δ_{la} = 2 und 5 mm und der Tragfähigkeit ohne Quereindrückung bestimmt.

Zum besseren Vergleich der Versuchsergebnisse untereinander wurden die Werte des Ausziehwiderstandes mit dem Korrekturfaktor k_ρ korrigiert. Der Korrekturfaktor k_ρ wird als Quotient aus der charakteristischen Rohdichte des verwendeten Holzes (hier: ρ_k = 350 kg/m^3) und der Rohdichte jedes einzelnen Prüfkörpers berechnet.

In Bild 2-27 sind für die verwendete Schraube mit einem Durchmesser von d = 8 mm die Tragfähigkeiten bei Beanspruchung auf Herausziehen in Abhängigkeit von der lateralen Verschiebung δ_{la}, vom Einschraubwinkel β sowie vom Winkel zwischen der Abscherkraft und der Faserrichtung des Holzes dargestellt. Für jede Versuchsreihe ist der Mittelwert, der Höchstwert sowie der Kleinstwert der Tragfähigkeit angegeben. Bezogen auf den Wert des Ausziehwiderstandes ohne Querbelastung ist weiterhin für jede Versuchsreihe das Verhältnis des Mittelwertes in Prozent dargestellt.

Eine entsprechende Auswertung für die Schraube mit d = 12 mm ist in Bild 2-28 dargestellt.

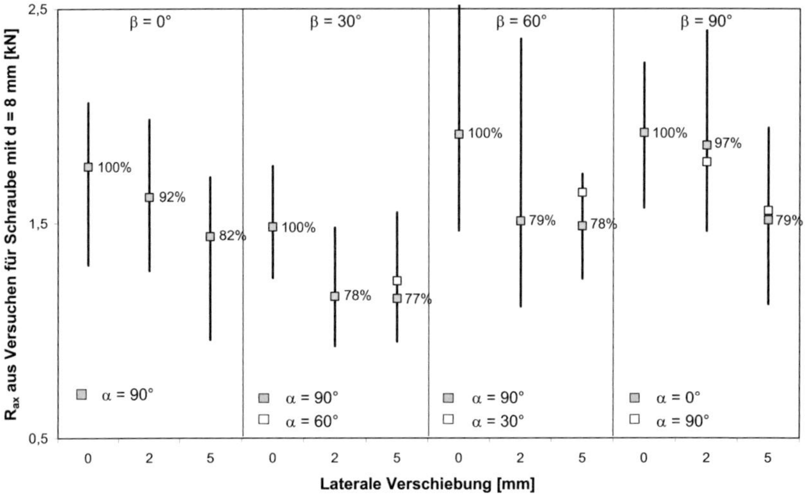

Bild 2-27 Mittelwert, Höchstwert und Kleinstwert des Ausziehwiderstandes für d = 8 mm sowie für δ_{la} = 0, 2 und 5 mm

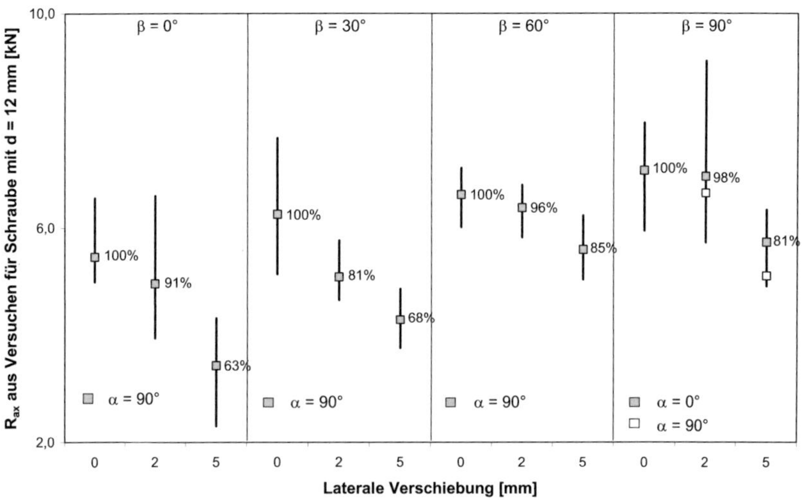

Bild 2-28 Mittelwert, Höchstwert und Kleinstwert des Ausziehwiderstandes für d = 12 mm sowie für δ_{la} = 0, 2 und 5 mm

Bei einer lateralen Verschiebung von δ_{la} = 5 mm wird angenommen, dass die Lochleibungsfestigkeit des Holzes erreicht ist. Bei dieser Verschiebung beträgt die Tragfähigkeit bei Beanspruchung auf Herausziehen für Schrauben mit einem Durchmesser von d = 8 mm 77% bis 82% des entsprechenden Wertes ohne Querbelastung.

Für Schrauben mit einem Durchmesser von d = 12 mm müsste die Tragfähigkeit bei Beanspruchung auf Herausziehen auf einen Wert zwischen 63% und 85% des entsprechenden Wertes ohne Querbelastung abgemindert werden, falls eine laterale Beanspruchung δ_{la} = 5 mm zu berücksichtigen wäre. Ein ähnliches Ergebnis wurde bereits in den Vorversuchen festgestellt (siehe Bild 2-22).

Obwohl angenommen wird, dass die Lochleibungsfestigkeit des Holzes aus Last-Verschiebungs-Diagrammen bis zu einer Eindrückung des stiftförmigen Verbindungsmittels von 5 mm rechtwinklig zu seiner Achse ins Holz ermittelt wird, ist es sinnvoller, bei einer kombinierten Beanspruchung den Ausziehwiderstand in Abhängigkeit von der Lochleibungsspannung anzugeben.

Hierbei wurde die Lochleibungsspannung zum besseren Vergleich der Ergebnisse untereinander ebenfalls mit der charakteristischen Rohdichte des Holzes von ρ_k = 350 kg/m^3 und der Rohdichte jedes einzelnen Prüfkörpers korrigiert.

Für rechtwinklig zur Faserrichtung des Holzes eingedrehte Holzschrauben (β = 90°) sowie für einen Winkel von α = 90° zwischen der Richtung der lateralen Kraftkomponente und der Holzfaserrichtung sind in Bild 2-29 die korrigierten Ausziehparameter in Abhängigkeit von der Lochleibungsspannung als Einzelwerte dargestellt. Die Lochleibungsspannungen wurden aus den Last-Verschiebungs-Diagrammen bei einer lateralen Verschiebung von δ_{la} = 0, 2 und 5 mm ermittelt. In diesem Bild sind alle Einzelwerte für Schrauben mit einem Durchmesser von 8 mm und 12 mm sowie die zugehörige Regressionsgerade dargestellt. Die Gleichung dieser Regressionsgeraden lautet $f_{ax} = 14{,}232 - 0{,}181 \cdot \sigma_h$ (vgl. in Tabelle 2-5). Weitere Ausziehparameter in Abhängigkeit von der Lochleibungsspannung für Einschraubwinkel von β = 0°, 30° und 60° sowie für einen Winkel von α = 90° zwischen der Richtung der lateralen Kraftkomponente und der Holzfaserrichtung und für einen Einschraubwinkel von β = 90° sowie für einen Winkel von α = 0° sind in Anhang 9.1 dargestellt. Dort sind ebenfalls die zugehörigen Regressionsgeraden eingezeichnet. Die entsprechenden Gleichungen dieser Regressionsgeraden sind in Tabelle 2-5 in Spalte 4 angegeben.

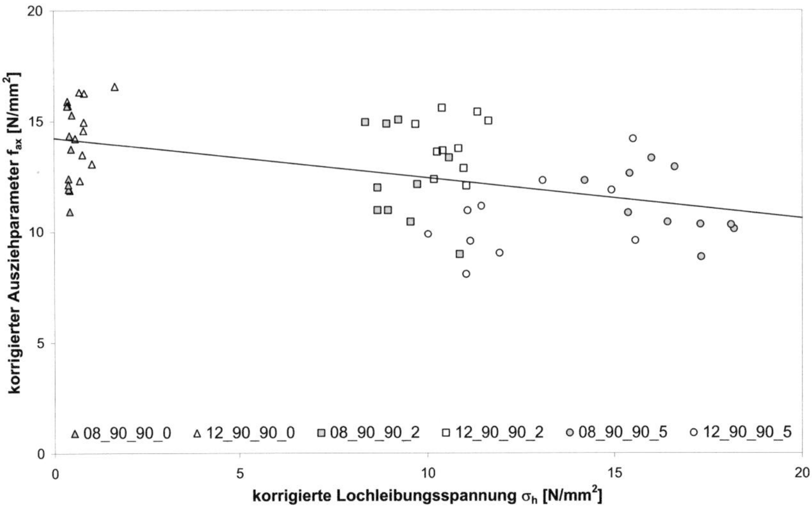

Bild 2-29 Korrigierter Ausziehparameter in Abhängigkeit von der korrigierten Lochleibungsspannung für α = 90° und für β = 90°

Tabelle 2-5 Gleichungen der Regressionsgeraden sowie Auswertung der Ausziehversuche in Abhängigkeit von der Lochleibungsspannung

d [mm]	β [°]	α [°]	linearer Ansatz	$\sigma_{h,max}$ [N/mm²]	$f_{ax}(\sigma_{h,max})$ [N/mm²]	γ_{max} [–]	$\sigma_{h,mittel}$ [N/mm²]	$f_{ax}(\sigma_{h,mittel})$ [N/mm²]	γ_{mittel} [–]	$f_{h,cal}$ [N/mm²]	$f_{ax}(f_{h,cal})$ [N/mm²]	γ_{cal} [–]
8	0	90	$f_{ax} = 11{,}461 - 0{,}234 \cdot \sigma_h$	9,09	9,33	0,81	8,43	9,49	0,83	6,73	9,89	0,86
12	0	90		6,99	9,83	0,86	5,49	10,2	0,89	5,96	10,1	0,88
8	30	90	$f_{ax} = 11{,}801 - 0{,}357 \cdot \sigma_h$	10,7	7,98	0,68	8,11	8,91	0,75	7,92	8,97	0,76
12	30	90		9,68	8,35	0,71	7,99	8,95	0,76	7,01	9,30	0,79
8	60	90	$f_{ax} = 13{,}417 - 0{,}183 \cdot \sigma_h$	16,1	10,5	0,78	12,8	11,1	0,83	12,2	11,2	0,83
12	60	90		11,7	11,3	0,84	10,2	11,6	0,86	10,8	11,4	0,85
8	90	90	$f_{ax} = 14{,}232 - 0{,}181 \cdot \sigma_h$	18,2	10,9	0,77	16,5	11,2	0,79	16,8	11,2	0,79
12	90	90		15,6	11,4	0,80	12,6	12,0	0,84	14,9	11,5	0,81
8	90	0	$f_{ax} = 14{,}393 - 0{,}142 \cdot \sigma_h$	22,7	11,2	0,78	20,2	11,5	0,80	16,8	12,0	0,83
12	90	0		15,8	12,1	0,84	13,8	12,4	0,86	14,9	12,3	0,85
					Mittelwert	0,79		Mittelwert	0,82		Mittelwert	0,83

Mit Hilfe der in Tabelle 2-5 angegebenen Gleichungen der Regressionsgeraden werden nachfolgend für jede Versuchsreihe die Quotienten γ der Werte der Ausziehparameter unter Berücksichtigung der Querbelastung und der entsprechenden Werte der Ausziehparameter ohne Querbelastung ermittelt.

Drei unterschiedliche Situationen wurden hierbei betrachtet:

1) Unter Verwendung des größten Wertes der Lochleibungsspannung $\sigma_{h,max}$ wurde für jede Versuchsreihe mit Hilfe der entsprechenden Regressionsgleichung der zu dieser Lochleibungsspannung zugeordnete Wert des Ausziehparameters berechnet. Die für jede Versuchsreihe ermittelten größten Werte der Lochleibungsspannung sind in Tabelle 2-5 in Spalte 5 angegeben. Die mit Hilfe der entsprechenden Gleichung der Regressionsgeraden berechneten Werte des Ausziehparameters sind in Tabelle 2-5 in Spalte 6 angegeben. Das Verhältnis γ_{max} zwischen dem zur maximalen Lochleibungsspannung zugeordneten Wert des Ausziehparameters und dem entsprechenden Wert des Ausziehparameters ohne Querbelastung (σ_h = 0) ist in Spalte 7 angegeben. Unter Berücksichtigung der maximalen Lochleibungsspannung liegen die Quotienten γ_{max} im Bereich zwischen 0,68 und 0,86 mit einem Mittelwert von γ_{max} = 0,79.

2) Unter Verwendung des für jede Versuchsreihe gemittelten Wertes der Lochleibungsspannung $\sigma_{h,mittel}$ wurde mit Hilfe der entsprechenden Regressionsgleichung der zu dieser Lochleibungsspannung zugeordnete Wert des Ausziehparameters berechnet. Die für jede Versuchsreihe ermittelten mittleren Werte der Lochleibungsspannung sind in Tabelle 2-5 in Spalte 8 angegeben. Die mit Hilfe der entsprechenden Gleichung der Regressionsgeraden berechneten Werte des Ausziehparameters sind in Tabelle 2-5 in Spalte 9 angegeben. Das Verhältnis γ_{mittel} zwischen dem zur mittleren Lochleibungsspannung zugeordneten Wert des Ausziehparameters und dem entsprechenden Wert des Ausziehparameters ohne Querbelastung (σ_h = 0) ist in Spalte 10 angegeben. Unter Berücksichtigung der mittleren Lochleibungsspannung liegen die Quotienten γ_{mittel} im Bereich zwischen 0,75 und 0,89 mit einem Mittelwert von γ_{mittel} = 0,82.

3) Das Verhältnis γ_{cal} in Tabelle 2-5 in Spalte 13 wurde entsprechend der Vorgehensweise in den Punkten 1) und 2) ermittelt. Der Wert γ_{cal} ist hierbei das Verhältnis zwischen dem zur <u>berechneten</u> Lochleibungsfestigkeit $f_{h,cal}$ zugeordneten Wert des Ausziehparameters und dem entsprechenden Wert des Ausziehparameters ohne Querbelastung. Die Lochleibungsfestigkeit $f_{h,cal}$ wurde hierbei für jede Versuchsreihe nach Gleichung (2) (vgl. Abschnitt 2.1) unter Berücksichtigung der Rohdichte des Holzes, des Schraubendurchmessers sowie des Winkels zwischen der Schraubenachse und der Holzfaserrichtung berechnet und ist in Tabelle 2-5 in Spalte 11 angegeben. Die mit Hilfe der entsprechenden Gleichung der Regressionsgeraden berechneten Werte des Ausziehparameters sind in Tabelle 2-5 in Spalte 12 angegeben. Unter Berücksichtigung der <u>berechneten</u> Lochleibungsfestigkeit liegen die Quotienten γ_{cal} im Bereich zwischen 0,76 und 0,88 mit einem Mittelwert von γ_{cal} = 0,83.

Trotz unterschiedlicher Betrachtungsweisen liegen die mittleren Werte der Verhältnisse zwischen dem Wert des Ausziehparameters bei gleichzeitiger Querbelastung und dem entsprechenden Wert des Ausziehparameters ohne Querbelastung im Bereich zwischen 0,79 und 0,83. Der kleinste und damit ungünstigste Wert des Verhältnisses γ wurde zu 0,68 ermittelt.

Die Auswertungen zeigen, dass der Ausziehwiderstand selbstbohrender Holzschrauben bei gleichzeitiger Beanspruchung auf Abscheren zurückgeht. Da selbst bei Erreichen der Lochleibungsfestigkeit noch mehr als zwei Drittel der Tragfähigkeit auf Herausziehen vorhanden sind, stellt die quadratische Interaktion nach DIN 1052:2004-08 eine sehr konservative Bemessung für kombiniert beanspruchte Schrauben dar. Dies gilt umso mehr, da beim Versagen infolge einer kombinierten Beanspruchung infolge Herausziehen und Abscheren die Lochleibungsfestigkeit des Holzes in der Regel nur in der Nähe der Fuge erreicht wird.

2.5 Verschiebungsmodul auf Herausziehen beanspruchter selbstbohrender Holzschrauben

Der Verschiebungsmodul auf Herausziehen beanspruchter selbstbohrender Holzschrauben wurde aus den 413 aufgezeichneten Last-Verschiebungs-Diagrammen zur Bestimmung des Ausziehwiderstandes in Abhängigkeit von der Einschraubtiefe (siehe Abschnitt 2.2) ermittelt. Die Verteilung der Rohdichte des verwendeten Holzes sowie die wichtigsten Informationen über die verwendeten selbstbohrenden Holzschrauben und die untersuchten Einschraubtiefen sind in Abschnitt 2.2 angegeben. Alle Versuche wurden mit einen Einschraubwinkel von 90° durchgeführt. Der Verschiebungsmodul K_{ax} auf Herausziehen beanspruchter selbstbohrender Holzschrauben wurde aus der Steigung der Tangente im Ursprung jeder Last-Verschiebungs-Kurve ermittelt.

In Bild 2-30 sind die 413 Werte des Verschiebungsmoduls K_{ax} für axial beanspruchte und rechtwinklig zur Faserrichtung des Holzes eingedrehte selbstbohrende Holzschrauben über dem nach Gleichung (12) berechneten Verschiebungsmodul aufgetragen. Gleichung (12) wurde aus einer multiplen Regressionsanalyse bestimmt. Es ergibt sich ein Korrelationskoeffizient R von R = 0,794, eine Steigung der Regressionsgeraden m = 0,859 und ein Abszissenabschnitt b = 874.

$$K_{ax} = 234 \cdot (\rho \cdot d)^{0,2} \cdot \ell_S^{\,0,4} \quad \text{in } \frac{\text{N}}{\text{mm}} \qquad (12)$$

mit

d Schraubennenndurchmesser in mm

ρ Rohdichte des Holzes in kg/m³

ℓ_S Länge des im Holz eingedrehten Gewindebereiches

Gleichung (12) gilt nur für rechtwinklig zur Faserrichtung des Holzes eingedrehte und auf Herausziehen beanspruchte selbstbohrende Holzschrauben. Für Einschraubwinkel kleiner als 90° konnte keine Gleichung zur Berechnung des Verschiebungsmoduls ermittelt werden, obwohl 799 Versuche durchgeführt wurden (vgl. Abschnitt 2.3). Die Ergebnisse stellten jedoch aufgrund einer zu geringen Variation der Einschraublänge keine sinnvolle Grundlage für eine multiple Regressionsanalyse dar.

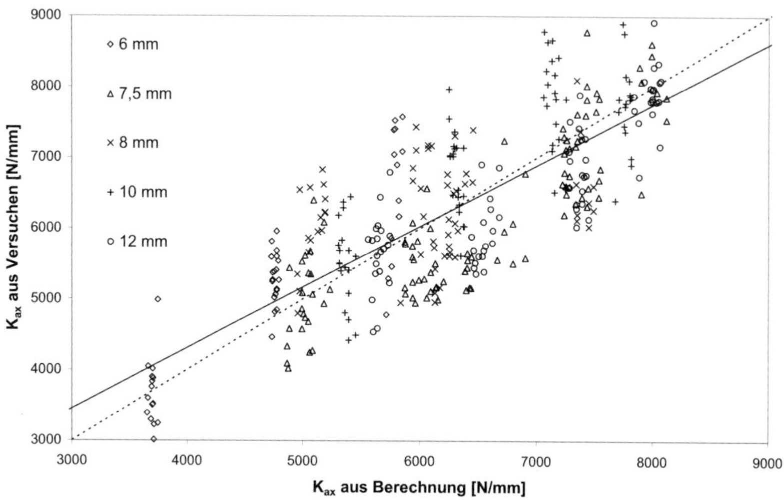

Bild 2-30 Verschiebungsmoduln K_{ax} aus Versuchen über dem nach Gleichung (12) berechneten Verschiebungsmodul

Der Verschiebungsmodul auf Herausziehen beanspruchter selbstbohrender Holzschrauben für einen Einschraubwinkel von 45° wurde von Kevarinmäki aus 113 Versuchen ermittelt (siehe Kevarinmäki (2002)). Hierbei wurden selbstbohrende Holzschrauben unterschiedlicher Hersteller mit Durchmessern von 4,5 mm, 6 mm, 7,5 mm und 8 mm unter 45° zur Faserrichtung des Holzes in Vollholz der Festigkeitsklasse C24 / C40 bzw. in Kerto-S und Kerto-Q Platten eingedreht und auf Herausziehen beansprucht. In Tabelle 2-6 sind die von Kevarinmäki durchgeführten Versuche sowie die ermittelten Verschiebungsmoduln $K_{ax,45°}$ zusammengestellt.

Tabelle 2-6 Zusammenstellung der Versuche von Kevarinmäki (2002)

Holz		Schraube		$K_{ax,45°}$
Klasse	Rohdichte	d	l_S	
	[kg/m³]	[mm]	[mm]	[N/mm]
C24	366	6	48	**4714**
C24	356	6	70	**5357**
C24	387	7,5	60	**8765**
C24	389	7,5	90	**12660**
C40	429	6	48	**6415**
C40	429	7,5	60	**10405**
C24	349	4,5	36	**2662**
C24	347	8	72	**2913**
C24	340	6	48	**3121**
C24	348	6	70	**5476**
Kerto-S	503	6	48	**6342**
Kerto-Q	543	6	48	**7021**
Kerto-S	499	6	48	**4452**
Kerto-S	498	7,5	60	**8624**
Kerto-Q	539	7,5	60	**7026**
Kerto-S	474	7,5	60	**7168**

Obwohl der Verschiebungsmodul K_{ax} nach Gleichung (12) nur für rechtwinklig zur Holzfaserrichtung eingedrehte und auf Herausziehen beanspruchte selbstbohrende Holzschrauben gilt, werden zum Vergleich der Ergebnisse die von Kevarinmäki ermittelten Verschiebungsmoduln $K_{ax,45°}$ den nach Gleichung (12) berechneten Werten gegenübergestellt. In Bild 2-31 sind die Verschiebungsmoduln aus eigenen Versuchen sowie die Werte $K_{ax,45°}$ von Kevarinmäki (2002) den nach Gleichung (12) berechneten Werten gegenübergestellt.

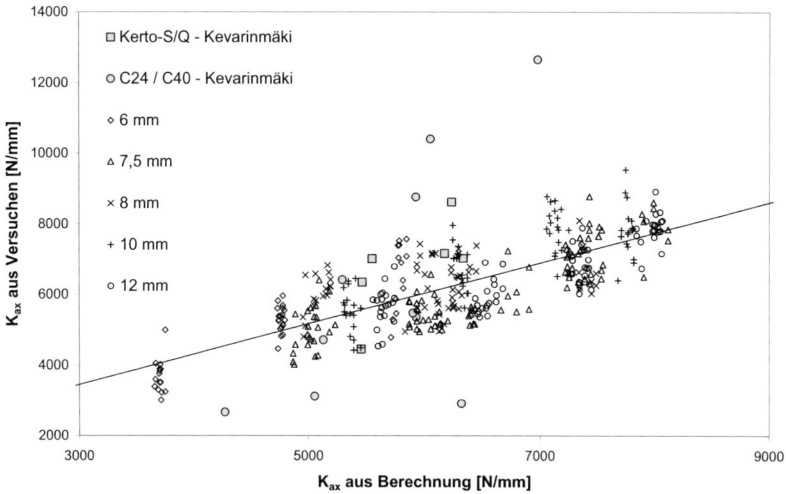

Bild 2-31 Verschiebungsmoduln K_{ax} aus eigenen Versuchen sowie Verschiebungsmoduln $K_{ax,45°}$ von Kevarinmäki (2002) über den nach Gleichung (12) berechneten Verschiebungsmoduln

Obwohl die Ergebnisse eine große Streuung aufweisen, beträgt die mittlere Abweichung der berechneten Verschiebungsmoduln von den Versuchsergebnissen von Kevarinmäki lediglich 4,2%. Die von Kevarinmäki ermittelten Verschiebungsmoduln liegen zwischen 2662 und 12660 N/mm. Der im Rahmen dieses Vorhabens ermittelte Höchstwert des Verschiebungsmoduls beträgt dagegen nur K_{ax} = 9540 N/mm. Da diese Werte stark voneinander abweichen und darüber hinaus keine gute Korrelation zwischen den Versuchsergebnissen von Kevarinmäki und den berechneten Werten festgestellt wurde, wird empfohlen, die Verschiebungsmoduln auf Herausziehen beanspruchter selbstbohrender Holzschrauben für jeden Schraubentyp durch Versuche zu ermitteln.

Aus den im Abschnitt 2.3 vorgestellten 799 Versuchen und den zugehörigen Last-Verschiebungs-Diagrammen wurden weiterhin die Verschiebungsmoduln für Einschraubwinkel zwischen 0° und 90° bestimmt. Mit diesen Werten alleine konnte jedoch keine sinnvolle Gleichung mittels einer multiplen Regressionsanalyse hergeleitet werden, da einige traglastrelevante Parameter nicht ausreichend variiert worden waren. Die Verschiebungsmoduln für Einschraubwinkel zwischen 0° und 90° wurden daher den nach Gleichung (12) berechneten Werten gegenübergestellt (siehe Bild 2-32). Auch bei diesem Vergleich ist keine gute Korrelation zwischen den berechneten Werten und den Versuchsergebnissen zu erkennen. Auffällig ist jedoch, dass der

Einschraubwinkel bei sonst identischen Parametern den Verschiebungsmodul nicht signifikant beeinflusst.

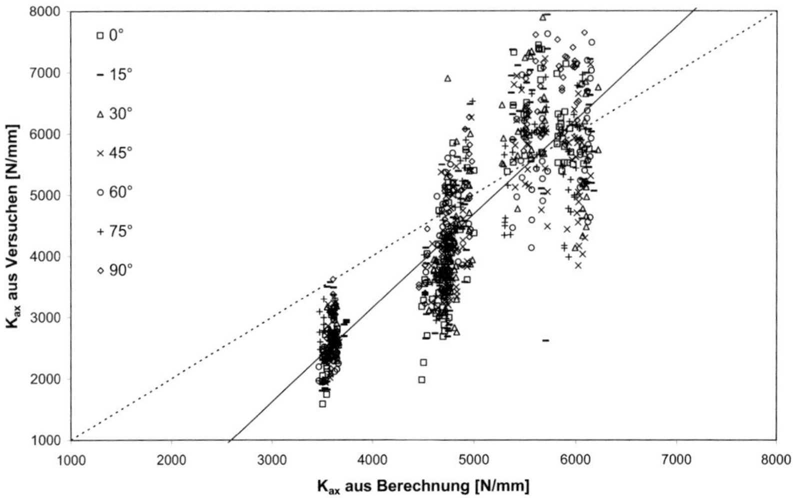

Bild 2-32 Verschiebungsmoduln K_{ax} aus Versuchen nach Abschnitt 2.3 über den nach Gleichung (12) berechneten Verschiebungsmoduln

Gleichung (12) gilt nur für die verwendeten selbstbohrenden Holzschrauben sowie für die untersuchten Durchmesser und Einschraubtiefen. Bei Betrachtung der Ergebnisse in Bild 2-31 und Bild 2-32 kann Gleichung (12) nicht auf Schrauben anderer Hersteller bzw. auf andere Schraubendurchmesser und Einschraubtiefen übertragen werden. Für selbstbohrende Holzschrauben anderer Hersteller und Abmessungen wird daher empfohlen, den Verschiebungsmodul durch Versuche zu ermitteln. Die Ergebnisse in Bild 2-32 zeigen jedoch, dass der Einschraubwinkel den Wert des Verschiebungsmoduls nicht signifikant beeinflusst.

2.6 Grenzverschiebung auf Herausziehen beanspruchter selbstbohrender Holzschrauben

Das Last-Verschiebungs-Verhalten auf Herausziehen beanspruchter selbstbohrender Holzschrauben kann durch den Ausziehwiderstand R_{ax}, den Verschiebungsmodul K_{ax} sowie die axiale Grenzverschiebung δ_{ax} beschrieben werden. Die axiale Grenzverschiebung δ_{ax} gibt die Verschiebung an, bei der die Tragfähigkeit R_{ax} erreicht wird. Nach Überschreiten dieser Grenzverschiebung ist eine weitere Laststeigerung nicht mehr möglich. Das typische Last-Verschiebungs-Verhalten auf Herausziehen beanspruchter selbstbohrender Holzschrauben ist in Bild 2-33 dargestellt.

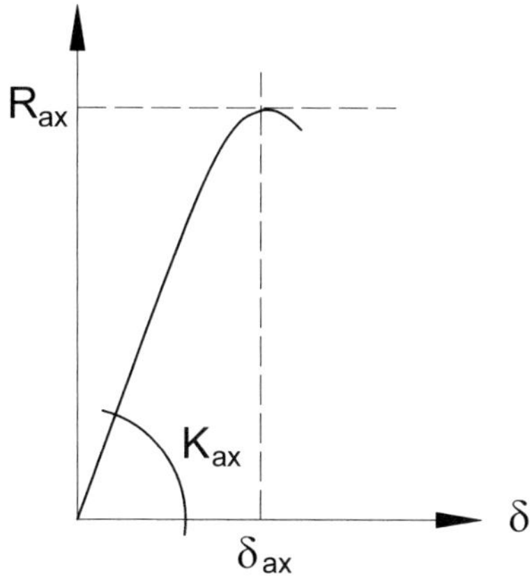

Bild 2-33 Typisches Last-Verschiebungs-Verhalten auf Herausziehen beanspruchter selbstbohrender Holzschrauben

Für rechtwinklig zur Faserrichtung des Holzes eingedrehte selbstbohrende Holzschrauben wurde die Grenzverschiebung δ_{ax} aus 413 Versuchen zur Ermittlung des Ausziehwiderstandes unter Berücksichtigung der Einschraubtiefe bestimmt. Die wichtigsten Eigenschaften der verwendeten Holzschrauben sowie die Verteilung der Rohdichte des verwendeten Holzes sind in Abschnitt 2.2 angegeben.

In Bild 2-34 sind mit einem Korrelationskoeffizienten R = 0,918 die Versuchsergebnisse den berechneten Werten gegenübergestellt. Die axiale Grenzverschiebung wurde hierbei nach Gleichung (13) berechnet.

Gleichung (13) wurde aus einer multiplen Regressionsanalyse ermittelt. Die Steigung der Regressionsgeraden beträgt m = 0,958, der Abszissenabschnitt b = 0,106.

$$\delta_{ax} = 0{,}0016 \cdot d \cdot \sqrt{\rho \cdot \ell_S} \quad \text{in mm} \qquad (13)$$

mit

d Schraubennenndurchmesser in mm

ρ Rohdichte des Holzes in kg/m^3

ℓ_S Länge des im Holz eingedrehten Gewindebereiches

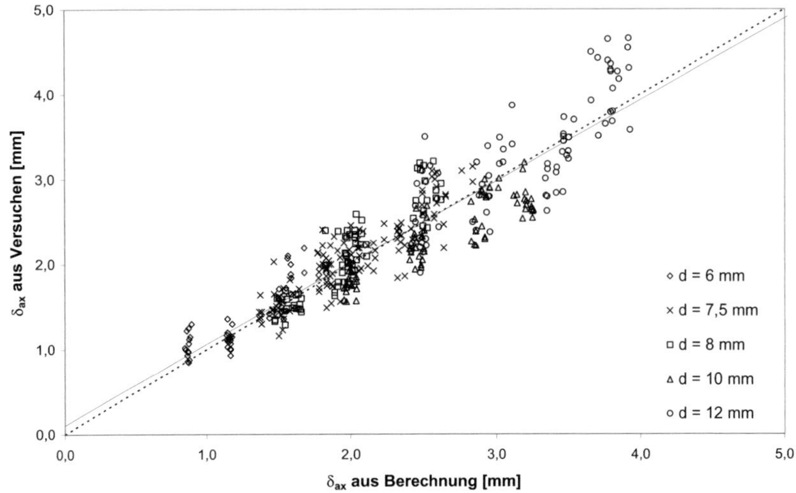

Bild 2-34 Axiale Grenzverschiebung aus Versuchen über der nach Gleichung (13) berechneten Grenzverschiebung

Der Einfluss des Einschraubwinkels auf die axiale Grenzverschiebung wurde mittels einer multiplen Regressionsanalyse ermittelt. Die entsprechenden Grenzverschiebungen wurden aus den Last-Verschiebungs-Diagrammen der 799 Versuche zur Ermittlung des Ausziehwiderstandes bei unterschiedlichen Einschraubwinkeln entnommen. Die wichtigsten Eigenschaften der verwendeten Holzschrauben sowie die Verteilung der Rohdichte des verwendeten Holzes für alle 799 Versuche sind in Abschnitt 2.3 angegeben.

Die beste Korrelation mit einem Korrelationskoeffizienten R = 0,798 zwischen den berechneten Werten und den Versuchsergebnissen wird erreicht, wenn Gleichung (13) mit dem Korrekturfaktor $k_{\delta,\alpha}$ nach Gleichung (15) abgemindert wird.

$$\delta_{ax,\alpha} = 0{,}0016 \cdot d \cdot \sqrt{\rho \cdot \ell_S} \cdot k_{\delta,\alpha} \quad \text{in mm} \tag{14}$$

$$k_{\delta,\alpha} = \frac{1}{1{,}54 \cdot \cos^2 \alpha + \sin^2 \alpha} \tag{15}$$

Die Steigung der Regressionsgeraden zwischen den nach Gleichung (14) berechneten Werten und den Versuchsergebnissen beträgt m = 0,696 bei einem Abszissenabschnitt b = 0,705. In Bild 2-35 sind die nach Gleichung (14) berechneten Werte der axialen Grenzverschiebung den Versuchsergebnissen gegenübergestellt.

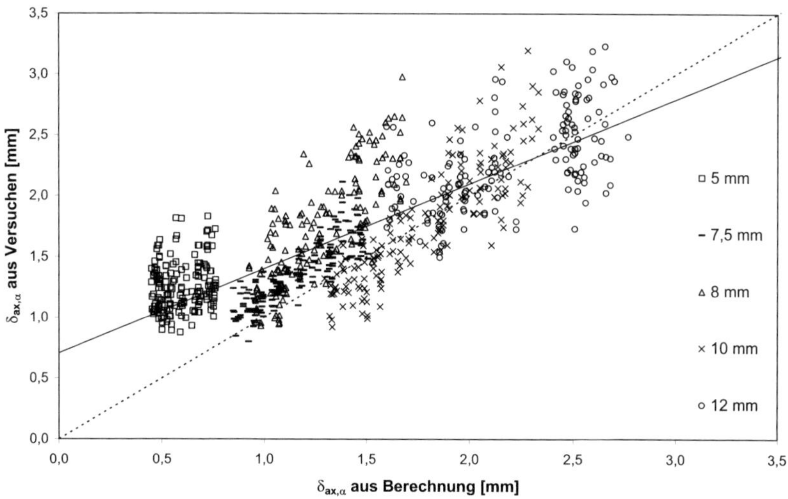

Bild 2-35 Axiale Grenzverschiebung aus Versuchen über der nach Gleichung (14) berechneten Grenzverschiebung

Der Grund für die schlechtere Korrelation bei den Versuchen mit unterschiedlichen Einschraubwinkeln war die Verwendung weiterer Holzschrauben, insbesondere einer Holzschraube mit einem Durchmesser von d = 5 mm. Im Vergleich zu den übrigen Holzschrauben zeichnet sich diese Schraube durch ein etwas größeres Verhältnis zwischen dem Kern- und dem Gewindeaußendurchmesser aus. Es wird daher empfohlen, bei Bedarf die axiale Grenzverschiebung für selbstbohrende Holzschrauben durch Versuche zu ermitteln. Dies gilt auch für die Ermittlung des axialen Verschiebungsmoduls K_{ax}.

2.7 Fließmomente von selbstbohrenden Holzschrauben

Der charakteristische Wert des Fließmomentes im Gewindebereich genormter Holzschrauben mit einem Gewinde nach DIN 7998 sowie mit einer Mindestzugfestigkeit des Ausgangsdrahtes von 400 N/mm² wird nach DIN 1052:2004-8 nach folgender Gleichung berechnet.

$$M_{y,k} = 0{,}15 \cdot f_{u,k} \cdot d^{2,6} \quad \text{in Nmm} \tag{16}$$

Im Gegensatz zu genormten Holzschrauben mit einem Gewinde nach DIN 7998 werden selbstbohrende Holzschrauben aus Kohlenstoffstahl nach dem Aufbringen des Gewindes in der Regel gehärtet. Diese Härtung ist notwendig, um insbesondere bei langen Schrauben höhere Werte der Zugtragfähigkeit, des Bruchdrehmomentes sowie des Fließmomentes zu erreichen.

Die Zugfestigkeit, die Streckgrenze und die Fließspannung sind damit von der Art der Härtung abhängig. Einige selbstbohrende Holzschrauben weisen Fließspannungen des gehärteten Materials von f_y = 2000 N/mm^2 auf. Häufiger sind jedoch Werte von f_y = 1000 N/mm^2.

Da die Art der Härtung bei jedem Schraubenhersteller unterschiedlich ist, kann für selbstbohrende Holzschrauben keine allgemeingültige Gleichung zur Berechnung der Zugfestigkeit oder des Fließmomentes angegeben werden. Die Zugfestigkeit und das Fließmoment sind durch Versuche zu bestimmen.

Zur Abschätzung des Fließmomentes von selbstbohrenden Holzschrauben wurden die Höchstwerte der Fließmomente für 272 selbstbohrende Holzschrauben unterschiedlicher Hersteller mit 12 unterschiedlichen Gewindeaußendurchmessern (d = 3 mm; 3,5 mm; 4 mm; 4,5 mm; 5 mm; 6 mm; 6,5 mm; 7 mm; 7,5 mm; 8 mm; 10 mm und 12 mm) ermittelt. Die Fließspannung $f_{y,S}$ wurde wie folgt berechnet:

$$f_{y,S} = \frac{6 \cdot M_{y,S}}{d_k^{\,3}} \tag{17}$$

In Bild 2-36 sind für 272 selbstbohrende Holzschrauben mit Durchmessern von 3 mm bis 12 mm die berechneten Fließspannungen f_y in Abhängigkeit vom Kerndurchmesser d_k dargestellt.

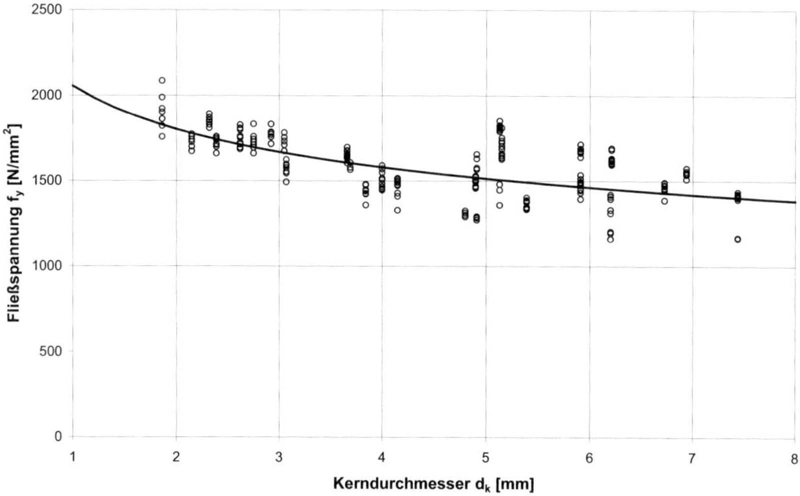

Bild 2-36 Fließspannung in Abhängigkeit vom Kerndurchmesser d_k

Mit steigendem Kerndurchmesser d_k sinkt die Fließspannung. Dieser Effekt wurde ebenfalls in (Werner (1993)) bei Nägeln nach DIN 1151 festgestellt. Die Abhängigkeit der Fließspannung f_y in N/mm^2 vom Kerndurchmesser d_k in mm kann mit einem Korrelationskoeffizienten R = 0,670 nach Gleichung (18) beschrieben werden.

$$f_{y,S} = 2056 \cdot d_k^{-0,19} \quad \text{in } \frac{N}{mm^2} \tag{18}$$

Für alle 272 untersuchten Schrauben wurde folgender Zusammenhang zwischen dem Kerndurchmesser d_k und dem Gewindeaußen- bzw. dem Nenndurchmesser d festgestellt:

Mittelwert: d_k / d = 0,611

Standardabweichung: d_k / d = 0,028

Variationskoeffizient: 4,63%

Mit den Gleichungen (17) und (18) können nur die Höchstwerte der Fließspannungen im vollplastischen Zustand und somit nur die Höchstwerte der Fließmomente $M_{y,S}$ berechnet werden. Bei auf Abscheren beanspruchten stiftförmigen Verbindungsmitteln wird der maximale Biegewinkel und damit das Fließmoment im vollplastischen

Zustand jedoch nicht immer erreicht. Oft wird die Tragfähigkeit bei auf Abscheren beanspruchten Verbindungsmitteln bei einem Biegewinkel erreicht, der kleiner ist als der maximale Biegewinkel im vollplastischen Zustand.

Um diesen Effekt berücksichtigen zu können, wurden die Beziehungen zwischen dem Biegemoment $M_{y,S}(\phi)$ und dem Biegewinkel ϕ für die geprüften Schrauben ausgewertet. Die Beziehung zwischen dem Biegemoment $M_{y,S}(\phi)$ und dem Biegewinkel ϕ kann durch eine Exponentialfunktion beschrieben werden. Die Parameter der Exponentialfunktion wurden aus allen 272 Kurven zur Bestimmung des Fließmomentes in Anlehnung an DIN EN 409 durch die Aufteilung der Kurve in 100 Abschnitte bestimmt. Damit wurden insgesamt 27200 Wertepaare mit Hilfe einer multiplen Regressionsanalyse ausgewertet. Zwischen dem Biegemoment $M_{y,S}(\phi) = \eta \cdot M_{y,S}$ und dem Biegewinkel ϕ wurde mit einem Korrelationskoeffizienten R = 0,962 folgender Zusammenhang gefunden:

$$\eta = \left[1{,}1083 - 0{,}0002914 \cdot \phi \cdot d\right] \cdot \left[1 - e^{-0{,}01397 \cdot \phi \cdot d}\right] \quad \text{und} \quad M_{y,S}(\phi) = \eta \cdot M_{y,S} \qquad (19)$$

mit

d	Schraubennenndurchmesser in mm
ϕ	Biegewinkel in Grad
$M_{y,S}$	Höchstwert des Fließmomentes nach Gleichung (17)

Der Verlauf des Abminderungsbeiwertes η in Abhängigkeit vom Biegewinkel ϕ ist in Bild 2-37 dargestellt. Mit steigendem Durchmesser wird das Fließmoment bei geringeren Biegewinkeln erreicht. Für Schrauben mit einem Durchmesser von d = 4 mm beträgt der Grenzwert des Biegewinkels etwa 45°. Für Schrauben mit einem Durchmesser von d = 12 mm beträgt der Grenzwert des Biegewinkels nur noch 20°.

In Bild 2-38 sind für zwei selbstbohrende Holzschrauben (d = 6 mm und d =10 mm) die Beziehungen zwischen dem Fließmoment und dem Biegewinkel dargestellt. Die Beziehung zwischen Fließmoment und Biegewinkel wurde mit einem Verhältnis zwischen dem Kerndurchmesser und dem Gewindeaußendurchmesser von $d_k/d = 0{,}611$ berechnet. Zwischen den Versuchsergebnissen und den berechneten Werten ist eine sehr gute Übereinstimmung zu erkennen.

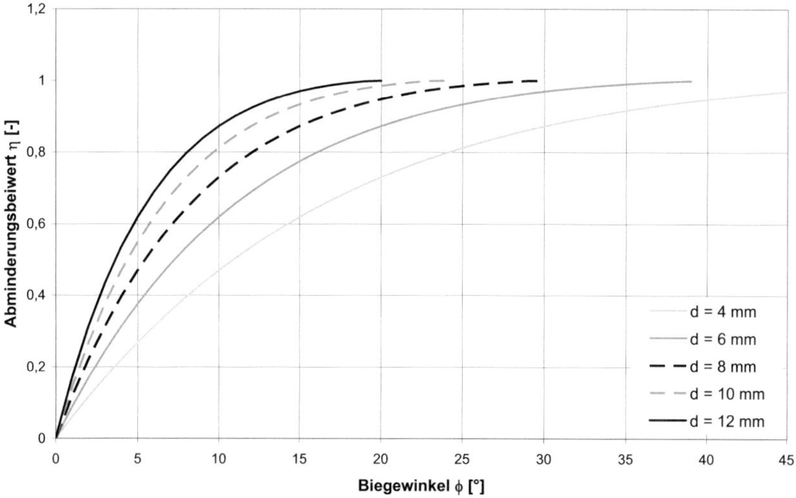

Bild 2-37 Verlauf des Abminderungsbeiwertes in Abhängigkeit vom Biegewinkel

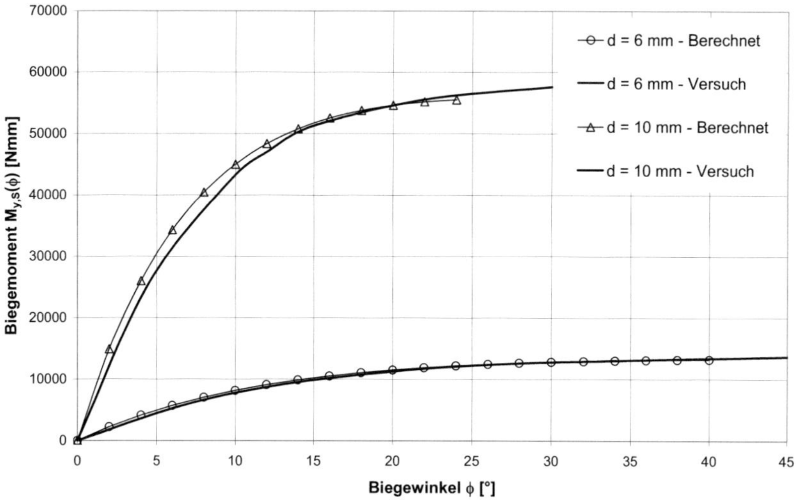

Bild 2-38 Vergleich zwischen berechneter und tatsächlicher Beziehung zwischen dem Biegemoment und dem Biegewinkel für selbstbohrende Holzschrauben mit d = 6 mm und d = 10 mm Durchmesser

2.8 Zusammenfassung

Im Rahmen der durchgeführten Grundlagenversuche wurde die Lochleibungsfestigkeit des Holzes bei Beanspruchung durch den Gewindebereich selbstbohrender Holzschrauben in Abhängigkeit vom Winkel zwischen der Kraft- und der Faserrichtung sowie in Abhängigkeit vom Winkel zwischen der Schraubenachse und der Holzfaserrichtung ermittelt.

Weiterhin wurde der Ausziehwiderstand in Abhängigkeit von der Einschraubtiefe und dem Einschraubwinkel bestimmt. Für gleichzeitig auf Herausziehen und Abscheren beanspruchte selbstbohrende Holzschrauben wurde darüber hinaus der Ausziehwiderstand in Abhängigkeit von der Querbelastung ermittelt.

Um das Last-Verformungs-Verhalten auf Herausziehen beanspruchter selbstbohrender Holzschrauben beschreiben zu können, wurden die Verschiebungsmoduln sowie die Grenzverschiebungen bestimmt. Die Verschiebungsmoduln auf Herausziehen beanspruchter selbstbohrender Holzschrauben dienen zur Abschätzung der Steifigkeit von Verbindungen mit geneigt bzw. gekreuzt angeordneten Vollgewindeschrauben. Die axialen Grenzverschiebungen dienen zur Abschätzung der maximalen Verschiebung der Schrauben bei Beanspruchung auf Herausziehen. Nach Überschreiten der Grenzverschiebung ist eine Steigerung der Last nicht mehr möglich.

Um die Tragfähigkeit von Verbindungen mit selbstbohrenden Holzschrauben rechnerisch erfassen zu können, wurden die Fließmomente im Gewindebereich selbstbohrender Holzschrauben ermittelt. Diese Ergebnisse gelten jedoch nur für die untersuchten Holzschrauben. Für selbstbohrende Holzschrauben anderer Hersteller bzw. anderer Schraubenabmessungen sind die Fließmomente durch Versuche zu ermitteln. Die Eigenschaften der Schrauben, wie das Fließmoment, die Zugtragfähigkeit und das Bruchdrehmoment sind insbesondere von der Art der Härtung der Schraube sowie vom Ausgangsmaterial abhängig.

Die im Rahmen dieses Vorhabens ermittelte Lochleibungsfestigkeit des Holzes bei Beanspruchung durch selbstbohrende Holzschrauben, der Ausziehwiderstand, der Verschiebungsmodul sowie die Grenzverschiebung können auf selbstbohrende Holzschrauben anderer Hersteller übertragen werden, sofern die Geometrie des Gewindebereiches ähnlich derjenigen der verwendeten Schrauben ist. Für selbstbohrende Holzschrauben mit abweichender Gewindegeometrie wird empfohlen, die genannten Parameter durch Versuche zu bestimmen.

3 Ermittlung von Mindestabständen

3.1 Allgemeines – Bisheriger Kenntnisstand

Holzbauteile können bereits beim Einbringen von stiftförmigen Verbindungsmitteln ohne Vorbohren durch Aufspalten versagen oder eine Rissbildung aufweisen. Auf diese Weise entstandene Risse haben einen Einfluss auf die Tragfähigkeit des Bauteils unter Belastung. Sie können ein weiteres Risswachstum initiieren und so zum Versagen durch Aufspalten führen. Durch Anforderungen an Mindestabstände und Mindestholzdicken sollen diese Versagensformen verhindert werden. Im Rahmen dieses Forschungsvorhabens sollten die erforderlichen Mindestabstände von selbstbohrenden Vollgewindeschrauben untereinander und zum Rand bestimmt werden.

Bisherige Kenntnisse zum Spaltverhalten von Holz beim Einbringen von Verbindungsmitteln ohne Vorbohren beruhen größtenteils auf Untersuchungen mit Nägeln (Kevarinmäki (2005), Schmid (2002), Lau (1990), Ehlbeck und Siebert (1988), Lau und Tardiff (1987), Ehlbeck und Görlacher (1982), Ehlbeck (1979), Marten (1952)). Es konnten verschiedene Abhängigkeiten für Rissentstehung und Risswachstum beobachtet werden, die in materialspezifische, geometrische und verbindungsmittelspezifische Einflüsse eingeteilt werden können. Die erstgenannten sind folgende Eigenschaften des Baustoffs: Holzart, Rohdichte, Jahrringbreite, Holzfeuchte und Jahrringlage in Bezug zur Verbindungsmittelachse. Zu den geometrischen Einflüssen zählen die Abstände und Holzdicken in Bezug zum Durchmesser der Verbindungsmittel sowie die Anordnung der Verbindungsmittel im Anschlussbild. Die Ausbildung der Spitze, des Kopfes, des Schaftes bzw. Gewindes sowie Querschnittsform und Oberflächenbeschaffenheit von Schrauben bzw. Nägeln stellen verbindungsmittelspezifische Einflüsse dar.

Zur Vermeidung des Risswachstums und des Aufspaltens des Holzes werden in den Bemessungsnormen für Holzbauwerke (z. B. DIN 1052, Eurocode 5) sowie in allgemeinen bauaufsichtlichen Zulassungen für Holzschrauben Mindestabstände und Mindestholzdicken in Abhängigkeit der Verbindungsmitteldurchmesser vorgeschrieben. Die in den Normen angegebenen Mindestwerte für Holzdicke und Abstände der Verbindungsmittel sind Erfahrungswerte bzw. beruhen auf empirischen Untersuchungen.

Zurzeit werden Holzschrauben im Allgemeinen bezüglich der Mindestabstände und Mindestholzdicken wie Nägel in nicht vorgebohrten Hölzern behandelt. Nach DIN 1052:2004-08, Tabelle 10, gelten somit die in Tabelle 3-1 aufgeführten Mindestabstände. Die Definition der Mindestabstände ist im Bild 3-1 dargestellt.

Tabelle 3-1 Abstände von Nägeln in nicht vorgebohrten Hölzern (DIN 1052)

	a_1	a_2	$a_{1,t}$	$a_{1,c}$	$a_{2,t}$	$a_{2,c}$
d < 5 mm	(5+5·cos α)·d	5·d	(7+5·cos α)·d	7·d	(5+2·sin α)·d	5·d
d ≥ 5 mm	(5+7·cos α)·d		(10+5·cos α)·d	10·d	(5+5·sin α)·d	

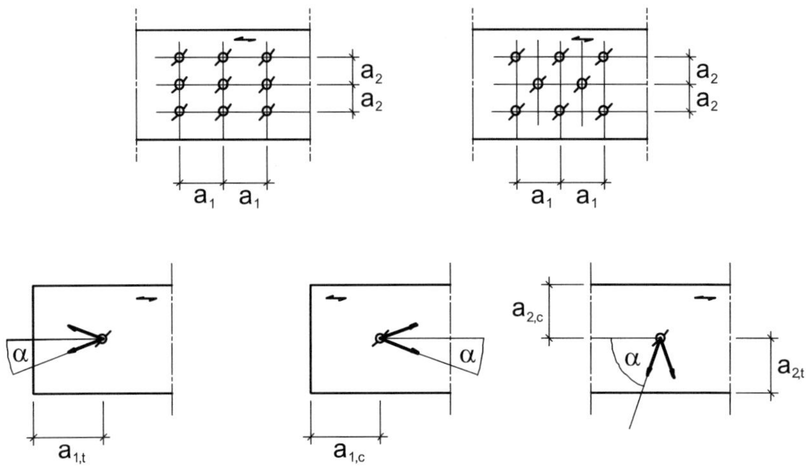

Bild 3-1 Definition der Verbindungsmittelabstände

Auf Grundlage von Versuchen wurden für einige selbstbohrende Schrauben in allgemeinen bauaufsichtlichen Zulassungen bei einer Beanspruchung auf Herausziehen geringere Abstände festgelegt. Selbstbohrende Holzschrauben werden häufig mit speziellen Bohrspitzen hergestellt, die sich günstig auf das Spaltverhalten des Holzes auswirken. Teilweise werden die Gewinde sowie die Köpfe so ausgebildet, dass sie sich in das Holz einfräsen können. Bei Verwendung dieser Schrauben sind geringere Abstände möglich, als es die Regelungen für nicht vorgebohrte Nägel vorsehen.

Je nach Hersteller und Typ der Schrauben werden die Merkmale, die ein Aufspalten des Holzes vermeiden sollen (Bohrspitzen, Schraubenkopfform sowie Fräsrippen an Spitze, Gewinde, Schaft oder Kopf) unterschiedlich ausgebildet. Sie weisen häufig abweichende Geometrien und Anordnungen auf. Im Bild 3-2 sind verschiedene Ausführungen der Kopf- und Spitzenausbildung verschiedener Schraubentypen unterschiedlicher Hersteller dargestellt.

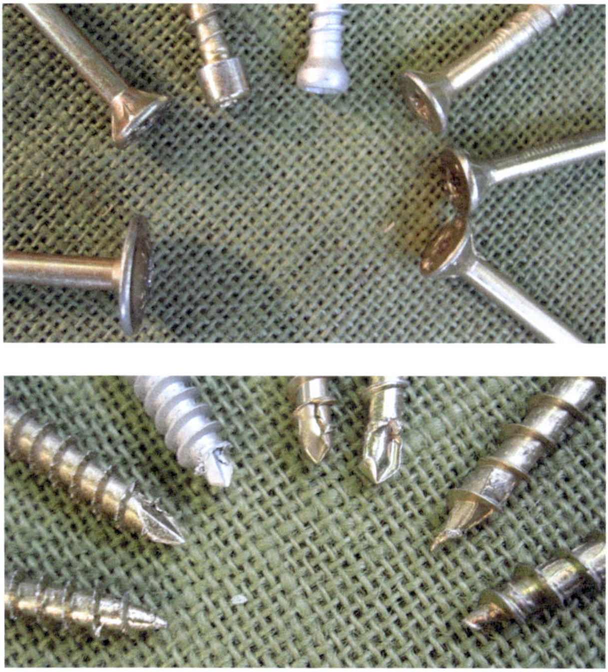

Bild 3-2 Unterschiedliche Ausbildung von Schraubenspitzen und -köpfen

Aufgrund dieser Abweichungen und Unterschiede in der Schraubengeometrie selbst (Außendurchmesser, Kerndurchmesser, Kopfdurchmesser, Gewindesteigung) sind an einem Schraubentyp experimentell ermittelte Mindestabstände und Holzdicken nicht auf andere Schraubentypen übertragbar. Dies gilt auch für die Übertragung der Ergebnisse auf unterschiedliche Schraubendurchmesser eines Schraubentyps. Folglich sind zumindest für jeden Schraubentyp die Mindestabstände und Mindestholzdicken separat durch Einschraubversuche zu ermitteln. Bei den Untersuchungen sind auch die unterschiedlichen Durchmesser eines Schraubentyps zu berücksichtigen, falls Ergebnisse aufgrund äquivalenter Geometrieverhältnisse und Eigenschaften nicht übertragen werden können. Abschließend muss geprüft werden, ob die erreichte Kombination aus Holzdicke und Abständen genügt, um ein frühzeitiges Aufspalten unter Belastung rechtwinklig zur Schraubenachse zu verhindern. Hierzu sind im Rahmen des Forschungsvorhabens Zug-Scherversuche vorgesehen.

3.2 Einschraubversuche

Um die Anzahl der Variationsmöglichkeiten bei den Einschraubversuchen einzuschränken, wurden Abstände wie für vorgebohrt eingebrachte Nägel gemäß DIN

1052:2004 angestrebt, siehe Tabelle 3-2. Für Schrauben unterschiedlicher Hersteller wurden die Holzdicken bestimmt, die bei diesen Mindestabständen erforderlich sind, um ein Aufspalten des Holzes beim Eindrehen zu vermeiden.

Tabelle 3-2 Abstände von Nägeln in vorgebohrten Hölzern, gem. DIN 1052

a_1	a_2	$a_{1,t}$	$a_{1,c}$	$a_{2,t}$	$a_{2,c}$
$(3+2\cdot\cos\alpha)\cdot d$	$3\cdot d$	$(7+5\cdot\cos\alpha)\cdot d$	$7\cdot d$	$(3+4\cdot\sin\alpha)\cdot d$	$3\cdot d$

Im Rahmen des Forschungsvorhabens wurden 231 Einschraubversuche durchgeführt, bei denen insgesamt 889 Schrauben eingesetzt wurden. Davon wurden für 52 Versuche Teilgewindeschrauben (208 Stück) verwendet. Eine Übersicht der verwendeten Schraubentypen ist in Tabelle 3-3 zusammengestellt. Die Einschraubversuche wurden mit unterschiedlichen Einschraubbildern und Mindestabständen gemäß Tabelle 3-2 durchgeführt. In Bild 9-5 bis 9-13 des Anhangs werden die verschiedenen Schraubenbilder gezeigt. Die Konfigurationen der Einschraubversuche und ihre Ergebnisse sind in Tabelle 9-1 bis Tabelle 9-7 zusammengefasst.

Tabelle 3-3 Übersicht der eingesetzten Schrauben

Hersteller	Typ	Gewinde	d in mm
I	A	Teilgewinde	5
I	B	Vollgewinde	5
I	A	Vollgewinde	8, 10, 12
II	-	Vollgewinde	8,9
III	-	Vollgewinde	8

Die Häufigkeitsverteilung der Rohdichte der Versuchshölzer für alle 231 Versuche wird im Bild 3-3 dargestellt. Es wurden gezielt Hölzer mit höheren Rohdichten ausgewählt, da bei diesen eine größere Spaltgefahr erwartet wird (Schmid (2002)). Die mittlere Rohdichte betrug 479 kg/m³ und die Standardabweichung 37,9 kg/m³. Die Holzfeuchte betrug im Mittel 12,0 % bei einem Variationskoeffizienten von 6,7%.

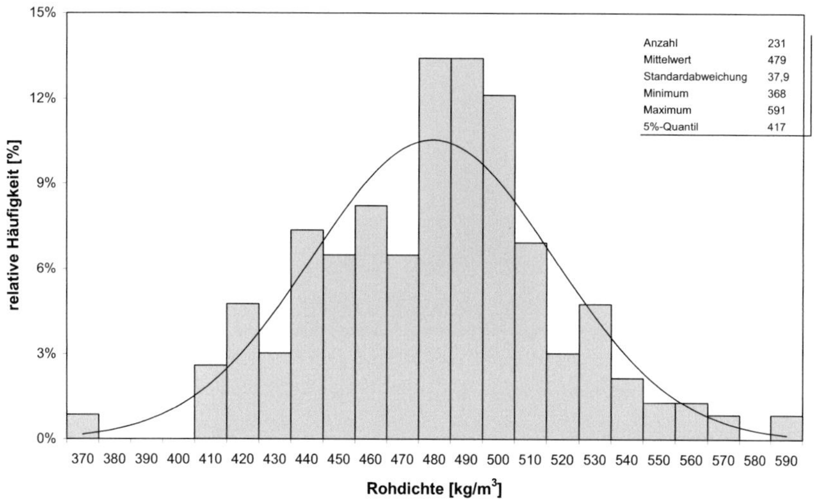

Bild 3-3 Rohdichte der Versuchshölzer für die Einschraubversuche (231 Werte)

In den Einschraubversuchen wurden die Schrauben mit einem elektrisch angetriebenen Schrauber in die Hölzer soweit eingedreht, dass ihr Kopf mindestens bündig mit der Holzoberfläche abschloss. Nach Abschluss des Einschraubvorgangs wurde das Spaltverhalten der Prüfkörper beurteilt. Die Ergebnisse sind in Tabelle 9-1 bis Tabelle 9-7 aufgeführt.

Die Längen oberflächlich sichtbarer Risse wurden unmittelbar nach der Versuchsdurchführung ermittelt, um so eine weitere quantitative Aussage über die auftretende Spalterscheinungen zu ermöglichen. Die Bezeichnungen der unterschiedlichen Risslängen werden im Bild 3-4 definiert.

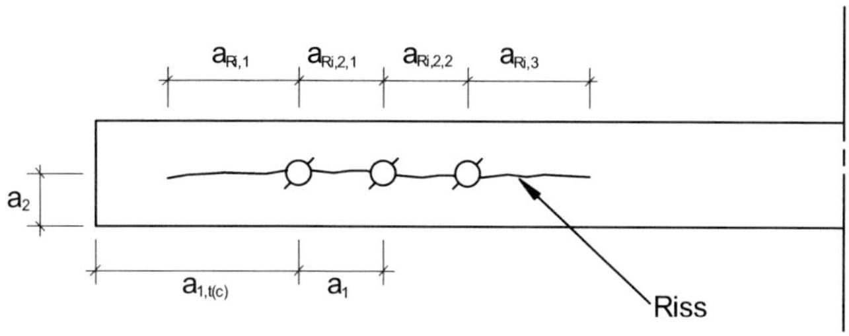

Bild 3-4 Definition der Risslängenbezeichnungen $a_{Ri,1}$, $a_{Ri,2,1}$, $a_{Ri,2,2}$ und $a_{Ri,3}$

Zum Vergleich unterschiedlicher Versuchsreihen wird der Quotient aus der gemessenen Risslänge und den entsprechenden Abständen gebildet. Hierbei werden zwei Betrachtungen durchgeführt:

Die Rissausbreitung in Richtung des Hirnholzes in Bezug zum Hirnholzabstand des hirnholznächsten Verbindungsmittels wird durch den Quotient $k_{Ri,1}$ beschrieben.

$$k_{Ri,1} = \frac{a_{Ri,1}}{a_{1,t(c)}} \tag{20}$$

mit

$a_{Ri,1}$ max. Risslänge zum Hirnholz (in Richtung $a_{1,t(c)}$)

$a_{1,t(c)}$ Abstand einer Schraube zum Hirnholz gemäß Einschraubbild

Die Summe der auftretenden Risslängen wird gebildet und durch die entsprechenden Abstände dividiert. Die Risslänge $a_{Ri,3}$ wird dabei auf den Abstand $a_{1,t(c)}$ bezogen.

$$k_{Ri,2} = \frac{a_{Ri,ges}}{2 \cdot a_{1,t(c)} + (n-1) \cdot a_1} = \frac{a_{Ri,1} + \sum_{i=1}^{n-1} a_{Ri,2,i} + a_{Ri,3}}{2 \cdot a_{1,t(c)} + (n-1) \cdot a_1} \tag{21}$$

mit

$a_{Ri,1}$ max. Risslänge zum Hirnholz (in Richtung $a_{1,t(c)}$)

$a_{Ri,2,i}$ max. Risslänge zwischen den Schrauben (Richtung a_1)

$a_{Ri,3}$ max. Risslänge in Richtung des Prüfkörpers

n Anzahl hintereinander liegender Schrauben in einer Reihe

a_1; $a_{1,t(c)}$ Abstände der Schrauben gemäß Einschraubbild

Die Diagramme in Bild 9-14 bis Bild 9-25 zeigen die Risslängenquotienten $k_{Ri,1}$ und $k_{Ri,2}$ für die Einschraubversuche in Abhängigkeit von der Rohdichte der Versuchshölzer. Bei Versuchen mit Einschraubbildern, die mehrere Schraubenreihen enthalten, wurde nur die Schraubenreihe mit der maximalen Rissausdehnung berücksichtigt.

Die Qualität einer Aussage auf Grundlage einer Messung der Länge oberflächlich sichtbarer Risse ist beschränkt. Das Ausmaß eines Risses ist nicht in jedem Fall eindeutig festzustellen. Des Weiteren lässt das beobachtete Risswachstums an der Holzoberfläche keine eindeutigen Schlüsse auf den Rissverlauf über den Gesamtquerschnitt zu. Das Rissverhalten des Holzes an der Oberfläche kann zum Teil maßgebend durch den Schraubenkopf beeinflusst werden. Ein Vergleich der vorliegenden Ergebnisse der Risslängenmessung (Bild 9-14 bis Bild 9-25) mit der getroffenen Beurteilung des Spaltverhaltens zeigt dennoch eine weitgehende Übereinstimmung (Tabelle 9-1 bis Tabelle 9-7). Aus den Tabellen ist der Einfluss der Rohdichte auf die Risslänge bzw. das Spaltverhalten erkennbar.

Als Ergebnis der Einschraubversuche konnten für die unterschiedlichen Schrauben die in Tabelle 3-4 aufgeführten Mindestholzdicken für die untersuchten Mindestabstände ermittelt werden. In Tabelle 3-4 sind Einschränkungen bezüglich der Mindestabstände angegeben.

Tabelle 3-4 Erforderliche Mindestholzdicken aus Einschraubversuchen

Hersteller - Schraubentyp	d in mm	Mindestholzdicke t in mm	Einschränkungen bezüglich der Mindestabstände
I-A	5	24	$a_{1,c} \geq 12 \cdot d$, $a_1 \geq 5 \cdot d$
I-B	5	30	$a_{1,c} \geq 12 \cdot d$, $a_1 \geq 5 \cdot d$
I-A	8	80	-
I-A	10	100	$a_{1,c} \geq 12 \cdot d$, $a_1 \geq 5 \cdot d$
I-A	12	96	$a_{1,c} \geq 12 \cdot d$, $a_1 \geq 5 \cdot d$
II	8,9	127	$a_{1,c} \geq 12 \cdot d$, $a_1 \geq 5 \cdot d$
III	8	40	$a_{1,c} \geq 12 \cdot d$, $a_1 \geq 5 \cdot d$

Im Rahmen der Einschraubversuche wurden Schraubenbilder mit einem Abstand der Schrauben untereinander von $a_1=3 \cdot d$ geprüft (Einschraubbilder A-13-90-c, A-23-90-c und A-33-90-c). Diese Abstände können bei Verbindungen auftreten, bei denen der Winkel zwischen Kraft und Faserrichtung 90° beträgt (Queranschlüsse). Es zeigte sich, dass bei diesen geringen Abständen zumeist durchgehende Risse zwischen den Schrauben entstehen und die Oberfläche des Holzes durch das Eindrehen der Schraubenköpfe zersplittert. Bei Versuchen mit einem Abstand $a_{1,t(c)}$ von $7 \cdot d$ zeigte sich bei den gewählte Holzdicken häufig ein kritisches Risswachstum bis über die Hälfte des Hirnholzabstandes.

3.3 Spaltverhalten unter Beanspruchung auf Abscheren

In den Einschraubversuchen wurden Mindestabstände und zugehörige Mindestholzdicken ermittelt, die erforderlich sind, um ein Aufspalten von Hölzern beim Einbringen von selbstbohrenden Holzschrauben zu vermeiden. Es galt zu prüfen, ob bei diesen Randbedingungen ein frühzeitiges Aufspalten der Hölzer unter Belastung auftritt. Hierzu wurden 20 Versuchsreihen mit jeweils fünf Zug-Scherversuchen durchgeführt. Es wurden Prüfkörper mit ein- und zweischnittigen Anschlüssen und unterschiedlichen Anschlussbildern hergestellt. Die Seitenhölzer aus Vollholz wurden mit den entsprechenden Schrauben an Mittelhölzern aus Voll- oder Brettschichtholz befestigt.

Eine Übersicht des Versuchsaufbaus und der unterschiedlichen Anschlussbilder ist Bild 9-26 ff. des Anhangs zu entnehmen.

Tabelle 3-5 Versuchsreihen mit Schraubentyp A des Herstellers I

Versuchsreihe	Schraube	t_S in mm	t_M in mm	Einschraub-bild	Versuchs-anzahl
I-A-5-A12	5 x 80 / 60	24	120	A-12	5
I-A-5-A32	5 x 80 / 60	24	120	A-32	5
I-A-8-A12	8 x 200	80	245	A-12	5
I-A-8-B12	8 x 350	80	190	B-12	5
I-A-8-A32	8 x 200	80	245	A-32	5
I-A-8-B32	8 x 350	80	190	B-32	5
I-A-12-A12	12 x 240	96	295	A-12	5
I-A-12-B12	12 x 400	96	203	B-12	5
I-A-12-A32	12 x 240	96	295	A-32	5
I-A-12-B32	12 x 400	96	195	B-32	5

Tabelle 3-6 Versuchsreihen mit Schraubentyp B des Herstellers I

Versuchsreihe	Schraube	t_S in mm	t_M in mm	Einschraub-bild	Versuchs-anzahl
I-B-5-A12	5 x 100 / 61	30	150	A-12	5
I-B-6-A12	6 x 100 / 61	30	150	A-12	5
I-B-6-B12	6 x 120 / 68	30	60	B-12	5
I-B-6-A32	6 x 100 / 61	30	150	A-32	5

Tabelle 3-7 Versuchsreihen mit Schrauben des Herstellers II

Versuchsreihe	Schraube	t_S in mm	t_M in mm	Einschraub-bild	Versuchs-anzahl
II-8-A12	8,9 x 300	89	425	A-12	5
II-8-A13	8,9 x 300	107	389	A-13	5

Tabelle 3-8 Versuchsreihen mit Schrauben des Herstellers III

Versuchsreihe	Schraube	t_S in mm	t_M in mm	Einschraub-bild	Versuchs-anzahl
III-8-B12	8 x 280	40	200	B-12	5
III-8-B32	8 x 280	40	200	B-32	5
III-8-B14a	8 x 280	40	200	B-14a	5
III-8-B32a	8 x 280	40	200	B-32a	5

Die Eigenschaften der Seitenhölzer aller Zug-Scherversuche sind in Bild 3-5 dargestellt. Sie wurden für die einzelnen Versuchsreihen so ausgewählt, dass sie möglichst hohe Rohdichten aufwiesen.

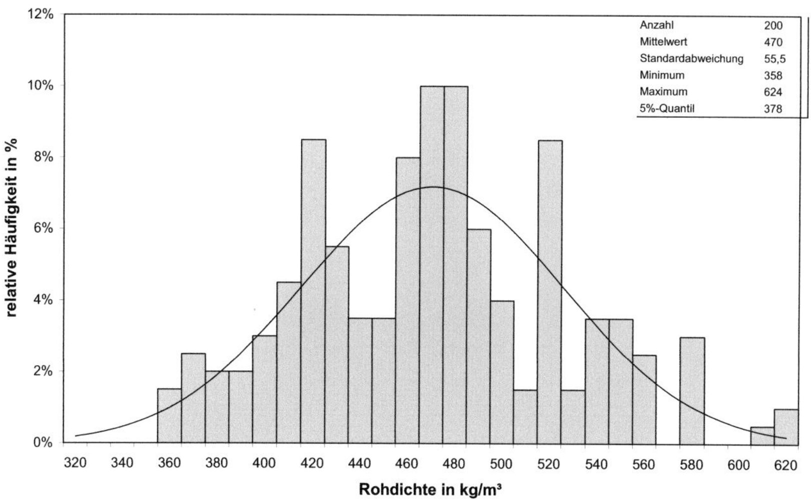

Bild 3-5 Rohdichte der Seitenhölzer der Zug-Scherversuche

Der Mittelwert der Rohdichten der Seitenhölzer betrug 470 kg/m³, die Standardabweichung 55,5 kg/m³ (Variationskoeffizient 11,8%) bei einer mittleren Holzfeuchte von 11,5 % (Variationskoeffizient 10,5%).

Die Versuchsdurchführung erfolgte in Anlehnung an DIN EN 26891. Die Ergebnisse der Zug-Scherversuche sind in Tabelle 9-8 bis Tabelle 9-27 dokumentiert. Für die weitere Auswertung wurde die Höchstlast für den oberen und unteren Anschluss bestimmt. Beim Versagen eines Prüfkörpers unterhalb einer Verschiebung von 15 mm wurde die erreichte Höchstlast für beide Anschlüsse angesetzt. Es ist eo ipso davon auszugehen, dass der nicht versagte Anschluss die gleiche oder eine höhere Bruchlast erreicht. Neben den Höchstlasten und Rohdichten der Prüfkörper wird in den Tabellen auch eine Auswertung der Verschiebungsmoduln k_i und k_s gemäß DIN EN 26891 angegeben. Des Weiteren werden die Ursache und der Ort des Versagens aufgeführt.

Bei Versuchen der Reihen I-A-5, I-B-5 und I-B-6 trat immer ein Versagen durch Aufspalten auf. Die Verschiebungen lagen hierbei unterhalb von 15 mm. Insbesondere bei den Versuchen mit Einschraubbildern, bei denen nur eine Schraubenreihe vorgesehen wurde, versagten die Prüfkörper bei geringen Verschiebungen.

Bei den Versuchen der Reihen I-A-8 und I-A-12 mit mehreren Verbindungsmittelreihen (Einschraubbilder A32 und B32) konnte eine Verschiebung von 15 mm vor Versagen des Anschlusses erreicht werden. Bei den Versuchen dieser Reihen mit lediglich einer Verbindungsmittelreihe (Einschraubbilder A12, B12) trat ein Versagen durch Aufspalten der Seiten- oder Mittelhölzer auch bei Verschiebungen unterhalb von 15 mm auf (Kleinstwert: v_{Fmax}= 3,41 mm). In den Versuchsreihen mit dem Schraubentyp II wurden nur Schraubenbilder mit einreihiger Anordnung (A12, A13) geprüft. Es trat i. d. R. ein Versagen durch Aufspalten der Seitenhölzer bei Verschiebungen unterhalb von 15 mm auf. Die Reihe III-8 wies sowohl bei einreihiger als auch bei dreireihiger Anordnung der Schrauben im Anschlussbild ein Versagen durch Aufspalten auf. Die Verschiebungen waren hierbei fast immer kleiner als 15 mm.

Die Erwartungswerte der Tragfähigkeit der Anschlüsse wurden berechnet und sind in Tabelle 9-28 bis Tabelle 9-47 zusammengefasst. Die Abschertragfähigkeit R_{Joh} wurden gemäß der Theorie von Johansen ermittelt. Hierzu wurden die Lochleibungsfestigkeiten gemäß Gleichung (2) ermittelt. Für das Fließmoment der Schrauben wurden vorliegende Mittelwerte aus Versuchen zur Ermittlung des Fließmomentes nach DIN EN 409 verwendet.

Des Weiteren wurde in Anlehnung an DIN 1052:2004-08 die Tragfähigkeit für die Abscherbeanspruchung um einen Betrag ΔR_{la} erhöht, um den Tragfähigkeitszuwachs aus dem Einhängeeffekt zu berücksichtigen (Blaß und Bejtka (2002a, b), Hilson (1995)). Abweichend zu der Regelung in DIN 1052 wurde die Tragfähigkeit auch für zweischnittige Verbindungen um den Betrag ΔR_{la} erhöht. Für ΔR_{la} gilt:

$$\Delta R_{la} = \min\{0{,}25 \cdot R_{ax}; R_{Joh}\} \tag{22}$$

mit

R_{ax} Axiale Tragfähigkeit der Schraube in Anlehnung an Gleichung (7) unter Berücksichtigung der Tragfähigkeit bei Kopfdurchziehen und der Zugtragfähigkeit R_Z der Schraube

R_{Joh} Tragfähigkeit der Schraube auf Abscheren nach Johansen Theorie

Bei den geprüften Anordnungen wurde die Zugtragfähigkeit R_Z der Schrauben nicht maßgebend. Der Ausziehwiderstand wurde gemäß Gleichung (7) bestimmt. Kopfdurchziehen wird für die Vollgewindeschrauben nicht maßgebend. Bei den Teilgewindeschrauben in den Reihen I-A-5, I-B-5 und I-B-6 wird der Kopfdurchziehwiderstand zu $R_{Kopf} = (d_{Kopf})^2 \cdot 80 \cdot \rho^2 \cdot 10^{-6}$ angenommen.

Die Diagramme in Bild 3-6 bis Bild 3-9 zeigen einen Vergleich zwischen den Höchstlasten aus den Versuchen und den Erwartungswerten der Tragfähigkeit unter Berücksichtigung des Einhängeeffekts. In Tabelle 9-28 bis Tabelle 9-47 sind die berechneten Höchstlasten sowie das Verhältnis η zwischen Höchstlast aus dem Versuch und Erwartungswert (jeweils pro Scherfuge und Verbindungsmittel) aufgeführt.

Es wird deutlich, dass für die Schrauben vom Typ I-A bei mehrreihiger Anordnung im Anschlussbild (A32, B32) die erreichten Lasten mit den berechneten Tragfähigkeiten übereinstimmen. Bei Anschlussbildern mit lediglich einer Verbindungsmittelreihe trifft dies nicht zu. Hier liegt das Verhältnis von Bruchlast zu Erwartungswert für Schrauben des Durchmessers 8 und 12 mm im Mittel etwas unter 1,0. Für Schrauben kleinerer Durchmesser (I-A-5, I-B-5 und I-B-6) und geringe Holzdicken (24 bzw. 30 mm) liegt die Höchstlast im Versuch nur zwischen 50 bis 80 % des Erwartungswertes.

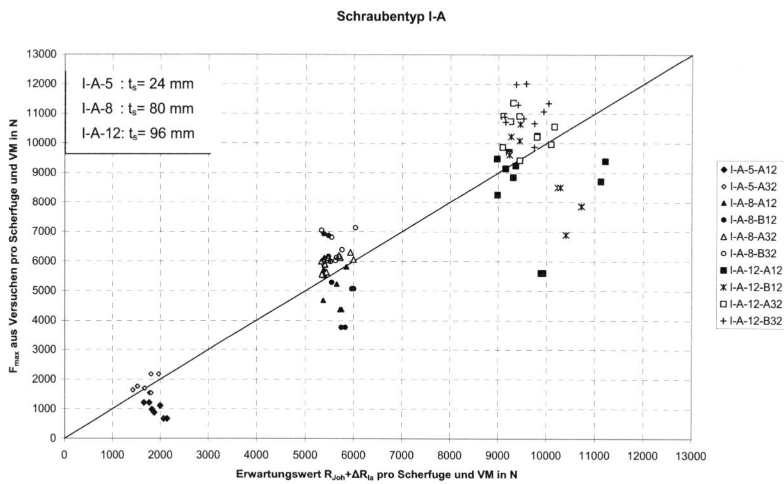

Bild 3-6 Vergleiche für die Reihen I-A-5, I-A-8 und I-A-12

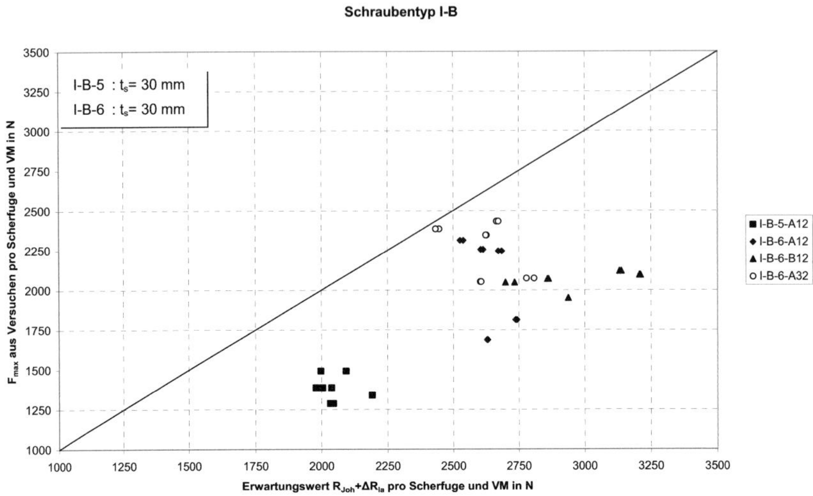

Bild 3-7 Vergleiche für die Reihen I-B-5, I-B-6

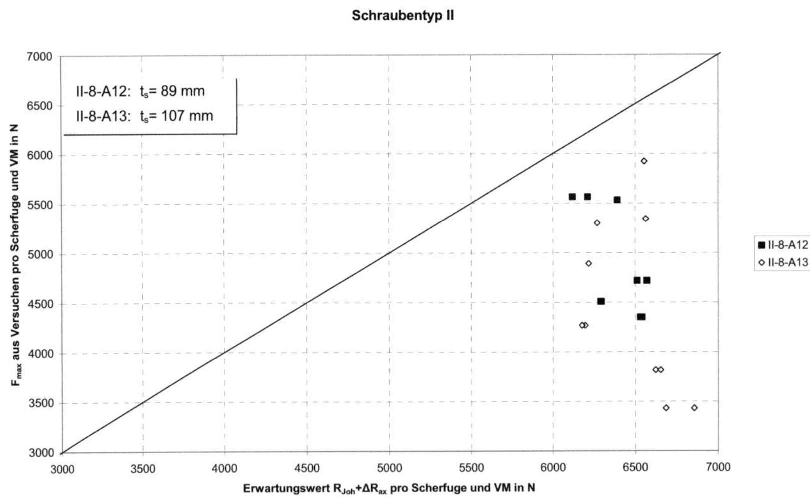

Bild 3-8 Vergleiche für die Reihen II-8

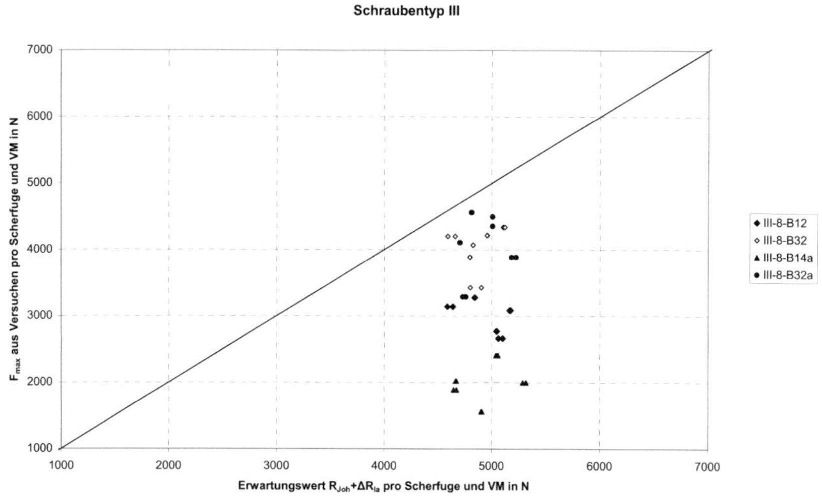

Bild 3-9 Vergleiche für die Reihen III-8

Bei den Versuchen der Reihen II-8 und III-8 liegen die Erwartungswerte der Tragfähigkeit im Mittel deutlich unterhalb der im Versuch erreichten Höchstlasten. Bei Versuchen mit drei und vier hintereinander liegenden Schrauben in einer Verbindungsmittelreihe (II-8-A13, III-8-B14a) sind die erreichten Lasten im Verhältnis geringer als bei Anordnung von zwei Schrauben in einer Reihe.

Für ein Versagen durch Aufspalten bei reduzierten Mindestabständen können die mit der Theorie von Johansen ermittelten Versagenslasten oberhalb der tatsächlichen Bruchlast liegen. Die Theorie von Johansen beruht auf der Annahme eines idealplastischen Verhaltens der Verbindungsmittel und des Holzes unter Lochleibungsbeanspruchung. Versagt eine Verbindung spröde durch Aufspalten bei geringen Verschiebungen, treffen diese Annahmen nicht mehr zu. Des Weiteren hat ein Versagen durch frühzeitiges Aufspalten einen Einfluss auf die Erhöhung der Traglast durch den Einhängeeffekt. Bei geringen Verschiebungen treten lediglich geringe oder sogar keine Verformungen bzw. Schrägstellungen der Verbindungsmittel auf. Entsprechend der Abnahme der Biegewinkel ist aus Gleichgewichtsgründen die zusätzliche Kraftkomponente rechtwinklig zur unverformten Stiftachse geringer. Eine Erhöhung der Abschertragfähigkeit aufgrund des Einhängeeffektes ist also nur noch teilweise bzw. nicht mehr vorhanden.

Es ist daher erforderlich die Lasten abzumindern bzw. das Versagen durch Aufspalten durch eine separate Berechnung zu erfassen.

Für Stabdübel[i] wird in der DIN 1052:2004 ein Versagen durch Aufspalten durch eine Reduzierung der Anzahl hintereinander liegender Verbindungsmittel auf eine wirksame Anzahl n_{ef} berücksichtigt. Hierbei ergibt sich n_{ef} gemäß Gleichung (23).

$$n_{ef,DIN} = \left[\min\left\{ n; n^{0,9} \cdot \left(\sqrt[4]{\frac{a_1}{10 \cdot d}} \right) \right\} \right] \cdot \frac{90-\alpha}{90} + n \cdot \frac{\alpha}{90} \tag{23}$$

Die Tragfähigkeit einer Verbindung ergibt sich unter Berücksichtigung der wirksamen Anzahl der Verbindungsmittel zu:

$$R_{Verbindung} = m \cdot n_{ef,DIN} \cdot R_{VM} \tag{24}$$

mit

m Anzahl der Verbindungsmittelreihen in einer Verbindung

R_{VM} Tragfähigkeit eines Verbindungsmittels

Die reduzierte Tragfähigkeit unter Beachtung der wirksamen Verbindungsmittelanzahl wurde gemäß Gleichung (23) berechnet. Die Verhältnisse zwischen Versuchsergebnissen und abgeminderten Tragfähigkeiten sind in Tabelle 9-28 ff. angegeben. Eine Gegenüberstellung der Erwartungswerte der Tragfähigkeit mit den Versuchsergebnissen findet sich in Bild 3-10 bis Bild 3-13.

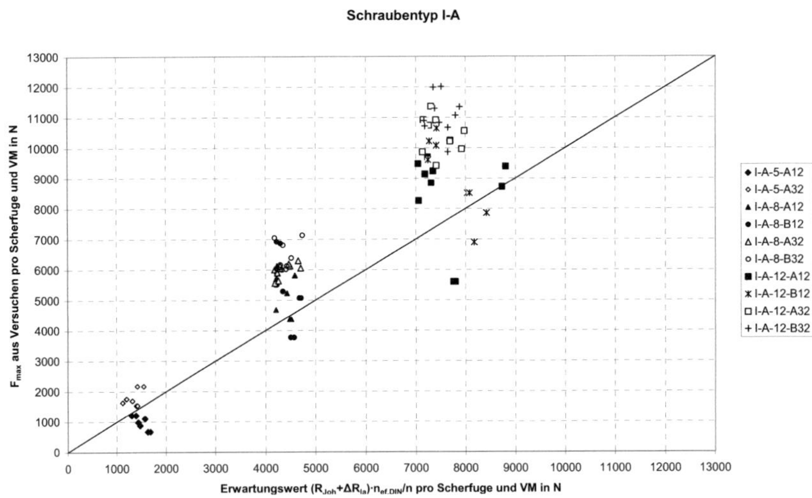

Bild 3-10 Vergleiche für die Reihen I-A, unter Berücksichtigung von $n_{ef,DIN}$

[i] gilt auch für Schrauben in vorgebohrten Hölzern mit d > 8 mm

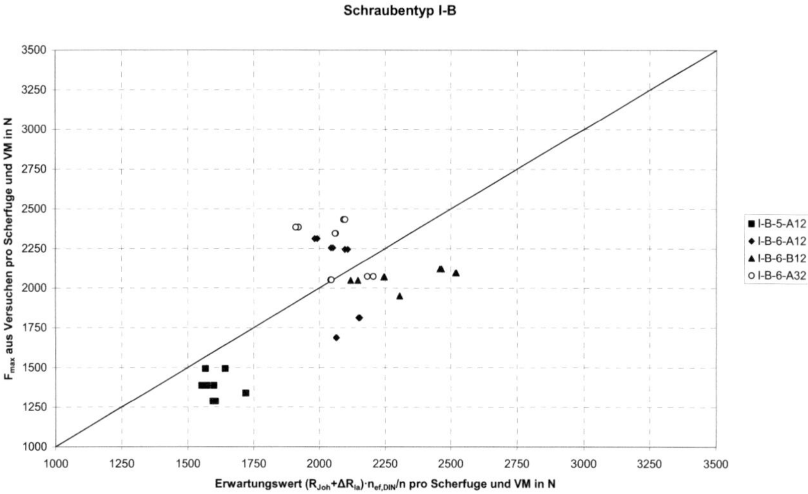

Bild 3-11 Vergleiche für die Reihen I-B, unter Berücksichtigung von $n_{ef,DIN}$

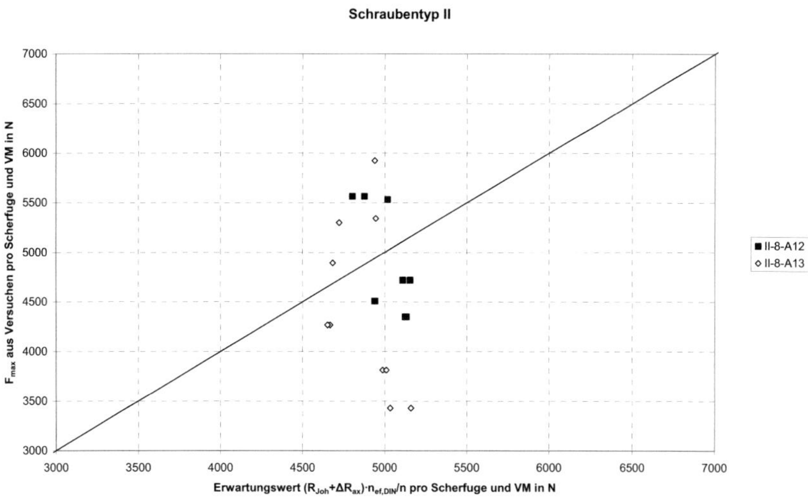

Bild 3-12 Vergleiche für die Reihen II-8, unter Berücksichtigung von $n_{ef,DIN}$

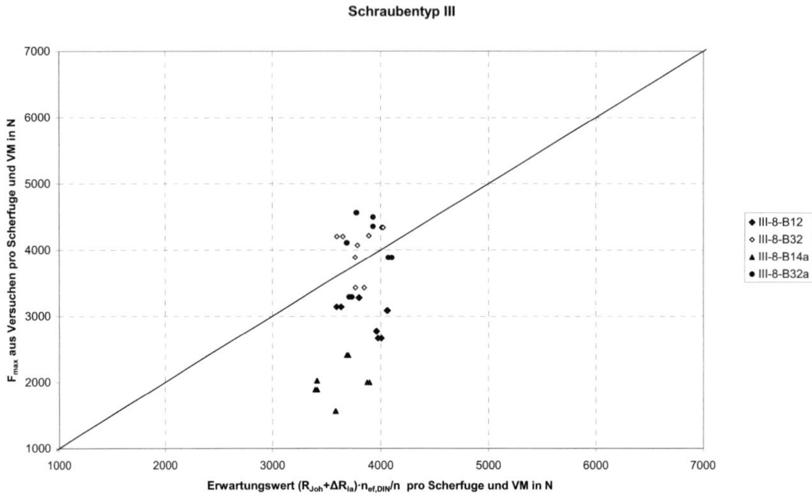

Bild 3-13 Vergleiche für die Reihen III-8, unter Berücksichtigung von $n_{ef,DIN}$

Für einige Versuchsreihen mit einreihiger Anordnung der Schrauben (I-A-5-A12, I-B-5-A12, I-6-B12, I-B-5-A12, I-A-5-A12, II-8-A13, II-8-A12, III-8-B14a und III-8-B12) wird die Tragfähigkeit auch unter Berücksichtigung der wirksamen Schraubenanzahl im Mittel überschätzt. In allen anderen Reihen liegt teilweise eine Überschätzung für einzelne Versuche vor (I-B-6-A12-3, I-B-6-A12-4, I-B-6-A32-3, I-A-8-B12-3, I-A-8-A12-4, I-A-12-A12-4, I-A-12-B12-4, I-A-12-B12-5, III-8-B32-2, III-8-B32a-2, III-8-B32a-5).

Die wirksame Anzahl der Verbindungsmittel $n_{ef,DIN}$ gemäß Gleichung (23) beruht auf Untersuchungen von Stabdübelverbindungen von Jorissen (1998). Aufbauend auf einer Idee von Jorissen stellt Schmid (2002) eine Möglichkeit zur Berechung der Tragfähigkeit stiftförmiger Verbindungsmittel in vorgebohrten Hölzern auf Grundlage bruchmechanischer Betrachtungen vor. Diese Ansätze können nicht direkt für Verbindungen mit Schrauben angewendet werden. Durch den Einschraubvorgang können bereits Anfangsrisse vorliegen, die sich ungünstig auf das weitere Risswachstum auswirken. Für eine analytische oder numerische Berechnung der Tragfähigkeit bei Versagen durch Aufspalten, ist die Kenntnis über die Größe der Kraft erforderlich, die vom Verbindungsmittel rechtwinklig zur Verschiebungsrichtung wirkt. Diese Spaltkraft V wurde für Stabdübelverbindungen bereits ermittelt (z. B. Werner (1993), Jorissen (1998)). Für Verbindungen mit selbstbohrenden Schrauben liegen hierzu noch keine Erkenntnisse vor.

Abschließend ist festzustellen, dass eine einheitliche, allgemeingültige Regelung der Mindestabstände und Holzdicken für Verbindungen mit selbstbohrenden Holzschrauben nicht möglich ist. Aufgrund von abweichenden Geometrien und unterschiedlichen Gestaltungsmöglichkeiten können diese Parameter nicht auf unterschiedliche Schraubentypen übertragen werden.

In der Regel können selbstbohrenden Holzschrauben unter Einhaltung einer jeweils zu bestimmenden Holzdicke mit Abständen nach Tabelle 3-2 eingesetzt werden. Es sind jedoch ggf. Einschränkungen bezüglich ihrer Tragfähigkeit zu berücksichtigen. Durch Einschraubversuche können Mindestholzdicken ermittelt werden, die ausreichen, um ein wesentliches Aufspalten der Hölzer beim Eindrehen zu verhindern. Sie sind jedoch nicht in allen Fällen ausreichend, um ein frühzeitiges Versagen unter Belastung auf Abscheren zu verhindern. Hierbei werden die Hölzer aufgespaltet, so dass ein unerwünschtes sprödes Versagen vorliegt. Dieses trifft insbesondere bei einer einreihigen Anordnung der Verbindungsmittel zu. Bei mehrreihiger Anordnung der Schrauben ist das Versagensverhalten i. d. R. günstiger. Es wird empfohlen, die hier ermittelten reduzierten Mindestabstände zunächst nur bei Verbindungen mit mindestens 3 Verbindungsmittelreihen einzusetzen. Es bleibt zu klären, wie sich diese Anordnungen bei einer größeren Anzahl (n>2) hintereinander liegender Schrauben verhalten.

Um allgemeingültige Aussagen über die erforderlichen Mindestabstände von selbstbohrenden Holzschrauben treffen zu können, müssen Methoden zur Beurteilung der spaltreduzierenden Merkmale entwickelt werden. Außerdem ist es erforderlich, die Spaltkraft für die Schrauben zuverlässig abzuschätzen, um darauf aufbauend ein numerisches oder analytisches Modell zur Abschätzung der Rissausbreitung/Spaltgefahr zu entwickeln.

4 Verbindungen mit geneigt angeordneten Schrauben

4.1 Einleitung

Holz-Holz- bzw. Stahlblech-Holz-Verbindungen werden in der Regel mit stiftförmigen Verbindungsmitteln ausgeführt. Hierbei werden die stiftförmigen Verbindungsmittel rechtwinklig zur Beanspruchungsrichtung im Holz angeordnet und damit rechtwinklig zu ihrer Achse auf Abscheren beansprucht. Die Tragfähigkeit von Verbindungen mit auf Abscheren beanspruchten stiftförmigen Verbindungsmitteln ist von der Lochleibungsfestigkeit des Holzes, vom Fließmoment der Verbindungsmittel sowie von der Geometrie der Verbindung abhängig. Glattschaftige stiftförmige Verbindungsmittel, wie z. B. Stabdübel können nur auf Abscheren beansprucht werden. Profilierte Verbindungsmittel, wie z. B. Schrauben weisen dagegen eine hohe Tragfähigkeit bei Beanspruchung auf Abscheren sowie auf Herausziehen auf. Diese hohe Tragfähigkeit bei Beanspruchung auf Herausziehen kann ausgenutzt werden, indem Schrauben nicht rechtwinklig zur Kraftrichtung, sondern eher in Richtung der Kraft, d.h. geneigt angeordnet werden. Bei einer geneigten Anordnung können Schrauben somit gleichzeitig auf Herausziehen und Abscheren beansprucht werden. Mit abnehmendem Winkel zwischen der Kraftrichtung und der Schraubenachse sinkt der Anteil der Abscherkomponente. Der Anteil der Ausziehkomponente steigt.

In Blaß und Bejtka (2003a, 2003b) ist ein vereinfachtes Berechnungsverfahren zur Berechnung der Tragfähigkeit von Verbindungen mit geneigt bzw. gekreuzt angeordneten Schrauben dargestellt. Die Tragfähigkeit dieser Verbindungen wird hierbei unter Vernachlässigung der Abscherkomponente nur unter Berücksichtigung der axialen Kraftkomponente in der Schraube ermittelt. Unter Berücksichtigung des Fachwerkmodells werden den geneigt bzw. gekreuzt angeordneten Schrauben nur die axialen Zug- und Druckkräfte zugewiesen. Für kleine Winkel zwischen der Kraftrichtung in der Verbindung und der Schraubenachse stimmen die nach diesem Fachwerkmodell berechneten Werte der Tragfähigkeit mit den tatsächlichen Tragfähigkeiten sehr gut überein. Für große Winkel sind die berechneten Werte der Tragfähigkeit jedoch deutlich kleiner als die tatsächlichen Tragfähigkeiten. Da die Tragfähigkeit bei Beanspruchung auf Herausziehen gleich der Tragfähigkeit bei Beanspruchung auf Hineindrücken ist, können mit Hilfe dieses Fachwerkmodells sowohl Verbindungen mit auf Herausziehen als auch mit auf Hineindrücken beanspruchten Schrauben berechnet werden.

Ein detailliertes Berechnungsverfahren für Holz-Holz-Verbindungen mit geneigt angeordneten Schrauben wurde in Blaß und Bejtka (2002b) vorgestellt. Hierbei wird sowohl die Kraftkomponente in Richtung der Schraubenachse als auch rechtwinklig zur Schraubenachse rechnerisch berücksichtigt. Unter Berücksichtigung der Reibung in der Fuge zwischen beiden Bauteilen kann die Tragfähigkeit in der Verbindung folglich für alle Einschraubwinkel sehr detailliert berechnet werden. Dieses Berechnungsmodell gilt jedoch nur für Holz-Holz-Verbindungen mit einsinnig, d.h. in eine Richtung geneigt angeordneten Schrauben. Verbindungen mit gekreuzt angeordneten Schrauben können mit Hilfe dieses Berechnungsmodells zunächst nicht berechnet werden.

Das Fachwerkmodell, bei dem die Abscherkomponente vernachlässigt wird, eignet sich zur Berechnung von Verbindungen mit geneigt oder gekreuzt angeordneten Schrauben mit Winkeln zwischen der Kraftrichtung in der Fuge und der Schraubenachse von weniger als etwa 45°. Damit können insbesondere Haupt-Nebenträger-Anschlüsse mit unter höchstens 45° zur Kraftrichtung geneigt oder gekreuzt angeordneten Schrauben berechnet werden.

Das detaillierte Berechnungsverfahren nach Blaß und Bejtka (2002b), welches die Abscherkomponente mitberücksichtigt, eignet sich nur zur Ermittlung der Tragfähigkeit von Holz-Holz-Verbindungen mit geneigt angeordneten Schrauben. Hierbei können jedoch praktisch alle Winkel zwischen Schraubenachse und Kraftrichtung für Einschraubwinkel im Bereich $0° < \alpha \leq 90°$ berücksichtigt werden.

Das anfängliche Ziel dieses Vorhabens war es, die vorgestellten Berechnungsverfahren für Verbindungen mit geneigt und gekreuzt angeordneten Schrauben zu optimieren und weiter zu entwickeln. In der Zwischenzeit wurde jedoch durch zahlreiche Versuche gezeigt, dass beide Berechnungsverfahren zumindest für Verbindungen mit einer geringen Anzahl geneigt bzw. gekreuzt angeordneter Schrauben gültig sind. Damit galt es im Rahmen dieses Vorhabens weiter zu überprüfen, inwieweit die Berechnungsverfahren auf Verbindungen mit mehreren hintereinander angeordneten Vollgewindeschrauben anwendbar sind und wie die Steifigkeit von Verbindungen mit geneigt oder gekreuzt angeordneten Vollgewindeschrauben abgeschätzt werden kann.

4.2 Versuche

Im Rahmen dieses Vorhabens wurden Versuche an zweischnittigen Holz-Holz-Verbindungen durchgeführt. Mit Hilfe dieser Versuche sollte überprüft werden, inwieweit die Anzahl hintereinander geneigt angeordneter selbstbohrender Vollgewindeschrauben die Tragfähigkeit von Verbindungen beeinflusst. Die Berechnungsmodelle für Verbindungen mit geneigt angeordneten Schrauben gelten zunächst nur für Verbindungen mit einer Schraube oder einem Schraubenkreuz. Selbstbohrende Holzschrauben weisen bei Beanspruchung auf Herausziehen ein etwa linear-elastisches Last-Verformungs-Verhalten mit unmittelbaren Lastabfall nach Erreichen der Höchstlast auf. Daher ist anzunehmen, dass mit zunehmender Anzahl hintereinander in Lastrichtung angeordneter Schrauben die Tragfähigkeit pro Schraube sinkt. Grund hierfür ist die ungleiche Verteilung der Last zwischen den einzelnen hintereinander angeordneten Verbindungsmitteln unter der Annahme eines ideal-elastischen Last-Verformungs-Verhaltens für die Verbindungsmittel sowie für das Holz bei Beanspruchung auf Zug. Nach Lantos (1969) ist bei einem linear-elastischen Last-Verformungs-Verhalten der Verbindungsmittel in der Fuge sowie des Holzes auf Zug die Beanspruchung in den äußeren Verbindungsmitteln größer als in denjenigen, die in der Mitte der Verbindung angeordnet sind. Die Diskrepanz zwischen der Beanspruchung der äußeren Verbindungsmittel zu derjenigen der inneren Verbindungsmittel steigt mit zunehmender Anzahl hintereinander angeordneter Verbindungsmittel, mit zunehmender Fugensteifigkeit der Verbindungsmittel sowie mit abnehmender Dehnsteifigkeit der anzuschließenden Bauteile. Eine Verbindung mit mehreren hintereinander angeordneten Verbindungsmitteln versagt, wenn die Tragfähigkeit der äußeren Verbindungsmittel erreicht wird. Zu diesem Zeitpunkt ist die Beanspruchung der in der Mitte der Verbindung angeordneten Verbindungsmittel jedoch geringer.

Um zu überprüfen, inwieweit mit steigender Anzahl hintereinander geneigt bzw. gekreuzt angeordneter Vollgewindeschrauben die Tragfähigkeit bezogen auf eine Vollgewindeschraube sinkt, wurden 30 zweischnittige Holz-Holz-Verbindungen mit geneigt und gekreuzt angeordneten selbstbohrenden Vollgewindeschrauben auf in Zugscherversuchen geprüft. Variiert wurde hierbei nur die Art der Schraubenanordnung (gekreuzt und geneigt) sowie die Anzahl hintereinander angeordneter Schrauben. Alle Versuchskörper wurden aus Brettschichtholz der Festigkeitsklasse GL28h hergestellt. Die Querschnittshöhe der Bauteile betrug 200 mm. Als Verbindungsmittel wurden selbstbohrende Vollgewindeschrauben mit einem Durchmesser von d = 8 mm und mit einer Länge von l = 260 mm verwendet. Der Winkel zwischen der Schraubenachse und der Faserrichtung des Holzes betrug 45°. Geprüft wurden Versuchskörper mit zwei, sechs und elf hintereinander angeordneten Schrauben je Scherfuge (Versuchsreihe G-2, G-6 und G-11) sowie mit zwei, fünf und sieben hintereinander angeordneten Schraubenkreuzen je Scherfuge (Versuchsreihe X-2, X-5 und X-7). Der Abstand der Schrauben bzw. der Schraubenkreuze untereinander in Faserrichtung des Holzes betrug 200 mm. Lediglich bei den Versuchskörpern aus der Versuchsreihe G-11 musste der faserparallele Abstand der Schrauben untereinander auf 140 mm aufgrund einer maximalen Bauteillänge von 2000 mm reduziert werden. Je Versuchsreihe wurden 5 Versuchskörper hergestellt und mit einer Universalprüfmaschine bis zum Versagen auf Zug geprüft.

In Bild 4-1 sind zwei Versuchskörper aus der Versuchsreihe G-2 und X-2 dargestellt. Die Versuchskörper aus der Versuchsreihe G-6 und X-5 sind in Bild 4-2, diejenigen aus der Versuchsreihe G-11 und X-7 in Bild 4-3 dargestellt.

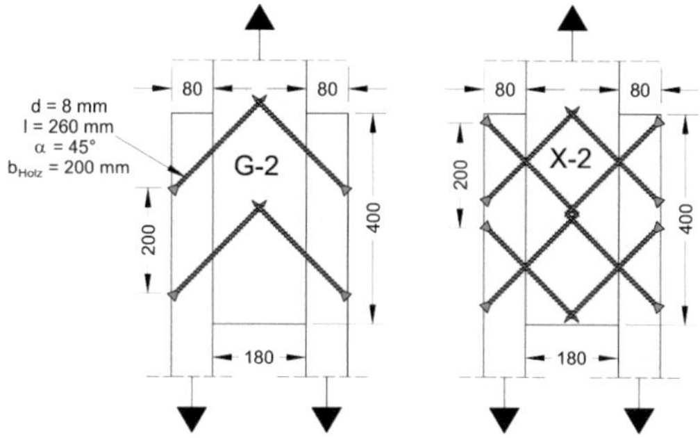

Bild 4-1 Versuchskörper aus der Versuchsreihe G-2 und X-2

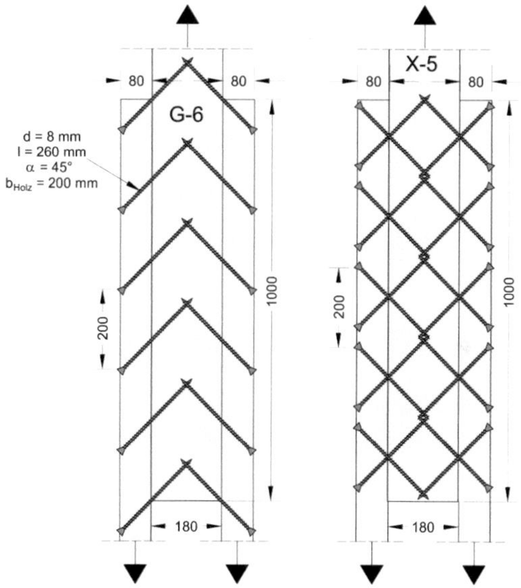

Bild 4-2 Versuchskörper aus der Versuchsreihe G-6 und X-5

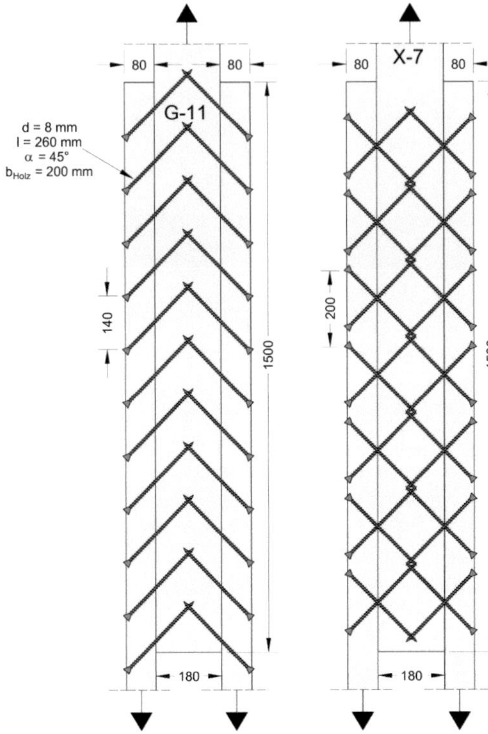

Bild 4-3 Versuchskörper aus der Versuchsreihe G-11 und X-7

Die Rohdichte der Bauteile jedes Versuchskörpers ist in Tabelle 4-1 angegeben. Auf Grund der gewählten Vollgewindeschrauben mit einer Schraubenlänge von l = 260 mm und der Einschraubtiefe im Seitenholz mit $l_{ef,1}$ = 113 mm war zu erwarten, dass als Versagen ein Herausziehen der Vollgewindeschrauben aus dem Seiteholz mit der geringeren Rohdichte des Holzes eintreten würde. Mit dem kleineren Wert der Rohdichte aus beiden Seitenhölzern wurde infolgedessen bezogen auf den Mittelwert der Rohdichte von ρ_{Mittel} = 457 kg/m^3 ein Korrekturfaktor errechnet. Mit Hilfe dieses Korrekturfaktors wurden die Tragfähigkeiten und Steifigkeiten zum besseren Vergleich der Ergebnisse untereinander entsprechend korrigiert.

Tabelle 4-1 Rohdichte der Einzelhölzer und Korrekturfaktor

Probe		Rohdichte ρ in kg/m^3				Korrekturfaktor
		Seitenholz	Mittelholz	Seitenholz	maßgebend	[-]
G-2	1	506	416	451	451	1,013
G-2	2	462	383	468	462	0,989
G-2	3	552	417	488	488	0,937
G-2	4	455	504	434	434	1,053
G-2	5	399	410	481	399	1,145
G-6	1	502	405	418	418	1,093
G-6	2	425	411	425	425	1,075
G-6	3	503	380	483	483	0,946
G-6	4	531	444	498	498	0,918
G-6	5	460	425	411	411	1,112
G-11	1	429	399	539	429	1,065
G-11	2	409	376	432	409	1,117
G-11	3	460	480	464	460	0,994
G-11	4	485	438	494	485	0,942
G-11	5	515	410	501	501	0,912
X-2	1	428	418	449	428	1,068
X-2	2	498	411	460	460	0,994
X-2	3	435	410	488	435	1,051
X-2	4	557	449	477	477	0,958
X-2	5	505	469	521	505	0,905
X-5	1	445	402	486	445	1,027
X-5	2	555	456	491	491	0,931
X-5	3	488	453	501	488	0,937
X-5	4	475	426	504	475	0,962
X-5	5	424	394	464	424	1,078
X-7	1	524	408	471	471	0,970
X-7	2	427	405	434	427	1,070
X-7	3	475	418	471	471	0,970
X-7	4	468	444	481	468	0,977
X-7	5	494	447	493	493	0,927
	Mittelwert	476	424	473	457	

Die Belastung der Versuchskörper folgte dem Schema nach DIN EN 26891. Gemessen wurde hierbei die Last sowie mit Hilfe von zwei induktiven Wegaufnehmern die Relativverschiebung der Seitenhölzer zum Mittelholz. Für jeden Versuchskörper wurden die zugehörigen Last-Verschiebungs-Diagramme bis zum Versagen aufgezeichnet. Die entsprechenden Last-Verschiebungs-Diagramme sind im Anhang 9.2 dargestellt.

Alle Versuchskörper mit geneigt angeordneten Vollgewindeschrauben (Versuchsreihe G-2, G-6 und G-11) versagten infolge Hineinziehen der Vollgewindeschrauben in das Seitenholz mit der kleineren Rohdichte. Nach dem Auftrennen der Versuchskörper konnten keine signifikanten plastischen Biegeverformungen der Vollgewindeschrauben festgestellt werden. Bei einem Einschraubwinkel von 45° ist die Tragfähigkeit dieser Verbindung praktisch nur vom Ausziehwiderstand der Vollgewindeschrauben abhängig. In Bild 4-4 ist ein Schnitt durch einen Versuchskörper mit geneigt angeordneten Vollgewindeschrauben dargestellt.

Bild 4-4 Geöffneter Versuchskörper mit geneigt angeordneten Schrauben

Alle Versuchskörper mit gekreuzt angeordneten Vollgewindeschrauben (Versuchsreihe X-2, X-5 und X-7) versagten infolge Hineinziehen der auf Zug beanspruchten Vollgewindeschrauben in das Seitenholz sowie Herausdrücken der auf Druck beanspruchten Vollgewindeschrauben aus dem Seitenholz mit der kleineren Rohdichte. Nach dem Auftrennen der Versuchskörper konnten auch hier keine signifikanten Biegeverformungen der Vollgewindeschraube beobachtet werden. Links in Bild 4-5 ist ein Schnitt durch einen Versuchskörper mit gekreuzt angeordneten Vollgewindeschrauben dargstellt. Rechts in Bild 4-5 wird das Herausdrücken einer Vollgewindeschraube gezeigt.

Bild 4-5 Links: Versuchskörper mit gekreuzt angeordneten Schrauben
Rechts: Herausdrücken einer auf Druck beanspruchten Schraube aus dem Seitenholz

Aus den Last-Verformungs-Diagrammen wurden die Tragfähigkeiten sowie die Steifigkeiten je Schraube und Scherfuge (für die Versuchsreihe G-2, G-6 und G-11) bzw. je Schraubenkreuz und Scherfuge (für die Versuchsreihe X-2, X-5 und X-7) ermittelt. Die Steifigkeiten wurden aus den zugehörigen Last-Verformungs-Diagrammen im Bereich zwischen 10% und 40% der geschätzten Höchstlast im linear-elastischen Bereich ausgewertet. Da das Versagen im Seitenholz mit der geringeren Rohdichte auftrat, wurden die Tragfähigkeiten und Steifigkeiten mit den in der Tabelle 4-1 angegebenen Faktoren korrigiert. In Tabelle 4-2 sind die Tragfähigkeiten und Steifigkeiten für die Versuchsreihe G-2, G-6 und G-11 angegeben. Die entsprechenden Werte für die Versuchsreihe X-2, X-5 und X-7 sind in Tabelle 4-3 dargestellt.

Tabelle 4-2 Tragfähigkeiten und Steifigkeiten für die Versuchsreihe G-2, 6 und 11

Probe		Traglast je Schraube und Scherfuge [kN]	Steifigkeit je Schraube und Scherfuge [kN/mm]	korrigierte Traglast [kN]	korrigierte Steifigkeit [kN/mm]
G-2	1	14,7	9,25	14,9	9,38
G-2	2	16,1	9,22	16,0	9,12
G-2	3	16,5	9,22	15,4	8,63
G-2	4	14,2	8,07	14,9	8,50
G-2	5	14,0	6,99	16,0	8,00
MW		**15,1**	**8,55**	**15,4**	**8,73**
G-6	1	15,0	8,71	16,4	9,52
G-6	2	14,7	8,24	15,8	8,86
G-6	3	16,8	9,27	15,9	8,77
G-6	4	16,4	8,31	15,1	7,63
G-6	5	14,2	8,04	15,8	8,94
MW		**15,4**	**8,51**	**15,8**	**8,74**
G-11	1	15,0	7,57	15,9	8,06
G-11	2	13,9	7,17	15,5	8,01
G-11	3	14,9	6,86	14,8	6,82
G-11	4	16,9	8,27	15,9	7,80
G-11	5	16,5	7,37	15,1	6,72
MW		**15,4**	**7,45**	**15,4**	**7,48**

Tabelle 4-3 Tragfähigkeiten und Steifigkeiten für die Versuchsreihe X-2, 5 und 7

Probe		Traglast je Schraubenkreuz und Scherfuge [kN]	Steifigkeit je Schraubenkreuz und Scherfuge [kN/mm]	korrigierte Traglast [kN]	korrigierte Steifigkeit [kN/mm]
X-2	1	21,5	14,4	22,9	15,4
X-2	2	20,7	16,8	20,5	16,7
X-2	3	18,7	13,3	19,7	14,0
X-2	4	24,3	17,1	23,3	16,4
X-2	5	24,4	18,2	22,1	16,4
MW		**21,9**	**16,0**	**21,7**	**15,8**
X-5	1	19,1	13,8	19,6	14,1
X-5	2	23,4	17,8	21,8	16,6
X-5	3	22,0	14,6	20,6	13,7
X-5	4	21,9	16,6	21,0	15,9
X-5	5	21,9	14,4	23,6	15,5
MW		**21,6**	**15,4**	**21,3**	**15,2**
X-7	1	21,2	12,1	20,6	11,8
X-7	2	19,5	11,3	20,9	12,1
X-7	3	21,5	13,5	20,8	13,1
X-7	4	20,8	15,0	20,3	14,7
X-7	5	23,4	13,7	21,7	12,7
MW		**21,3**	**13,1**	**20,8**	**12,9**

Ein signifikanter Abfall der Tragfähigkeit pro Schraube bzw. Schraubenkreuz mit steigender Anzahl hintereinander angeordneter selbstbohrender Vollgewindeschrauben konnte nicht festgestellt werden. Dies kann damit begründet werden, dass bei Erreichen der Traglast kein linear-elastisches Tragverhalten mehr gegeben ist und damit gewisse Lastumlagerungen innerhalb der Verbindung möglich sind.

Im Gebrauchslastbereich kann jedoch ein linear-elastisches Last-Verformungs-Verhalten der Schrauben auch bei einer Anordnung unter 45° zur Beanspruchungsrichtung angenommen werden. In diesem Bereich gilt damit die Lastverteilung nach der Elastizitätstheorie. Mit zunehmender Anzahl hintereinander angeordneter Verbindungsmittel sinkt damit die Steifigkeit pro Schraube bzw. pro Schraubenkreuz. Bezogen auf die mittlere Steifigkeit für die Versuchsreihe G-2 beträgt die mittlere Steifigkeit je Schraube und Scherfuge für die Versuchsreihe G-11 etwa 85,7%. Das Verhältnis zwischen der mittleren Steifigkeit für die Versuchsreihe X-7 und der mittleren Steifigkeit je Schraubenkreuz und Scherfuge für die Versuchsreihe X-2 liegt bei 81,7%.

4.3 Vergleich der Ergebnisse mit Berechnungsmodellen

Die Versuchsergebnisse bestätigen, dass im Traglastbereich die Last von den äußeren Verbindungsmitteln auf die in der Mitte der Verbindung angeordneten Verbindungsmittel umgelagert werden kann. Die Theorie des linear-elastischen Verbundes nach Lantos für Verbindungen mit geneigt und gekreuzt angeordneten Vollgewindeschrauben ist somit im Traglastbereich nicht gültig. Die Tragfähigkeit von Verbindungen mit mehreren hintereinander angeordneten Vollgewindeschrauben kann folglich als Summe der Tragfähigkeit der Verbindungsmittel berechnet werden.

In den nachfolgenden Tabellen sind die Versuchsergebnisse den berechnet Werten gegenübergestellt. Da keine plastischen Verformungen in den Vollgewindeschrauben beobachtet wurden, wurde der Anteil der Abscherkomponente bei der Ermittlung der Tragfähigkeit vernachlässigt. Die Tragfähigkeiten wurden nach dem vereinfachten Berechnungsverfahren (Fachwerkmodell aus Blaß und Bejtka (2003a, 2003b)) ermittelt. Der Reibbeiwert in der Fuge wurde zu μ = 0,35 angenommen. Die Tragfähigkeit je Scherfuge und Schraube für Verbindungen mit geneigt angeordneten Schrauben wird nach Gleichung (25) berechnet. Gleichung (26) liefert die Tragfähigkeit je Scherfuge und Schraubenkreuz für Verbindungen mit gekreuzt angeordneten Schrauben.

$$R_G = R_{ax} \cdot (\cos\alpha + \mu \cdot \sin\alpha) \tag{25}$$

$$R_X = 2 \cdot R_{ax} \cdot \cos\alpha \tag{26}$$

mit

R_{ax} axiale Tragfähigkeit nach Gleichung (10)

α Winkel zwischen Kraftrichtung und Schraubenachse

Tabelle 4-4 Verbindungen mit geneigt angeordneten Schrauben - Traglasten

Probe		Traglast je Schraube und Scherfuge R [kN]	korrigierte Traglast R_{cor} [kN]	axiale Tragfähigkeit R_{ax} [kN]	berechnete Traglast R_G [kN]	Faktor f R_G/R [-]
G-2	1	14,7	14,9	14,4	13,8	0,94
G-2	2	16,1	16,0	14,7	14,0	0,87
G-2	3	16,5	15,4	15,4	14,7	0,89
G-2	4	14,2	14,9	14,0	13,4	0,94
G-2	5	14,0	16,0	13,1	12,5	0,89
MW		**15,1**	**15,4**			**0,91**
G-6	1	15,0	16,4	13,6	13,0	0,87
G-6	2	14,7	15,8	13,8	13,1	0,89
G-6	3	16,8	15,9	15,2	14,6	0,86
G-6	4	16,4	15,1	15,6	14,9	0,91
G-6	5	14,2	15,8	13,4	12,8	0,90
MW		**15,4**	**15,8**			**0,89**
G-11	1	15,0	15,9	13,9	13,2	0,89
G-11	2	13,9	15,5	13,3	12,7	0,92
G-11	3	14,9	14,8	14,7	14,0	0,94
G-11	4	16,9	15,9	15,3	14,6	0,87
G-11	5	16,5	15,1	15,7	15,0	0,91
MW		**15,4**	**15,4**			**0,90**

Tabelle 4-5 Verbindungen mit gekreuzt angeordneten Schrauben - Traglasten

Probe		Traglast je Schraubenkreuz und Scherfuge R [kN]	korrigierte Traglast R_{cor} [kN]	axiale Tragfähigkeit R_{ax} [kN]	berechnete Traglast R_X [kN]	Faktor f R_X/R [-]
X-2	1	21,5	22,9	13,8	19,6	0,91
X-2	2	20,7	20,5	14,7	20,7	1,00
X-2	3	18,7	19,7	14,0	19,8	1,06
X-2	4	24,3	23,3	15,1	21,3	0,88
X-2	5	24,4	22,1	15,8	22,3	0,91
MW		**21,9**	**21,7**			**0,95**
X-5	1	19,1	19,6	14,3	20,2	1,06
X-5	2	23,4	21,8	15,4	21,8	0,93
X-5	3	22,0	20,6	15,4	21,7	0,99
X-5	4	21,9	21,0	15,0	21,3	0,97
X-5	5	21,9	23,6	13,7	19,4	0,89
MW		**21,6**	**21,3**			**0,97**
X-7	1	21,2	20,6	14,9	21,1	1,00
X-7	2	19,5	20,9	13,8	19,5	1,00
X-7	3	21,5	20,8	14,9	21,1	0,99
X-7	4	20,8	20,3	14,9	21,0	1,01
X-7	5	23,4	21,7	15,5	21,9	0,94
MW		**21,3**	**20,8**			**0,99**

Die Traglasten R_G und R_X wurden nach Gleichung (25) und (26) berechnet. Die axiale Tragfähigkeit R_{ax} wurde unter Berücksichtigung der Rohdichte jedes einzelnen Prüfkörpers nach Gleichung (10) ermittelt. In der letzten Spalte in Tabelle 4-4 und Tabelle 4-5 sind die Verhältnisse der berechneten Werten der Tragfähigkeit zu den Versuchsergebnissen angegeben. Mit einem Mittelwert von 0,89 bis 0,99 ist eine sehr gute Korrelation zwischen den Versuchswerten und den nach Gleichung (25) und (26) berechneten Werten zu beobachten.

Die Steifigkeit von Holz-Holz-Verbindungen mit geneigt bzw. gekreuzt angeordneten Vollgewindeschrauben kann unter Berücksichtigung des Fachwerkmodells wie folgt abgeschätzt werden.

Der axiale Verschiebungsmodul $K_{ax,i}$ einer auf Herausziehen beanspruchten Vollgewindeschraube in Bauteil i berechnet sich nach Gleichung (27):

$$K_{ax,i} = \frac{F_{ax,i}}{\delta_{ax,i}} \tag{27}$$

Der Verschiebungsmodul K der Verbindung in Richtung der Beanspruchung F bezogen auf eine Schraube und eine Scherfuge wird nach Gleichung (28) berechnet.

$$K = \frac{F}{\delta} \tag{28}$$

Unter Vernachlässigung der Abscherkomponente gilt zwischen der axialen Verschiebung $\delta_{ax,i}$ der Vollgewindeschraube im Bauteil i und der Verschiebung δ_i parallel zur Fuge folgende Beziehung:

$$\delta_i = \delta_{ax,i} \cdot \cos\alpha \tag{29}$$

Für die Gesamtverschiebung parallel zur Fuge gilt:

$$\delta = \sum_{i=1}^{2} \delta_i \tag{30}$$

Einsetzen von Gleichung (27), (29) und (30) in Gleichung (28) ergibt mit $F_{ax} = F_{ax,1} = F_{ax,2}$ den Verschiebungsmodul K in Richtung der Beanspruchung F bezogen auf eine Vollgewindeschraube und eine Scherfuge nach folgender Gleichung:

$$K = \frac{F}{F_{ax} \cdot \left(\frac{1}{K_{ax,1}} + \frac{1}{K_{ax,2}} \right) \cdot \cos\alpha} \tag{31}$$

Die Beziehung zwischen der axialen Kraftkomponente F_{ax} in der Schraube bzw. im Schraubenkreuz und der Kraftkomponente F in der Fuge kann Gleichung (25) und (26) entnommen werden.

Die Steifigkeit K_G von Holz-Holz-Verbindungen mit geneigt angeordneten Vollgewindeschrauben wird unter Berücksichtigung der Beziehung nach Gleichung (25) sowie unter Berücksichtigung der Gleichung (31) je Scherfuge und Schraube wie folgt berechnet:

$$K_G = \frac{1 + \mu \cdot \tan\alpha}{\frac{1}{K_{ax,1}} + \frac{1}{K_{ax,2}}} \tag{32}$$

Die Steifigkeit K_X von Holz-Holz-Verbindungen mit gekreuzt angeordneten Vollgewindeschrauben bezogen auf eine Scherfuge und ein Schraubenkreuz berechnet sich nach Gleichung (33). Gleichung (33) wurde unter Berücksichtigung der Beziehung nach Gleichung (26) und unter Berücksichtigung der Gleichung (31) hergeleitet.

$$K_X = \frac{2}{\frac{1}{K_{ax,1}} + \frac{1}{K_{ax,2}}} \tag{33}$$

mit

$K_{ax,1}$; $K_{ax,2}$	Verschiebungsmodul auf Herausziehen beanspruchter Schrauben in Bauteil 1 und 2 (vgl. Abschnitt 2.5)
μ	Reibbeiwert in der Fuge zwischen den Bauteilen aus Holz
α	Winkel zwischen der Kraftrichtung und der Schraubenachse

Gleichungen (32) und (33) wurden mit Hilfe des Fachwerkmodells und somit unter Vernachlässigung der Abscherkomponente hergeleitet. Bei Verbindungen mit geneigt angeordneten selbstbohrenden Holzschrauben kann die Abscherkomponente nur für Einschraubwinkel im Bereich zwischen 0° und etwa 45° zwischen der Schraubenachse und der Kraftrichtung vernachlässigt werden. Für Einschraubwinkel im Bereich zwischen 45° und 90° zwischen der Kraftrichtung und der Schraubenachse wird empfohlen, die Steifigkeit der Verbindung entsprechend der Steifigkeit für Verbindungen mit auf Abscheren beanspruchten Schrauben zu berechnen.

Weiterhin gelten die Gleichungen (32) und (33) nur für eine Scherfuge und für eine Schraube bzw. ein Schraubenkreuz. Die Steifigkeit einer Verbindung mit geneigt bzw. gekreuzt angeordneten Holzschrauben wird im linear-elastischen Bereich der Last-Verformungs-Kurve ermittelt. Unter Berücksichtigung der Theorie des linear-elastischen Verbundes nach Lantos ist die Beanspruchung der äußeren Verbindungsmittel größer als diejenige der in der Mitte der Verbindung angeordneten Verbindungsmittel. Auf der Grundlage der Theorie von Lantos (1969) wurde eine Beziehung zwischen der tatsächlichen Anzahl hintereinander angeordneter Schrauben bzw. Schraubenkreuze und der wirksamen Anzahl der Verbindungsmittel erstellt. Die Gesamtsteifigkeit einer Holz-Holz-Verbindung mit geneigt angeordneten selbstbohrenden Vollgewindeschrauben wird nach folgender Gleichung berechnet:

$$K_{G,tot} = K_G \cdot n_{ef,G} \cdot n_{SF} \tag{34}$$

Nach Gleichung (35) wird die Gesamtsteifigkeit einer Holz-Holz-Verbindung mit gekreuzt angeordneten selbstbohrenden Vollgewindeschrauben berechnet:

$$K_{X,tot} = K_X \cdot n_{ef,X} \cdot n_{SF} \tag{35}$$

mit

n_{SF} Anzahl der Scherfugen

$n_{ef,G}$ wirksame Anzahl hintereinander geneigt angeordneter Schrauben

$n_{ef,X}$ wirksame Anzahl hintereinander angeordneter Schraubenkreuze

Die wirksame Anzahl $n_{ef,G}$ bzw. $n_{ef,X}$ kann auf der Grundlage der Theorie von Lantos berechnet werden bzw. Bild 4-6 und Bild 4-7 entnommen werden.

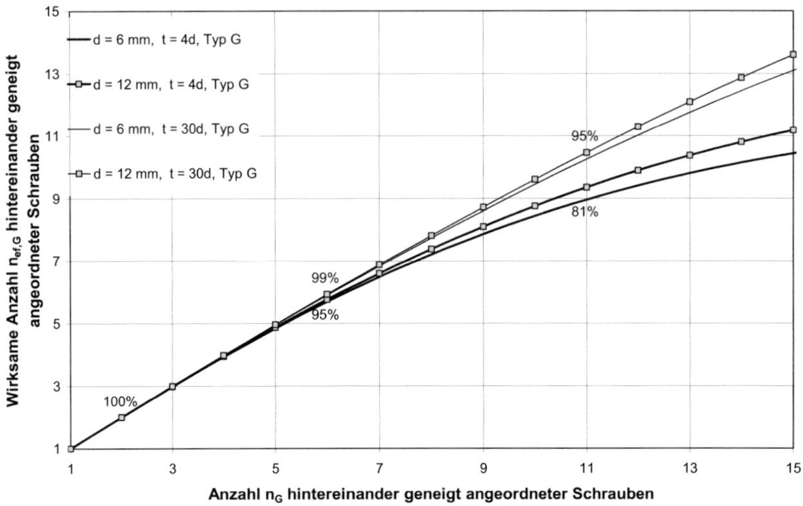

Bild 4-6 $n_{G,ef}$ in Abhängigkeit von n_G für geneigt angeordnete Schrauben

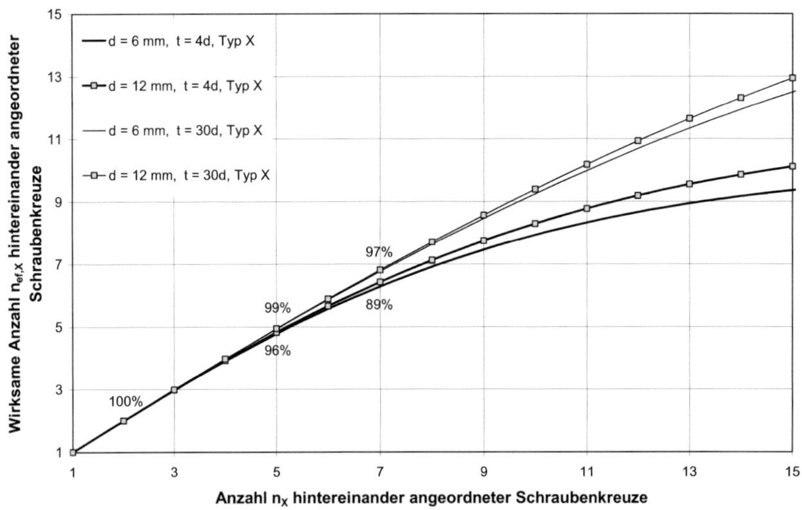

Bild 4-7 $n_{X,ef}$ in Abhängigkeit von n_X für gekreuzt angeordnete Schrauben

In Bild 4-6 und Bild 4-7 sind jeweils vier Kurven dargestellt. Jeweils zwei Kurven stellen den Verlauf der wirksamen Anzahl hintereinander angeordneter Schrauben in Abhängigkeit von der tatsächlichen Schraubenanzahl für Schrauben mit 6 mm sowie für Schrauben mit 12 mm Durchmesser dar. Innerhalb jedes Durchmessers wurde weiterhin die Dicke der anzuschließenden Bauteile variiert ($t = 4 \cdot d$ und $t = 30 \cdot d$). Zur Ermittlung der Kurven wurde die kleinste mögliche Breite des Holzes angesetzt. Diese berechnet sich aus dem kleinsten möglichen Randabstand für vorwiegend auf Herausziehen beanspruchte Schrauben ($b = 2 \cdot a_{2,c} = 8 \cdot d$). Der Abstand der Verbindungsmittel untereinander in Kraftrichtung wurde zu $a_1 = 10 \cdot d$ angenommen. Für geneigt angeordnete Schrauben wurde weiterhin ein Reibbeiwert in der Fuge von μ = 0,35 zugrunde gelegt. Der Elastizitätsmodul der anzuschließenden Bauteile wurde zu $E = 10000$ N/mm^2 angenommen. Die Steifigkeit der Verbindungsmittel in der Fuge wurde nach Gleichung (32) und (33) mit einem Einschraubwinkel von $\alpha = 45°$ berechnet. Der axiale Verschiebungsmodul K_{ax} der Schrauben wurde mit $\rho = 450$ kg/m^3 sowie mit der zur Holzdicke zugehörigen Einschraubtiefe $\ell_S = t / \sin\alpha$ nach Gleichung (12) berechnet. Die dargestellten Kurvenverläufe repräsentieren damit die untere sowie obere Grenze der Kurvenverläufe für gebräuchliche Verbindungen mit geneigt und gekreuzt angeordneten selbstbohrenden Vollgewindeschrauben.

Für Verbindungen mit 11 hintereinander geneigt angeordneten selbstbohrenden Vollgewindeschrauben liegt das Verhältnis zwischen der wirksamen und der tatsächlichen Anzahl hintereinander angeordneter Verbindungsmittel im Bereich zwischen 81% und 95% (siehe Bild 4-6). Im Versuch wurde ein mittleres Verhältnis von 85,7% ermittelt. Dieser Wert ergibt sich aus dem Quotienten des Mittelwertes der korrigierten Steifigkeit für die Versuchsreihe G-11 und dem Mittelwert der korrigierten Steifigkeit für die Versuchsreihe G-2 (siehe letzte Spalte in Tabelle 4-2).

Für Verbindungen mit 7 hintereinander angeordneten Schraubenkreuzen liegt das Verhältnis zwischen der wirksamen und der tatsächlichen Anzahl hintereinander angeordneter Schraubenkreuze im Bereich zwischen 89% und 97% (siehe Bild 4-7). Im Versuch wurde ein mittleres Verhältnis von 81,7% ermittelt. Dieser Wert ergibt sich aus dem Quotienten des Mittelwertes der korrigierten Steifigkeit für die Versuchsreihe X-11 und dem Mittelwert der korrigierten Steifigkeit für die Versuchsreihe X-2 (siehe letzte Spalte in Tabelle 4-3).

In Tabelle 4-6 sind für Verbindungen mit geneigt angeordneten Schrauben die berechneten Steifigkeiten den Versuchsergebnissen gegenübergestellt. Eine entsprechende Gegenüberstellung für die Versuchsreihe mit gekreuzt angeordneten Schrauben ist in Tabelle 4-7 dargestellt. In den ersten vier Spalten sind unter anderem die in den Versuchen ermittelten Steifigkeiten je Schraube bzw. Schraubenkreuz und je Scherfuge sowie die Gesamtsteifigkeiten der geprüften Verbindungen angegeben. In Spalte 5 ist die nach Gleichung (32) und (33) berechnete Steifigkeit je Schraube bzw. Schraubenkreuz und je Scherfuge dargestellt. Die nach Gleichung (34) und (35) berechneten Gesamtsteifigkeiten sind in Spalte 7 angegeben. In Spalte

6 sind die Verhältnisse zwischen der wirksamen und der tatsächlichen Anzahl hintereinander angeordneter Schrauben bzw. Schraubenkreuze dargestellt. Für die Berechnung wurden die tatsächlichen Eigenschaften des verwendeten Holzes und der Schrauben zugrunde gelegt. Das Verhältnis zwischen der berechneten Gesamtsteifigkeit und dem Versuchswert ist in Spalte 8 angegeben.

Tabelle 4-6 Verbindungen mit geneigt angeordneten Schrauben - Steifigkeiten

Probe		Steifigkeit je Schraube und Scherfuge aus Versuchen [kN/mm]	Rohdichte der Probe [kg/m³]	Gesamtsteifigkeit der Verbindung aus Versuchen K_{tot} [kN/mm]	berechnete Steifigkeit je Schr. und SF K_G [kN/mm]	Verhältnis $n_{G,ef}$ / n_G nach Lantos [-]	berechnete Gesamtsteifigkeit $K_{G,tot}$ [kN/mm]	Faktor f_G $K_{G,tot}$ / K_{tot} [-]
G-2	1	9,25	451	37,0	5668	100%	22,7	61,3%
G-2	2	9,22	462	36,9	5696	100%	22,8	61,8%
G-2	3	9,22	488	36,9	5758	100%	23,0	62,5%
G-2	4	8,07	434	32,3	5625	100%	22,5	69,7%
G-2	5	6,99	399	27,9	5531	100%	22,1	79,2%
MW		**8,55**						**66,9%**
G-6	1	8,71	418	104	5583	97,8%	65,5	62,7%
G-6	2	8,24	425	98,8	5601	97,7%	65,7	66,5%
G-6	3	9,27	483	111	5746	97,7%	67,4	60,6%
G-6	4	8,31	498	99,8	5782	97,7%	67,8	67,9%
G-6	5	8,04	411	96,5	5564	97,8%	65,3	67,6%
MW		**8,51**						**65,1%**
G-11	1	7,57	429	167	5612	93,3%	115	69,2%
G-11	2	7,17	409	158	5558	93,4%	114	72,4%
G-11	3	6,86	460	151	5691	93,2%	117	77,3%
G-11	4	8,27	485	182	5751	93,1%	118	64,8%
G-11	5	7,37	501	162	5789	93,1%	119	73,1%
MW		**7,45**						**71,4%**

Tabelle 4-7 Verbindungen mit gekreuzt angeordneten Schrauben - Steifigkeiten

Probe		Steifigkeit je Schraubenkreuz und Scherfuge aus Versuchen [kN/mm]	Rohdichte der Probe [kg/m³]	Gesamtsteifigkeit der Verbindung aus Versuchen K_{tot} [kN/mm]	berechnete Steifigkeit je SF u. Schraubenkreuz K_X [kN/mm]	Verhältnis $n_{X,ef}$ / n_X nach Lantos [-]	berechnete Gesamtsteifigkeit $K_{X,tot}$ [kN/mm]	Faktor f_X $K_{X,tot}$ / K_{tot} [-]
X-2	1	14,4	428	57,8	8310	100%	33,2	57,6%
X-2	2	16,8	460	67,2	8431	100%	33,7	50,2%
X-2	3	13,3	435	53,2	8337	100%	33,3	62,7%
X-2	4	17,1	477	68,5	8492	100%	34,0	49,6%
X-2	5	18,2	505	72,7	8589	100%	34,4	47,3%
MW		**16,0**						**53,5%**
X-5	1	13,8	445	138	8375	98,0%	82,1	59,7%
X-5	2	17,8	491	178	8541	97,9%	83,7	46,9%
X-5	3	14,6	488	146	8531	97,9%	83,6	57,3%
X-5	4	16,6	475	166	8485	98,0%	83,1	50,2%
X-5	5	14,4	424	144	8294	98,0%	81,3	56,4%
MW		**15,4**						**54,1%**
X-7	1	12,1	471	170	8471	95,1%	113	66,4%
X-7	2	11,3	427	158	8306	95,2%	111	70,0%
X-7	3	13,5	471	189	8471	95,1%	113	59,6%
X-7	4	15,0	468	210	8460	95,1%	113	53,6%
X-7	5	13,7	493	191	8548	95,0%	114	59,5%
MW		**13,1**						**61,8%**

Für Verbindungen mit geneigt angeordneten Schrauben liegt das Verhältnis f_G im Bereich zwischen 65,1% und 71,4%. Das Verhältnis f_X für Verbindungen mit gekreuzt angeordneten Schrauben liegt im Bereich zwischen 53,5% und 61,8%. Damit werden die Versuchsergebnisse deutlich unterschätzt.

Das geringe Verhältnis der berechneten Steifigkeiten zu den Versuchsergebnissen kann mit dem zu gering angenommenen axialen Verschiebungsmodul K_{ax} erklärt werden. Der axiale Verschiebungsmodul wurde nach Gleichung (12) ermittelt. Es ist anzunehmen, dass die axiale Steifigkeit der für diese Versuche verwendeten selbstbohrenden Vollgewindeschrauben 8 x 260 mm größer ist als diejenige, die nach Gleichung (12) berechnet wurde. Gleichung (12) wurde mittels einer multiplen Regressionsanalyse hergeleitet. Zum Zeitpunkt der Herleitung dieser Gleichung lagen jedoch keine selbstbohrenden Vollgewindeschrauben vom Typ 8 x 260 mm vor.

Damit zeigt sich, dass die Eigenschaften selbstbohrender Holzschrauben auf Grund unterschiedlicher Gewindegeometrien für jeden Schraubentyp durch Versuche zu bestimmen sind. Hierzu zählen insbesondere die Ausziehtragfähigkeit, der Verschiebungsmodul, die axiale Grenzverschiebung sowie die wichtigsten Materialeigenschaften der Schrauben.

5 Verstärkung von Stabdübelverbindungen

5.1 Einleitung

Die Traglast von Holz-Holz- bzw. Stahlblech-Holz-Verbindungen mit auf Abscheren beanspruchten stiftförmigen Verbindungsmitteln kann nach der Theorie von Johansen (1949) berechnet werden. Hierbei ist die Traglast in erster Linie von der Lochleibungsfestigkeit des Holzes, vom Fließmoment der Verbindungsmittel sowie von der Geometrie der Verbindung abhängig. Für das Last-Verformungs-Verhalten des Holzes unter Lochleibungsbeanspruchung und des Verbindungsmittels unter Biegebeanspruchung wurde hierbei ein ideal-plastisches Materialverhalten zugrunde gelegt. Die Gleichungen zur Berechnung der Traglast von Holz-Holz- bzw. Stahlblech-Holz-Verbindungen mit stiftförmigen Verbindungsmitteln sind z. B. im Anhang G 2 der DIN 1052:2004-08 angegeben.

Werden Verbindungen mit mehreren hintereinander in Faserrichtung des Holzes angeordneten Verbindungsmitteln hergestellt, kann unter Umständen ein sprödes Spaltversagen der Verbindung eintreten. Dieses spröde Spaltversagen ist häufig bereits bei sehr geringen Verformungen einer Verbindung zu beobachten. Es tritt häufiger auf, wenn die faserparallelen Abstände a_1 der Verbindungsmittel untereinander kleiner werden.

In Johansens Modellbildung wurden diese spröden Versagensarten nicht berücksichtigt. Versagt eine Verbindung infolge Spalten des Holzes, kann die nach Johansen berechnete Tragfähigkeit nicht erreicht werden. Die Tragfähigkeit einer spaltgefährdeten Verbindung kann näherungsweise berechnet werden, indem anstelle der tatsächlichen Anzahl n der Verbindungsmittel untereinander eine wirksame Anzahl $n_{ef} \leq n$ verwendet wird. Auf der Grundlage der Untersuchungen von Jorissen (1998) kann die wirksame Anzahl n_{ef} nach folgender Gleichung berechnet werden:

$$n_{ef} = \min \left\{ \begin{matrix} n \\ n^{0,9} \cdot \sqrt[4]{\dfrac{a_1}{10 \cdot d}} \end{matrix} \right\} \qquad (36)$$

Sprödes Versagen infolge Spalten des Holzes kann vermieden werden, wenn entweder die Abstände a_1 ausreichend groß gewählt werden oder wenn das Holz im Verbindungsbereich verstärkt wird.

Grundsätzlich kann zwischen außen und innen liegenden Verstärkungselementen unterschieden werden. Zu den außen liegenden Verstärkungselementen zählen seitlich auf das Holz aufgeklebte Plattenwerkstoffe sowie seitlich aufgepresste Nagelplatten. Diese Verstärkungsmaßnahmen verhindern ein sprödes Versagen der Verbindung. Werden Verstärkungselemente mit einer hohen Lochleibungsfestigkeit in der Fuge zwischen zwei zu verbindenden Bauteilen angebracht, kann zudem die Tragfähigkeit der Verbindung erhöht werden.

Zu den innen liegenden Verstärkungselementen gehören eingeklebte Gewindestangen oder Schrauben in vorgebohrten oder nicht vorgebohrten Löchern. Im Vergleich zu der Verstärkungsmethode mit außen liegenden Verstärkungselementen ist diese Methode ansprechender, weil stiftförmige Verstärkungselemente in das Holz eingebracht werden und somit unsichtbar sind. Ein weiterer Unterschied zwischen diesen Verstärkungsmethoden ist der Verbund zwischen dem Holz und dem Verstärkungselement. Verstärkungselemente mit mechanischem Verbund (z. B. Schrauben oder aufgepresste Nagelplatten) sind im Vergleich zu eingeklebten oder aufgeklebten Verstärkungselementen einfacher herzustellen. Damit stellen insbesondere Holzschrauben mit durchgehendem Gewinde, die ohne Vorbohren ins Holz eingedreht werden, gegenwärtig die einfachste Verstärkungsmethode dar.

In den Erläuterungen zur DIN 1052:2004-08 wird aufbauend auf den Untersuchungen von Schmid (2002) empfohlen, die auf Herausziehen beanspruchten Verstärkungsschrauben für 30% der Beanspruchung der Stabdübel pro Scherfuge zu bemessen. Werden diese Verstärkungselemente ausreichend dimensioniert, kann das Spalten einer Verbindung vermieden und die Traglast in Anlehnung an die Theorie von Johansen berechnet werden. Das Versagen dieser Verbindungen ist dann, wie von Johansen vorausgesetzt, plastisch.

Werden die Vollgewindeschrauben darüber hinaus direkt im Kontakt an die stiftförmigen Verbindungsmittel eingebracht, können ähnlich wie bei aufgeklebten Verstärkungen sowohl die Steifigkeit als auch die Tragfähigkeit einer Verbindung weiter erhöht werden.

In Bild 5-1 ist am Beispiel einer verstärkten zweischnittigen Stahlblech-Holz-Verbindung mit innen liegendem Stahlblech die Anordnung der Vollgewindeschrauben dargestellt.

Bild 5-2 zeigt das typische Last-Verformungs-Verhalten von spaltgefährdeten und unterschiedlich verstärkten, nicht spaltgefährdeten Verbindungen.

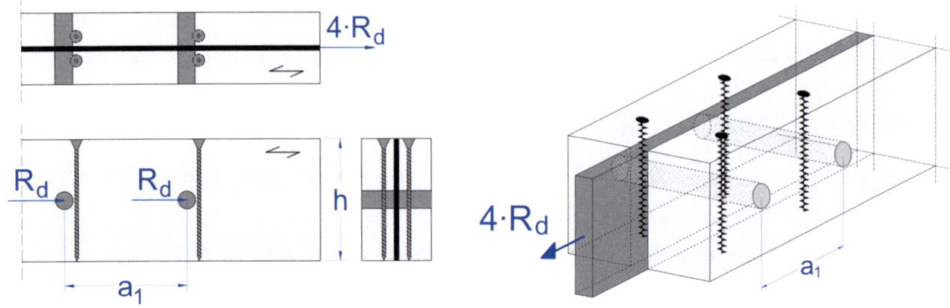

Bild 5-1 Mit selbstbohrenden Vollgewindeschrauben verstärkte Verbindung

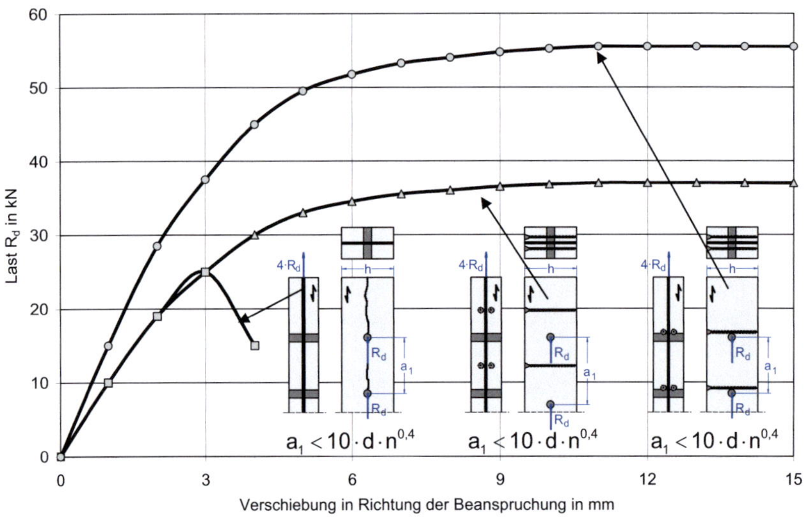

Bild 5-2 Typisches Last-Verformungs-Verhalten von spaltgefährdeten und unterschiedlich verstärkten, nicht spaltgefährdeten Verbindungen

Nachfolgend wird auf der Grundlage der Theorie von Johansen eine Methode vorgestellt, mit deren Hilfe durch die Auflagerwirkung der Vollgewindeschrauben die Tragfähigkeit einer nicht spaltgefährdeten Verbindung erhöht werden kann.

5.2 Berechnungsmodell für verstärkte Verbindungen

5.2.1 Annahmen

In Bild 5-3 ist eine Stabdübelverbindung dargestellt, die mit selbstbohrenden Vollgewindeschrauben verstärkt wird. Hierbei kann eine Schraube entweder als Verstärkung für einen Stabdübel (linke Seitenansicht), zwei (rechte Seitenansicht) oder auch mehrere Stabdübel dienen.

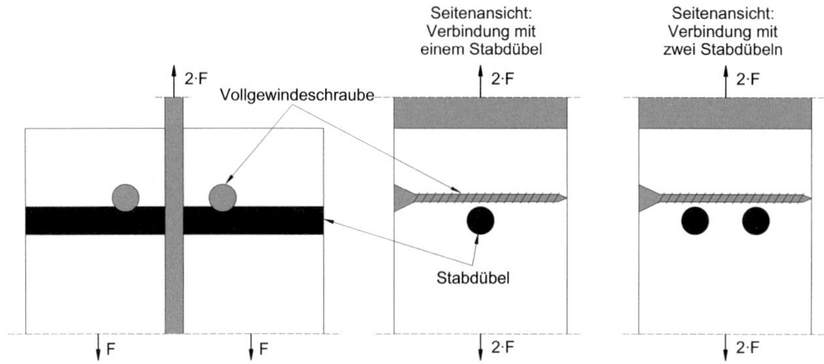

Bild 5-3 Mit selbstbohrenden Vollgewindeschrauben verstärkte Stabdübelverbindung

Direkt im Kontakt mit den Stabdübeln sowie rechtwinklig zur Belastungsrichtung und zur Achse der Stabdübel angeordnete Vollgewindeschrauben werden durch die Stabdübel rechtwinklig zu ihrer Achse beansprucht. Daher kann das Tragverhalten der Vollgewindeschrauben selbst ebenfalls in Anlehnung an die Theorie von Johansen berechnet werden.

Auf Abscheren beanspruchte Schrauben weisen ein ähnliches Last-Verformungs-Verhalten auf wie andere stiftförmige metallische Verbindungsmittel. Bei kleinen Verformungen weist das Holz bei Beanspruchung rechtwinklig zur Schraubenachse sowie die Holzschraube bei Biegebeanspruchung ein linear-elastisches Materialverhalten auf. Bei größeren Verformungen kann ein plastisches Materialverhalten angenommen werden (links in Bild 5-4). Das Last-Verformungs-Verhalten von Schrauben bei Beanspruchung auf Herausziehen ist bis zum spröden Versagen jedoch quasi linear-elastisch. Bei Beanspruchung auf Herausziehen tritt anschließend ohne Ankündigung ein deutlicher Lastabfall und damit Versagen ein (rechts in Bild 5-4).

Bei der Beanspruchung einer verstärkten Verbindung ist wegen der Anordnung der Vollgewindeschrauben in einem Abstand zur Fuge die Verschiebung dieser Verstärkungselemente rechtwinklig zu ihrer Achse kleiner als die Verschiebung der Stabdübel in der Fuge. Dadurch können sich die Verstärkungselemente im Holz nicht ausreichend schräg stellen, damit sich eine nennenswerte Zugtragwirkung einstellt. Unter Berücksichtigung des Last-Verformungs-Verhaltens bei Beanspruchung auf Herausziehen wird bei einer geringen axialen Relativverschiebung die Ausziehtragfähigkeit nicht erreicht. Dieser Effekt wird mit steigender Entfernung der Verstärkungselemente von der Fuge größer. Daher ist es wirklichkeitsnäher, bei auf Abscheren beanspruchten Vollgewindeschrauben als Verstärkungselemente die traglaststeigernde Wirkung auf Herausziehen zu vernachlässigen.

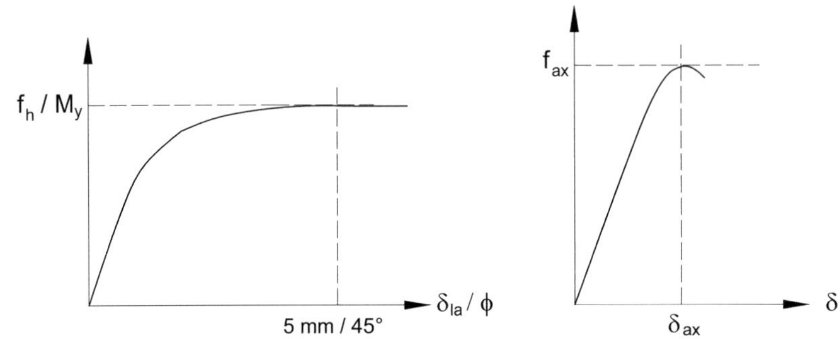

Bild 5-4 Links: Schematisches Last-Verformungs-Verhalten des Holzes bei Lochleibungsbeanspruchung und der Schraube bei Biegebeanspruchung – Rechts: Schematisches Last-Verformungs-Verhalten einer Schraube bei Beanspruchung auf Herausziehen

Für die Herleitung der Gleichungen zur Berechnung der Tragfähigkeit von verstärkten Verbindungen wird daher der Ausziehwiderstand der Vollgewindeschrauben vernachlässigt. Für das Last-Verformungs-Verhalten des Holzes bei Lochleibungsbeanspruchung und der Schrauben bei Biegebeanspruchung wird in Anlehnung an Johansen ein ideal-plastisches Last-Verformungs-Verhalten zugrunde gelegt (Bild 5-5).

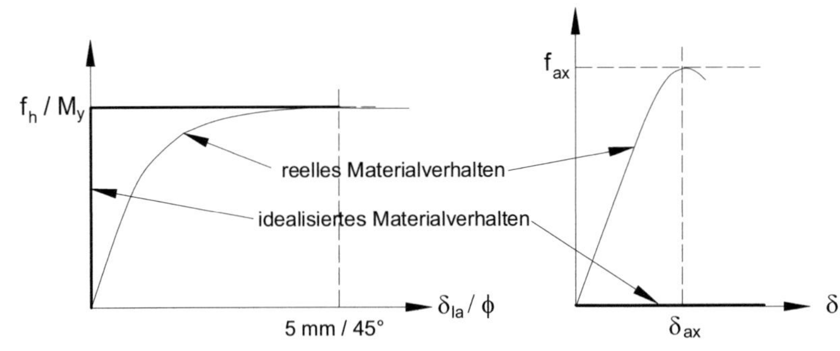

Bild 5-5 Vereinfachte Annahmen für das Last-Verformungs-Verhalten des Holzes bei Lochleibungsbeanspruchung und der Vollgewindeschrauben bei Biegebeanspruchung

Unter Berücksichtigung der vereinfachten Annahmen für das Last-Verformungs-Verhalten des Holzes bei Lochleibungsbeanspruchung und der Schrauben bei Biegebeanspruchung sowie unter Vernachlässigung des Ausziehwiderstandes (Bild 5-5) entspricht das Last-Verformungs-Verhalten der Vollgewindeschrauben als Verstärkungselemente bei Beanspruchung rechtwinklig zu ihrer Achse demjenigen in Bild 5-6.

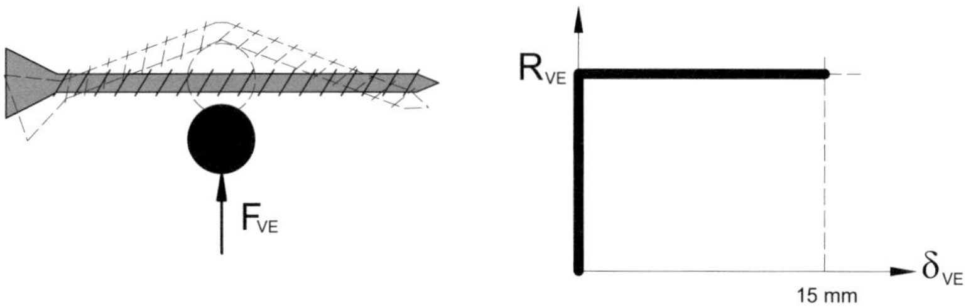

Bild 5-6 Last-Verformungs-Verhalten für eine rechtwinklig zu ihrer Achse beanspruchte Vollgewindeschraube als Verstärkungselement

Bei diesem in Bild 5-6 dargestellten idealisierten Last-Verformungs-Verhalten für das Verstärkungselement bei Beanspruchung rechtwinklig zur Achse können sich für die Stabdübel nur folgende Grundversagensmechanismen einstellen:

Wird unter der Annahme des idealisierten Last-Verformungs-Verhaltens der Verstärkungselemente die Tragfähigkeit des Verstärkungselementes R_{VE} bei Beanspruchung rechtwinklig zur Achse durch die Kraftkomponente F_{VE} aus dem Stabdübel erreicht, wird sich das Verstärkungselement in Richtung der Kraft mit verschieben. Diese Art der Verstärkung wird von nun an als "weiche" Verstärkung bezeichnet (oben in Bild 5-7).

Wird unter der Annahme des idealisierten Last-Verformungs-Verhaltens der Verstärkungselemente die Tragfähigkeit des Verstärkungselementes R_{VE} bei Beanspruchung rechtwinklig zur Achse durch die Kraftkomponente F_{VE} aus dem Stabdübel nicht erreicht, kann sich das Verstärkungselement in Kraftrichtung nicht mit verschieben (unten in Bild 5-7). Das Verstärkungselement wirkt auf den Stabdübel wie ein unverschiebliches Auflager. Dieser Art der Verstärkung wird von nun an als "harte" Verstärkung bezeichnet.

In Abhängigkeit vom Verhältnis der Kraftkomponente F_{VE} zur Tragfähigkeit R_{VE} treten unter der Annahme des idealisierten Last-Verformungs-Verhaltens für das Verstärkungselement bei Beanspruchung rechtwinklig zur Achse für jeden Versagensmechanismen mindestens zwei weitere Grundversagensmechanismen auf. Die Versagensmechanismen für verstärkte Verbindungen werden nachfolgend, getrennt für Stahlblech-Holz- und Holz-Holz-Verbindungen, hergeleitet.

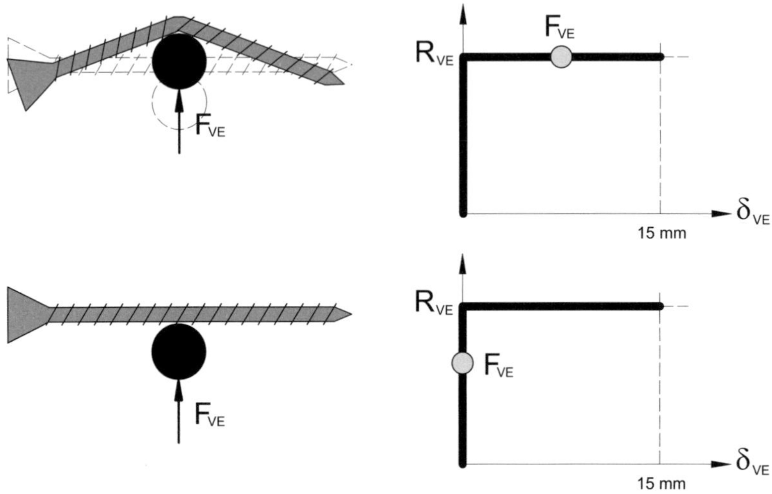

Bild 5-7 „Weiche“ und „harte“ Verstärkung (von oben nach unten)

5.2.2 Tragfähigkeit von mit selbstbohrenden Vollgewindeschrauben verstärkten Stahlblech-Holz-Verbindungen

In Bild 5-8 ist für den Versagensmechanismus mit zwei Fließgelenken (VM 3) eine zweischnittige Stahlblech-Holz-Verbindung mit innen liegendem Stahlblech mit einem "harten" und einem "weichen" Verstärkungselement und eine Verbindung ohne Verstärkungselemente dargestellt. Für diese verstärkte Verbindung werden nachfolgend die Gleichungen zur Berechnung der Tragfähigkeit von verstärkten Stahlblech-Holz-Verbindungen hergeleitet. Die Tragfähigkeit des Verstärkungselementes ist R_{VE}. Die Beanspruchung des Verstärkungselementes durch den Stabdübel ist $F_{VE,3}$.

Die Tragfähigkeit je Verbindungsmittel und Scherfuge einer unverstärkten Stahlblech-Holz-Verbindung für den in Bild 5-8 dargestellten Versagensmechanismus 3 wird nach der Theorie von Johansen wie folgt berechnet:

$$R_3 = \sqrt{2} \cdot \sqrt{2 \cdot M_y \cdot f_h \cdot d} \tag{37}$$

Der Abstand x_3 zwischen dem Fließgelenk und der Fuge bei einer unverstärkten Verbindung berechnet sich für Versagensmechanismus 3 nach Gleichung (38).

$$x_3 = \sqrt{\frac{4 \cdot M_y}{f_h \cdot d}} \tag{38}$$

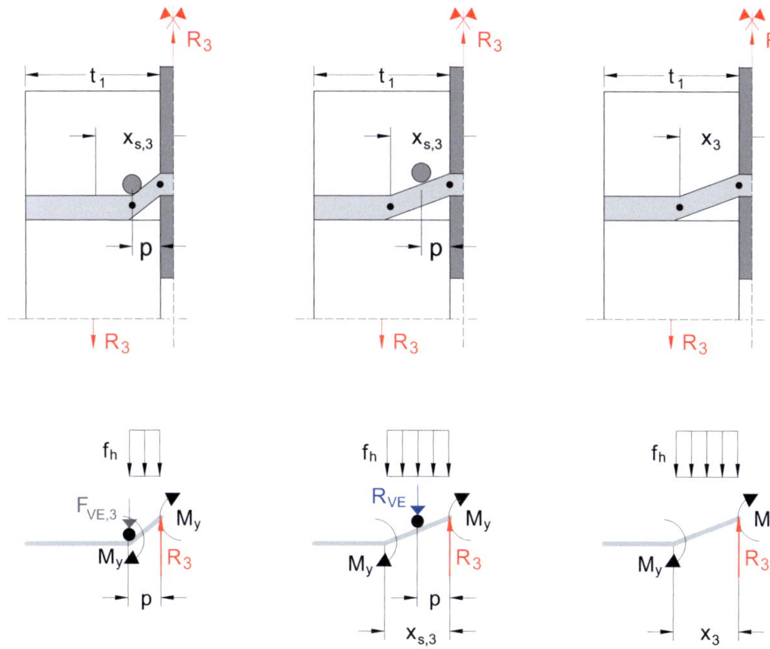

Bild 5-8 Mechanisches Modell für VM 3 bei einer verstärkten zweischnittigen Stahlblech-Holz-Verbindung mit innen liegendem Stahlblech.
Von links nach rechts: "harte", "weiche" und ohne Verstärkung

Wird ein Verstärkungselement zwischen dem Fließgelenk einer unverstärkten Verbindung und der Fuge ($p < x_3$) bündig an den Stabdübel angebracht, können sich für den Versagensmechanismus 3 zwei weitere Versagensmechanismen einstellen. Wird das Verstärkungselement außerhalb der Strecke x_3 angebracht, ist keine Steigerung der Traglast zu erwarten.

Für den Fall einer "weichen" Verstärkung nach Bild 5-8 wird die Tragfähigkeit R_3 je Scherfuge und Stabdübel nach Gleichung (39) berechnet.

$$R_3 = R_{VE} + \sqrt{2} \cdot \sqrt{f_h \cdot d \cdot (2 \cdot M_y - R_{VE} \cdot p)} \tag{39}$$

Die Tragfähigkeit R_3 wird aus dem Momenten- und dem Kräftegleichgewicht in der Fuge ermittelt. Bei diesem „weichen" Grundversagensmechanismus ist die Tragfähigkeit R_{VE} des Verstärkungselementes erreicht ($F_{VE,3} \geq R_{VE}$).

Ist die Beanspruchung $F_{VE,3}$ des Verstärkungselementes durch den Stabdübel kleiner als die Tragfähigkeit R_{VE} des Verstärkungselementes, wird sich unter Betrachtung des Last-Verformungs-Verhaltens in Bild 5-6 die Schraube in Kraftrichtung nicht mit verschieben. Für diesen Fall einer "harten" Verstärkung (siehe links in Bild 5-8) wird die Tragfähigkeit R_3 je Scherfuge und Stabdübel wie folgt berechnet:

$$R_3 = \frac{2 \cdot M_y}{p} + \frac{f_h \cdot d \cdot p}{2} \tag{40}$$

Die Beanspruchung $F_{VE,3}$ des Verstärkungselementes durch den Stabdübel wird ebenfalls aus dem Kräftegleichgewicht in der Fuge hergeleitet:

$$F_{VE,3} = \frac{2 \cdot M_y}{p} - \frac{f_h \cdot d \cdot p}{2} \tag{41}$$

Für $F_{VE,3} < R_{VE}$ wird Gleichung (40) maßgebend, weil die Vollgewindeschraube auf den Stabdübel wie ein unverschiebliches Auflager wirkt. Für $F_{VE} \geq R_{VE}$ ist die Tragfähigkeit der Vollgewindeschraube erreicht. Unter Berücksichtigung des Last-Verformungs-Verhaltens für die Vollgewindeschraube wird sich diese mit dem Stabdübel in Richtung der Kraft mit verschieben. Für diesen Fall einer „weichen" Verstärkung wird Gleichung (39) maßgebend.

Anhand dieses Beispiels (zweischnittige Stahlblech-Holz-Verbindung mit innen liegendem Stahlblech und Versagensmechanismus 3) wurde die Herleitung der Traglastgleichungen für verstärkte Stahlblech-Holz-Verbindungen vorgestellt.

Die Tragfähigkeit einer verstärkten Stahlblech-Holz-Verbindung wird ermittelt, indem zunächst die Tragfähigkeit R_{VE} des Verstärkungselementes berechnet wird. Die Tragfähigkeit der Verstärkungselemente ist in Abschnitt 5.2.4 angegeben. Für jeden Versagensmechanismus der Stabdübel wird zunächst die Beanspruchung $F_{VE,i}$ berechnet. Für den Fall $F_{VE,i} < R_{VE}$ wird die Tragfähigkeit einer verstärkten Verbindung mit den Gleichungen für eine "harte" Verstärkung berechnet. Für den Fall $F_{VE,i} \geq R_{VE}$ wird sich das Verstärkungselement in Kraftrichtung mit verschieben. Für diesen Fall ist die Tragfähigkeit einer verstärkten Verbindung unter Berücksichtigung eines "weichen" Verstärkungselementes zu berechnen.

Aufbauend auf diesen Überlegungen wurden die Gleichungen für mit selbstbohrenden Vollgewindeschrauben verstärkte ein- und zweischnittige Stahlblech-Holz-Verbindungen mit Stabdübeln hergeleitet. Die Gleichungen zur Berechnung der Tragfähigkeit von mit selbstbohrenden Vollgewindeschrauben verstärkten Stahlblech-Holz-Verbindungen sind im Anhang 9.5 angegeben.

Um die Wirkungsweise dieser Verstärkung zu demonstrieren, wurden mit Hilfe dieser Gleichungen die Tragfähigkeiten von verstärkten Stahlblech-Holz-Verbindungen berechnet.

Die Wirkungsweise einer Verstärkung ist in Bild 5-9 dargestellt. Hier ist für eine zweischnittige Stahlblech-Holz-Verbindung mit einem innen liegenden Stahlblech der Verlauf der Tragfähigkeit R pro Scherfuge in Abhängigkeit von der Tragfähigkeit R_{VE} des Verstärkungselementes dargestellt.

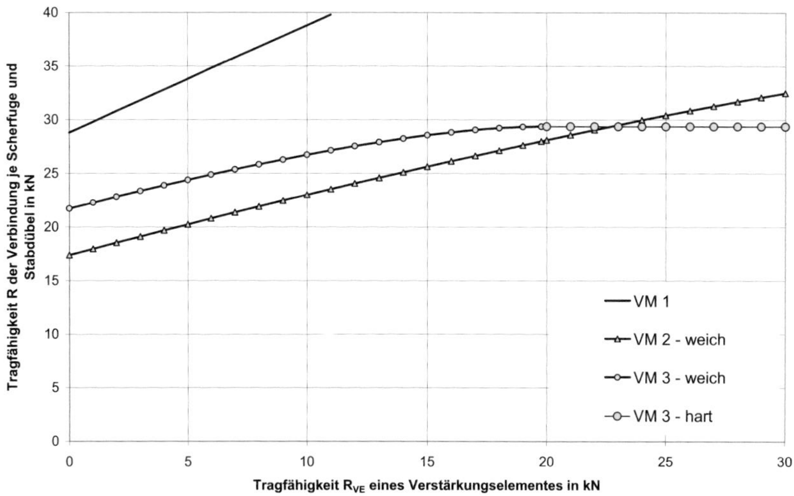

Bild 5-9 Tragfähigkeit R einer verstärkten Stahlblech-Holz-Verbindung in Abhängigkeit von der Tragfähigkeit R_{VE} des Verstärkungselementes

Für die Berechnung der Tragfähigkeit wurden folgende Eingangsgrößen gewählt:

Lochleibungsfestigkeit des Holzes:	$f_h = 30$ N/mm^2
Stabdübeldurchmesser:	$d = 16$ mm
Dicke des anzuschließenden Bauteils:	$t_1 = 60$ mm
Fließmoment des Stabdübels:	$M_y = 246$ Nm
Abstand des Verstärkungselementes zur Fuge:	$p = 20$ mm

(Ein Abstand von p = 20 mm entspricht bei einem erforderlichen Mindestabstand von $a_{2,c} = 2{,}5 \cdot d$ einem Durchmesser des Verstärkungselementes von d = 8 mm).

Für R_{VE} = 0 N beträgt die Tragfähigkeit R = 17,4 kN und entspricht der Tragfähigkeit für eine unverstärkte Verbindung. Maßgebend für dieses Versagen ist Versagensmechanismus 2. Mit steigender Tragfähigkeit R_{VE} des Verstärkungselementes steigt die Tragfähigkeit R je Scherfuge und Stabdübel. Wird in die Verbindung eine Vollgewindeschraube mit einer Tragfähigkeit von R_{VE} = 22,6 kN in einem Abstand von p = 20 mm zur Fuge direkt an den Stabdübel angebracht, kann die Tragfähigkeit der verstärkten Verbindung auf R = 29,4 kN erhöht werden. Der Anstieg der Tragfähigkeit von R = 17,4 kN auf R = 29,4 kN entspricht einer Steigerung der Tragfähigkeit um 69%. Eine weitere Erhöhung der Tragfähigkeit ist nicht mehr möglich, weil ab einer Tragfähigkeit der Vollgewindeschraube von R_{VE} = 22,6 kN das „harte“ Verstärkungselement auf den Stabdübel quasi wie ein unverschiebliches Auflager wirkt. Im Vergleich zu einer unverstärkten Verbindung mit dem maßgebenden Versagensmechanismus 2 ändert sich infolge einer Verstärkung mit R_{VE} = 22,6 kN der maßgebende Versagensmechanismus zum VM 3 (siehe Bild 5-9).

5.2.3 Tragfähigkeit von mit selbstbohrenden Vollgewindeschrauben verstärkten Holz-Holz-Verbindungen

Im Gegensatz zu verstärkten Stahlblech-Holz-Verbindungen, bei denen nur ein Bauteil aus Holz mit selbstbohrenden Holzschrauben zu verstärken ist, sind bei Holz-Holz-Verbindungen sämtliche Bauteile zu verstärken. Erst dann kann ein wirksamer Verstärkungseffekt erzielt werden. Damit ist die Ermittlung der Tragfähigkeit von verstärken Holz-Holz-Verbindungen im Vergleich mit Stahlblech-Holz-Verbindungen deutlich komplizierter. Unterschiede in der Lochleibungsfestigkeit in Holz-Holz-Verbindungen können durch eine unterschiedliche Rohdichte oder unterschiedliche Last-Faser-Winkel der verbundenen Hölzer verursacht werden. Dadurch entstehen in den einzelnen Bauteilen unterschiedliche Tragfähigkeiten $R_{i,VE}$ der Verstärkungselemente und/oder der Beanspruchungen $F_{i,VE}$ aus den Stabdübeln. Für den Fall unterschiedlicher Tragfähigkeiten $R_{i,VE}$ und/oder unterschiedlicher Beanspruchungen $F_{i,VE}$ treten im Vergleich zu verstärkten Stahlblech-Holz-Verbindungen mit nur zwei Grundversagensmechanismen zwei zusätzliche Grundversagensmechanismen auf.

Der erste "harte" Grundversagensmechanismus entspricht demjenigen für verstärkte Stahlblech-Holz-Verbindungen. Der "harte" Grundversagensmechanismus tritt ein, wenn unter der Annahme des Zusammenwirkens der Stabdübel und der Vollgewindeschraube als Verstärkungselement und unter der Annahme des Last-Verformungs-Verhaltens der Verstärkungselemente nach Bild 5-6 die Tragfähigkeiten beider Verstärkungselemente $R_{1,VE}$ und $R_{2,VE}$ größer sind, als die entsprechenden Kraftkomponenten $F_{1,VE}$ und $F_{2,VE}$. Bei diesem "harten" Grundversagensmechanismus wirken die Verstärkungselemente wie unverschiebliche Auflager der Stabdübel.

Sind entweder die Beanspruchungen aus den Stabdübeln $F_{i,VE}$ und/oder die Tragfähigkeiten der Verstärkungselemente $R_{i,VE}$ nicht gleich, können sich weiterhin die zusätzlichen Grundversagensmechanismen "weich-hart" oder "hart-weich" einstellen.

Der Grundversagensmechanismus "weich-hart" tritt ein, wenn aufgrund unterschiedlicher Tragfähigkeiten $R_{i,VE}$ der Verstärkungselemente und/oder aufgrund unterschiedlicher Beanspruchungen $F_{i,VE}$, im Bauteil 1 die Tragfähigkeit $R_{1,VE}$ kleiner ist als die entsprechende Beanspruchung $F_{1,VE}$ und im Bauteil 2 die Beanspruchung $F_{2,VE}$ kleiner ist als die entsprechende Tragfähigkeit $R_{2,VE}$.

Ist im Bauteil 2 die Tragfähigkeit $R_{2,VE}$ kleiner als die entsprechende Beanspruchung $F_{2,VE}$ und im Bauteil 1 die Beanspruchung $F_{1,VE}$ kleiner als die entsprechende Tragfähigkeit $R_{1,VE}$, tritt der Grundversagensmechanismus "hart-weich" ein.

Der „weiche“ Grundversagensmechanismus kann praktisch nur dann auftreten, wenn beide Beanspruchungen $F_{1,VE}$ und $F_{2,VE}$ aus dem Stabdübel größer als sind die entsprechenden Tragfähigkeiten $R_{1,VE}$ und $R_{2,VE}$.

Diese vier Grundversagensmechanismen sind bei der Berechnung der Tragfähigkeit R von verstärkten Holz-Holz-Verbindungen und daher bei der Betrachtung jedes einzelnen Versagensmechanismus zu berücksichtigen.

Am Beispiel des Versagensmechanismus 3 für eine einschnittige Holz-Holz-Verbindung wird nachfolgend die Herleitung der Gleichungen zur Berechnung der Traglast von verstärkten Holz-Holz-Verbindungen vorgestellt.

Dieser Versagensmechanismus ist gekennzeichnet durch das Erreichen von zwei Fließgelenken im Stabdübel sowie durch das Erreichen der Lochleibungsfestigkeit in beiden Bauteilen.

In Bild 5-10 sind für diesen Versagensmechanismus (VM 3) alle möglichen Grundversagensmechanismen dargestellt, welche sich in Abhängigkeit von der Größe der Beanspruchungen $F_{i,VE}$ und der Tragfähigkeiten $R_{i,VE}$ einstellen können.

Die Tragfähigkeit des Verstärkungselementes in Bauteil 1 ist $R_{1,VE}$, diejenige in Bauteil 2 ist $R_{2,VE}$. Die Beanspruchung des Verstärkungselementes durch den Stabdübel im Bauteil 1 ist $F_{1,VE,3}$, diejenige im Bauteil 2 ist $F_{2,VE,3}$. Es wird angenommen, dass der Abstand p der Verstärkungselemente zur Fuge in beiden Bauteilen gleich ist.

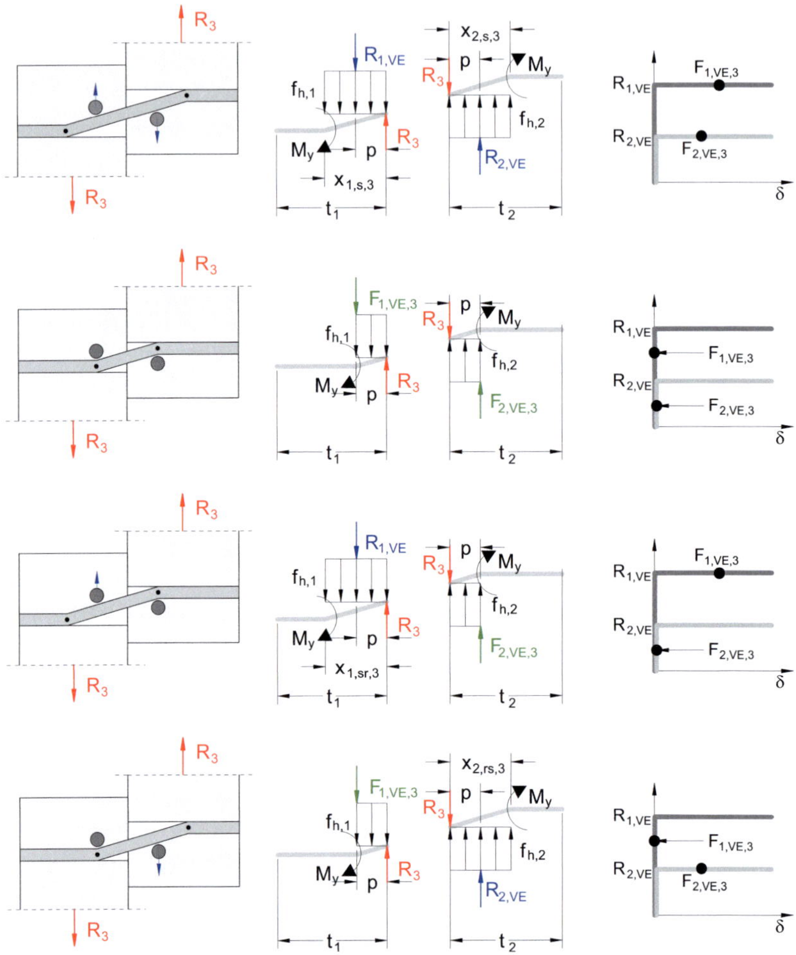

Bild 5-10 Grundversagensmechanismen „weich", „hart", „weich-hart" und "hart-weich" bei VM 3 (von oben nach unten)

Für die Verhältnisse der Lochleibungsfestigkeiten und der Tragfähigkeiten gilt:

$$\psi = \frac{R_{2,VE}}{R_{1,VE}} \quad \text{und} \quad \beta = \frac{f_{h,2}}{f_{h,1}} \tag{42}$$

Die Tragfähigkeit je Stabdübel und Scherfuge einer unverstärkten Holz-Holz-Verbindung für den Versagensmechanismus 3 wird nach der Theorie von Johansen wie folgt berechnet:

$$R_3 = \frac{\sqrt{2 \cdot \beta}}{\sqrt{1+\beta}} \cdot \sqrt{2 \cdot f_{h,1} \cdot d \cdot M_y} \tag{43}$$

Die Abstände $x_{1,3}$ und $x_{2,3}$ zwischen den Fließgelenken und der Fuge in Bauteil 1 und 2 bei einer unverstärkten Verbindung mit Versagensmechanismus 3 berechnen sich nach folgenden Gleichungen:

$$x_{1,3} = \frac{\sqrt{2 \cdot \beta}}{\sqrt{1+\beta}} \cdot \sqrt{\frac{2 \cdot M_y}{f_{h,1} \cdot d}} \quad \text{und} \quad x_{2,3} = \frac{\sqrt{2}}{\sqrt{\beta \cdot (1+\beta)}} \cdot \sqrt{\frac{2 \cdot M_y}{f_{h,1} \cdot d}} \tag{44}$$

Werden die Verstärkungselemente innerhalb der Strecken $x_{1,3}$ und $x_{2,3}$ berührend an die Stabdübel angeordnet, kann die Tragfähigkeit der Verbindung gesteigert werden. Werden die Verstärkungselemente außerhalb der Strecken $x_{1,3}$ und $x_{2,3}$ angeordnet, haben die Verstärkungselemente keine Auswirkung auf das Tragverhalten der Verbindung.

Für den Fall einer "harten" Verstärkung nach Bild 5-10 wird die Tragfähigkeit R_3 einer verstärkten Verbindung aus dem Momenten- und dem Kräftegleichgewicht in der Fuge nach Gleichung (45) berechnet.

$$R_3 = \frac{M_y}{p} + \frac{f_{h,1} \cdot d \cdot p}{4} \cdot (1+\beta) \tag{45}$$

Der "harte" Grundversagensmechanismus tritt auf, wenn die Tragfähigkeiten der Verstärkungselemente $R_{1,VE}$ und $R_{2,VE}$ bei Beanspruchung rechtwinklig zur Achse größer sind als die entsprechenden Kraftkomponenten $F_{1,VE,3}$ und $F_{2,VE,3}$. Die Kraftkomponenten $F_{1,VE,3}$ und $F_{2,VE,3}$ werden ebenfalls aus dem Momenten- und dem Kräftegleichgewicht in der Fuge für eine "harte" Verbindung hergeleitet. Gleichung (45) gilt somit, wenn Gleichungen (46) und (47) eingehalten werden.

$$R_{1,VE} > F_{1,VE,3} = \frac{M_y}{p} - \frac{f_{h,1} \cdot d \cdot p}{4} \cdot (3 - \beta) \tag{46}$$

und

$$R_{1,VE} > \frac{F_{2,VE,3}}{\psi} = \frac{M_y}{\psi \cdot p} - \frac{f_{h,1} \cdot d \cdot p}{\psi \cdot 4} \cdot (3 \cdot \beta - 1) \tag{47}$$

Der "weiche" Grundversagensmechanismus kann aus dem Momenten- und dem Kräftegleichgewicht in Bild 5-10 nach folgender Gleichung berechnet werden:

$$R_3 = R_{1,VE} \cdot \frac{(\beta + \psi)}{(1+\beta)} + \sqrt{\frac{2 \cdot \beta}{1+\beta}} \cdot \sqrt{f_{h,1} \cdot d \cdot \left(2 \cdot M_y - R_{1,VE} \cdot p \cdot (1+\psi)\right) - \frac{R_{1,VE}{}^2 \cdot (\psi - 1)^2}{2 \cdot (1+\beta)}} \tag{48}$$

Der "weiche" Grundversagensmechanismus tritt auf, wenn das Verstärkungselement in Bauteil 1 innerhalb der Strecke $x_{1,s,3}$ und das Verstärkungselement in Bauteil 2 innerhalb der Strecke $x_{2,s,3}$ angeordnet wird ($p \leq x_{1,s,3}$ und $p \leq x_{2,s,3}$). Die Strecken $x_{1,s,3}$ und $x_{2,s,3}$ für den "weichen" Grundversagensmechanismus (siehe Bild 5-10) können aus dem Momenten- und dem Kräftegleichgewicht in der Fuge berechnet werden. Für $p \leq x_{1,s,3}$ und $p \leq x_{2,s,3}$ können diese Gleichungen nach $R_{1,VE}$ umgeformt werden (siehe Gleichung (49) und (50)). Damit der "weiche" Grundversagensmechanismus maßgebend wird, müssen folgende Gleichungen eingehalten werden:

$$R_{1,VE} \leq Z_3 = \min \left\{ \begin{array}{l} \dfrac{f_{h,1} \cdot d \cdot p}{(\psi - 1)^2} \cdot \left[\begin{array}{l} \sqrt{(1+\psi)^2 \cdot (\beta^2 + \beta) - 4 \cdot \beta \cdot \psi^2 + \dfrac{4 \cdot \beta \cdot (\psi - 1)^2 \cdot M_y}{p^2 \cdot d \cdot f_{h,1}}} \\ -(\beta - 1) \cdot \psi - \beta - 1 \end{array} \right] \\ \dfrac{f_{h,1} \cdot d \cdot p}{(\psi - 1)^2} \cdot \left[\begin{array}{l} \sqrt{(2+\psi) \cdot (\beta + 1) \cdot \psi + 1 - 3 \cdot \beta + \dfrac{4 \cdot (\psi - 1)^2 \cdot M_y}{p^2 \cdot d \cdot f_{h,1}}} \\ -(\beta + 1) \cdot \psi + \beta - 1 \end{array} \right] \end{array} \right\} \tag{49}$$

wenn $\psi \neq 1$

$$R_{1,VE} \leq Z_3 = \min \left\{ \begin{array}{l} \dfrac{M_y}{p} - \dfrac{f_{h,1} \cdot d \cdot p}{4 \cdot \beta} \cdot (1+\beta) \\ \dfrac{M_y}{p} - \dfrac{f_{h,1} \cdot d \cdot p \cdot \beta}{4} \cdot (1+\beta) \end{array} \right\} \text{ wenn } \psi = 1 \tag{50}$$

Für den Fall, dass die Gleichungen (49) und (50) nicht eingehalten werden und gleichzeitig die Tragfähigkeit $R_{1,VE}$ kleiner als oder gleich der Beanspruchung $F_{1,VE,3}$ und zusätzlich die Beanspruchung $F_{1,VE,3} > F_{2,VE,3} / \psi$ ist, tritt der "weich-harte" Grundversagensmechanismus ein. Bei diesem „weichen" Grundversagensmechanismus kann sich das Verstärkungselement in Bauteil 1 mit dem Stabdübel mit verschieben. In Bauteil 2 wirkt das Verstärkungselement auf den Stabdübel quasi wie ein unverschiebliches Auflager.

Für diesen Fall berechnet sich die Tragfähigkeit R_3 einer verstärkten Verbindung mit Versagensmechanismus 3 durch das Lösen des Momenten- und des Kräftegleichgewichtes in Bild 5-10 nach folgender Gleichung:

$$R_3 = R_{1,VE} + f_{h,1} \cdot d \cdot \left[\sqrt{(1+\beta) \cdot p^2 - \frac{4 \cdot R_{1,VE} \cdot p - 4 \cdot M_y}{f_{h,1} \cdot d}} - p \right] \qquad (51)$$

Für den Fall, dass die Gleichungen (49) und (50) nicht eingehalten werden und gleichzeitig die Tragfähigkeit $R_{1,VE}$ kleiner als oder gleich der Beanspruchung $F_{2,VE,3} / \psi$ ist und zusätzlich die Beanspruchung $F_{1,VE,3} \leq F_{2,VE,3} / \psi$ ist, tritt der "hart-weiche" Grundversagensmechanismus ein. Bei diesem „hart-weichen" Grundversagensmechanismus kann sich das Verstärkungselement in Bauteil 2 mit dem Stabdübel mit verschieben. In Bauteil 1 wirkt das Verstärkungselement als unverschiebliches Auflager.

Für diesen Fall berechnet sich die Tragfähigkeit R_3 einer verstärkten Verbindung mit Versagensmechanismus 3 durch das Lösen des Momenten- und des Kräftegleichgewichtes in Bild 5-10 nach folgender Gleichung:

$$R_3 = R_{1,VE} \cdot \psi + f_{h,1} \cdot d \cdot \left[\sqrt{(1+\beta) \cdot \beta \cdot p^2 - \frac{4 \cdot \beta \cdot \left(R_{1,VE} \cdot \psi \cdot p - M_y\right)}{f_{h,1} \cdot d}} - p \cdot \beta \right] \qquad (52)$$

Basierend auf der Herleitung der Traglastgleichungen für eine einschnittige Holz-Holz-Verbindung mit Versagensmechanismus 3 werden die übrigen Traglastgleichungen angegeben.

Die Tragfähigkeit einer verstärkten Holz-Holz-Verbindung wird ermittelt, indem zunächst die Tragfähigkeiten $R_{1,VE}$ und $R_{2,VE}$ der Verstärkungselemente berechnet werden. Abhängig von der Größe der Tragfähigkeiten $R_{1,VE}$ und $R_{2,VE}$ bezogen auf die

Größe der Beanspruchungen $F_{1,VE,i}$ und $F_{2,VE,i}$, wird für jeden i-ten Versagensmechanismus nur einer der Grundversagensmechanismen "hart", "weich", "weich-hart" oder "hart-weich" maßgebend. Für den maßgebenden Grundversagensmechanismus ist die entsprechende Tragfähigkeit zu berechnen.

Im Vergleich zu den Gleichungen für konventionelle unverstärkte Holz-Holz-Verbindungen sind diese Gleichungen umfangreicher. Trotzdem kann es von Vorteil sein, ohne Änderung der Anschlussgeometrie durch eine Verstärkung mit selbstbohrenden Vollgewindeschrauben die Tragfähigkeit zu erhöhen.

Aufbauend auf dieser Theorie wurden die Gleichungen für mit selbstbohrenden Vollgewindeschrauben verstärkte ein- und zweischnittige Holz-Holz-Verbindungen mit Stabdübeln hergeleitet. Die Gleichungen zur Berechnung der Tragfähigkeit von mit selbstbohrenden Vollgewindeschrauben verstärkten Holz-Holz-Verbindungen sind im Anhang 9.6 angegeben.

Um die Wirkungsweise dieser Verstärkung zu demonstrieren, wurden mit Hilfe dieser Gleichungen die Tragfähigkeiten von verstärkten Holz-Holz-Verbindungen berechnet.

Die Wirkungsweise einer Verstärkung ist beispielhaft in Bild 5-11 dargestellt. Hier ist für eine einschnittige Holz-Holz-Verbindung der Verlauf der Tragfähigkeit R in Abhängigkeit von der Tragfähigkeit $R_{1,VE}$ des Verstärkungselementes in Bauteil 1 dargestellt.

Zur Berechnung der Tragfähigkeit wurden folgende Parameter gewählt:

Lochleibungsfestigkeit des Holzes in Bauteil 1:	$f_{h,1} = 26$ N/mm^2
Stabdübeldurchmesser:	$d = 16$ mm
Dicke des linken Bauteils:	$t_1 = 60$ mm
Dicke des rechten Bauteils:	$t_2 = 80$ mm
Fließmoment des Stabdübels:	$M_y = 246$ Nm
Abstand der Verstärkungselemente zur Fuge:	$p = 15$ mm
Verhältnis der Lochleibungsfestigkeiten:	$\beta = 1{,}2$
Verhältnis der Tragfähigkeiten der Verstärkungselemente:	$\psi = 1{,}1$

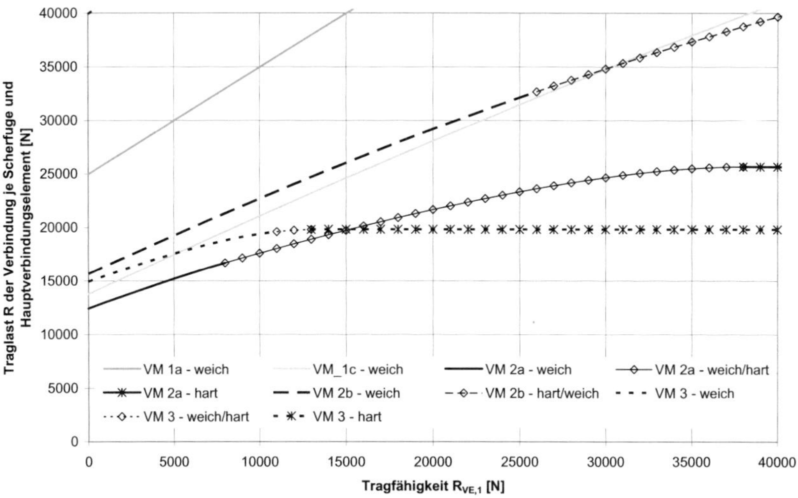

Bild 5-11 Tragfähigkeit R einer verstärkten, einschnittigen Holz-Holz-Verbindung in Abhängigkeit von der Tragfähigkeit $R_{1,VE}$ des Verstärkungselementes in Bauteil 1

Für $R_{1,VE}$ = 0 N beträgt die Tragfähigkeit der Verbindung R = 12,4 kN und entspricht der Tragfähigkeit einer unverstärkten Verbindung. Maßgebend ist Versagensmechanismus 2a. Wird die Verbindung verstärkt, indem in jedes Bauteil eine selbstbohrende Vollgewindeschraube in einem Abstand von p = 15 mm zur Fuge direkt an den Stabdübel angebracht wird, kann die Tragfähigkeit auf R = 19,8 kN gesteigert werden. Diese Steigerung entspricht einem Zuwachs der Tragfähigkeit von 60% gegenüber der Tragfähigkeit einer unverstärkten Verbindung. Die dafür erforderlichen Tragfähigkeiten der Verstärkungselemente betragen $R_{1,VE}$ = 15,3 kN und $R_{2,VE} = \psi \cdot R_{1,VE}$ = 16,8 kN. Eine weitere Erhöhung der Tragfähigkeit durch Steigerung von $R_{i,VE}$ ist nicht mehr möglich, weil für $R_{1,VE}$ > 15,3 kN das Verstärkungselement als ein unverschiebliches Auflager des Stabdübels wirkt.

Anhand des Verlaufs der Tragfähigkeit R in Abhängigkeit der Tragfähigkeiten $R_{i,VE}$ können die Übergänge zwischen den einzelnen Grundversagensmechanismen betrachtet werden. Mit zunehmender Tragfähigkeit der Verstärkung tritt zunächst der „weiche" Grundversagensmechanismus auf. Gefolgt vom „weich-harten" oder „hart-weichen" Grundversagensmechanismus wird bei ausreichender Tragfähigkeit der Verstärkungselemente der „harte" Grundversagensmechanismus erreicht. Bei einem „harten" Grundversagensmechanismus nimmt die Tragfähigkeit einer verstärkten Verbindung mit steigender Tragfähigkeit der Verstärkungselemente nicht mehr zu.

Die exakten Übergänge zwischen den Grundversagensmechanismen bestätigen die Gültigkeit der hergeleiteten Gleichungen.

5.2.4 Tragfähigkeit der Verstärkungselemente

Mit selbstbohrenden Vollgewindeschrauben verstärkte Stahlblech-Holz- und Holz-Holz-Verbindungen werden mit Hilfe der in den Anhängen 9.5 und 9.6 angegebenen Gleichungen in Abhängigkeit von der Tragfähigkeit R_{VE} der Verstärkungselemente berechnet.

Die Tragfähigkeit R_{VE} der Verstärkungselemente bei Beanspruchung durch die Stabdübel kann ebenfalls entsprechend der Theorie von Johansen hergeleitet werden.

Zur Berechnung der Tragfähigkeit R_{VE} der Vollgewindeschrauben als Verstärkungselemente sind nachfolgend Gleichungen angegeben. Hierbei wird zwischen folgenden Fällen unterschieden:

Fall A: Das Verstärkungselement wird durch einen Stabdübel beansprucht. Dieser Fall entspricht dem Fall einer zweischnittigen Stahlblech-Holz-Verbindung mit innen liegendem Stahlblech.

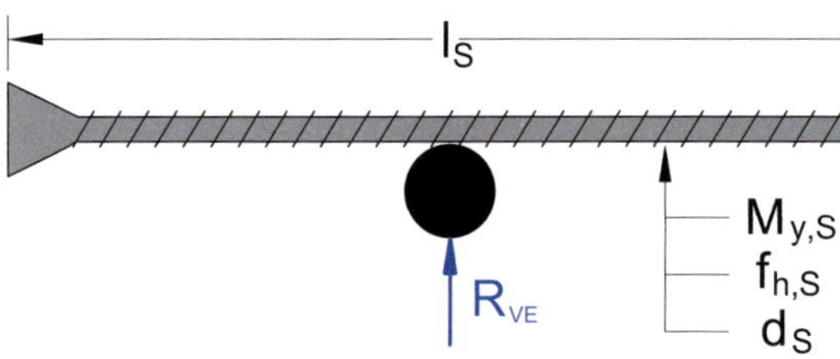

Die Tragfähigkeit R_{VE} je Verstärkungselement bei Beanspruchung durch einen Stabdübel (Fall A) wird nach Gleichung (53) berechnet. Hierbei wird angenommen, dass der Stabdübel in der Mitte der Vollgewindeschraube angreift.

$$R_{VE} = \min\{R_{A1}, R_{A2}, R_{A3}\} \tag{53}$$

mit

$$R_{A1} = f_{h,S} \cdot d_S \cdot l_S \tag{54}$$

$$R_{A2} = f_{h,S} \cdot d_S \cdot l_S \cdot \left[\sqrt{\frac{16 \cdot M_{y,S}}{f_{h,S} \cdot d_S \cdot l_S^2} + 2} - 1\right] \tag{55}$$

$$R_{A3} = 4 \cdot \sqrt{M_{y,S} \cdot f_{h,S} \cdot d_S} \tag{56}$$

Fall B: Das Verstärkungselement wird durch zwei Stabdübel beansprucht. Der Abstand zwischen den Stabdübeln beträgt a_2. Die Abstände zwischen dem linken Stabdübel und dem Schraubenkopf sowie zwischen dem rechten Stabdübel und der Schraubenspitze sind identisch.

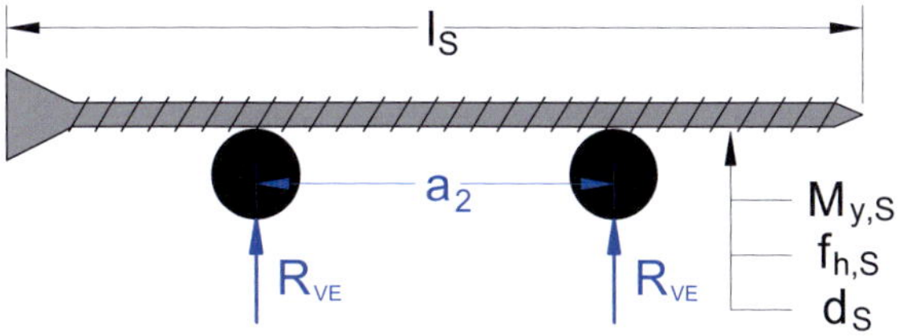

Die Tragfähigkeit R_{VE} je Verstärkungselement bei Beanspruchung durch zwei Stabdübel (Fall B) wird nach Gleichung (57) berechnet.

$$R_{VE} = \min\{R_{B1}, R_{B2}, R_{B3}, R_{B4}, R_{B5}, R_{B6}\} \tag{57}$$

mit

$$R_{B1} = 0{,}5 \cdot f_{h,S} \cdot d_S \cdot l_S \tag{58}$$

$$R_{B2} = \frac{f_{h,S} \cdot d_S \cdot l_S}{2} \cdot \left[\sqrt{\frac{16 \cdot M_{y,S}}{f_{h,S} \cdot d_S \cdot l_S^2} + 2 \cdot \left(\frac{a_2}{l_S} - 1 \right)^2} + 2 \cdot \frac{a_2}{l_S} - 1 \right] \tag{59}$$

$$R_{B3} = \frac{f_{h,S} \cdot d_S \cdot a_2}{2} + \sqrt{2} \cdot \sqrt{2 \cdot M_{y,S} \cdot f_{h,S} \cdot d_S} \tag{60}$$

$$R_{B4} = 4 \cdot \sqrt{M_{y,S} \cdot f_{h,S} \cdot d_S} \tag{61}$$

$$R_{B5} = \frac{f_{h,S} \cdot d_S \cdot l_S}{2} \cdot \left[\sqrt{\frac{16 \cdot M_{y,S}}{f_{h,S} \cdot d_S \cdot l_S^2} + 2 \cdot \left(\frac{a_2}{l_S} - 1 \right)^2} + 4 \cdot \sqrt{\frac{M_{y,S}}{f_{h,S} \cdot d_S \cdot l_S^2}} + \frac{a_2}{l_S} - 1 \right] \tag{62}$$

$$R_{B6} = \frac{f_{h,S} \cdot d_S \cdot l_S}{2} \cdot \left[\sqrt{\frac{8 \cdot M_{y,S}}{f_{h,S} \cdot d_S \cdot l_S^2} + \left(\frac{a_2}{l_S} - 1 \right)^2} - \frac{a_2}{l_S} + 1 \right] \tag{63}$$

Diese Gleichungen gelten nur für eine symmetrische Anordnung der Stabdübel. Hier sind die Abstände zwischen dem linken Stabdübel und dem Schraubenkopf sowie zwischen dem rechten Stabdübel und der Schraubenspitze gleich.

Bei der Beanspruchung des Verstärkungselementes durch einen Stabdübel können nur drei Versagensmechanismen auftreten.

Bei der symmetrischen Beanspruchung des Verstärkungselementes durch zwei Stabdübel können mindestens sechs Versagensmechanismen auftreten. Rechnerisch werden jedoch nur die vorgestellten sechs Versagensmechanismen maßgebend.

Im Vergleich zur Berechnung konventioneller mehrschnittiger Stahlblech-Holz-Verbindungen ist bei durch zwei Stabdübel beanspruchte Verstärkungselemente zu beachten, dass sich das Verstärkungselement an der Stelle der Lasteinleitung schräg stellen kann. Bei mehrschnittigen Stahlblech-Holz-Verbindungen wird dagegen an der Stelle der innen liegenden Stahlbleche eine Einspannung des stiftförmigen Verbindungsmittels zugrunde gelegt. Damit entsprechen nur fünf der vorgestellten sechs Versagensmechanismen denjenigen für mehrschnittige Stahlblech-Holz-Verbindungen mit zwei innen liegenden Stahlblechen. Der Versagensmechanismus B6 nach Gleichung (63) ist ein neuer Versagensmechanismus. Dieser tritt nur auftritt, wenn sich das Verstärkungselement an der Stelle der Lasteinleitung schräg stellt.

Bei verstärkten Verbindungen mit mehreren nebeneinander angeordneten Stabdübeln können die Verstärkungselemente durch mehr als zwei Stabdübel beansprucht werden. Eine Erweiterung der Gleichungen auf mehr als zwei nebeneinander angeordnete Stabdübel ist jedoch ohne weiteres möglich. Die Tragfähigkeit der Verstärkungselemente bei Beanspruchung durch mehr als zwei nebeneinander angeordnete Stabdübel kann z. B. durch die Kombination der Tragfähigkeiten der Verstärkungselemente bei Beanspruchung durch einen und/oder zwei Stabdübel bestimmt werden. Hierbei ist jedoch zu berücksichtigen, dass sich das Verstärkungselement an der Stelle der Stabdübel verdrehen bzw. schräg stellen kann.

Zur leichteren Abschätzung der einzelnen Versagensmechanismen sind nachfolgend zwei Diagramme angegeben. Mit Hilfe dieser Diagramme kann in Abhängigkeit vom Verhältnis a_2 und/oder ℓ_S zu $(M_{y,S} / f_{h,S} \cdot d_S)^{0,5}$ der maßgebende Versagensmechanismus für den Verstärkungsfall A und B ermittelt werden.

In Bild 5-12 ist das Diagramm zur Bestimmung des maßgebenden Versagensmechanismus für den Verstärkungsfall A dargestellt. Zur Bestimmung des maßgebenden Versagensmechanismus für den Verstärkungsfall B ist das entsprechende Diagramm in Bild 5-13 dargestellt.

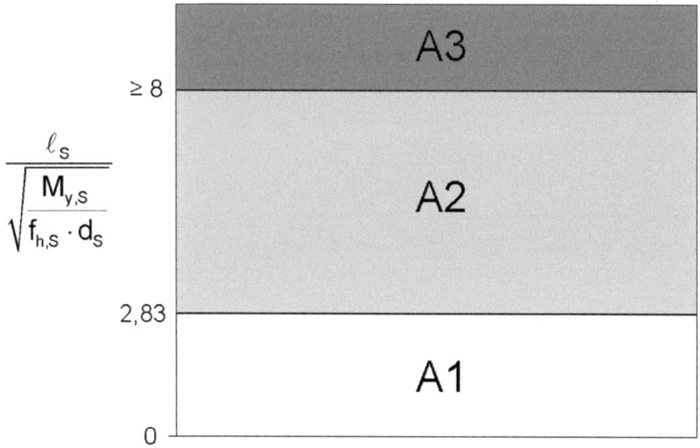

Bild 5-12 Maßgebender Versagensmechanismus für Verstärkungstyp A

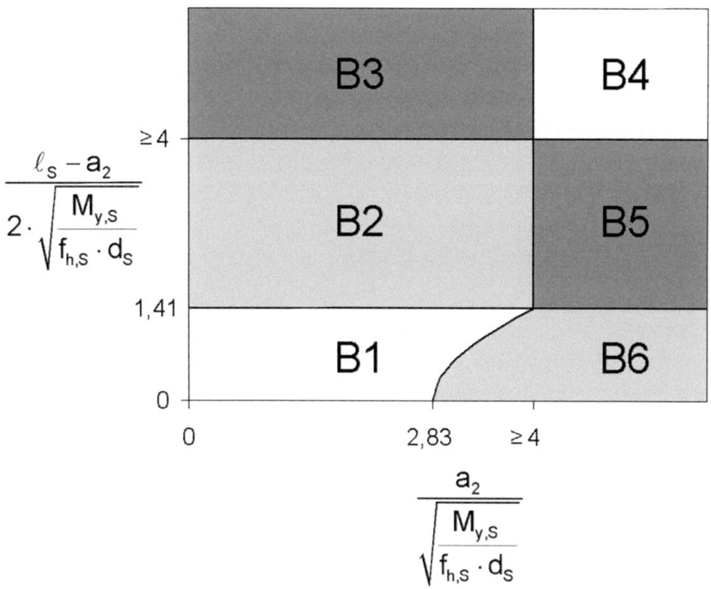

Bild 5-13 Maßgebender Versagensmechanismus für Verstärkungstyp B

5.3 Finite-Elemente-Modell für verstärkte Verbindungen

Mit Hilfe der in den Abschnitten 5.2.2 bis 5.2.4 (vgl. Anhang 9.5 und 9.6) angegebenen Gleichungen werden verstärkte Stahlblech-Holz- sowie Holz-Holz-Verbindungen berechnet. Hierzu wurden vereinfachende Annahmen für das Last-Verformungs-Verhalten bei Lochleibungsbeanspruchung des Holzes und der Verbindungsmittel bei Biegebeanspruchung getroffen. Die Tragfähigkeit unter Berücksichtigung des tatsächlichen Last-Verformungs-Verhaltens für das Holz und für die stiftförmigen Verbindungsmittel kann numerisch mit Hilfe der Methode der Finiten-Elemente berechnet werden.

Zur Verifizierung der vorgestellten Gleichungen und der getroffenen Annahmen wird nachfolgend ein Finite-Elemente-Modell für unverstärkte sowie verstärkte Stahlblech-Holz-Verbindungen unter Berücksichtigung des tatsächlichen Last-Verformungs-Verhaltens für das Holz und für die Verbindungsmittel vorgestellt (Bild 5-14). Durch einfache Ergänzungen und Veränderungen kann dieses Berechnungsmodell auch auf andere Zugscherverbindungen, wie zum Beispiel Holz-Holz-Verbindungen, erweitert werden. Zur Berechnung der Systeme wurde das Finite-Elemente-Programm Ansys verwendet.

Stiftförmige Verbindungsmittel mit beliebigen Querschnitten können im Finite-Elemente-Programm Ansys durch zweidimensionale Beam23-Stabelemente mit nichtlinearen Materialeigenschaften abgebildet werden. Bei diesen Stabelementen können die Spannungen in der Mitte, am Rand sowie 30% oberhalb und unterhalb der Systemachse im Querschnitt ausgegeben werden. Damit können an jeder Stelle eines stiftförmigen Verbindungsmittels der Spannungszustand (elastisch, elastisch-plastisch sowie vollplastisch) und die zugehörigen Spannungen im Querschnitt ausgegeben werden.

Mit Hilfe der Beam23-Stabelemente wurden die Hauptverbindungselemente sowie die Verstärkungselemente unter Berücksichtigung des realitätsgetreuen Last-Verformungs-Verhaltens bei Biegebeanspruchung abgebildet. In Bild 5-14 sind die Hauptverbindungselemente als [1], die Verstärkungselemente als [3] dargestellt.

Die Eigenschaften des Holzes in unmittelbarer Nähe des stiftförmigen Verbindungsmittels werden durch zweidimensionale Combin39-Federelemente mit nichtlinearen Materialeigenschaften abgebildet. Combin39-Federelemente bilden sowohl das nichtlineare Lochleibungsverhalten des Holzes bei Beanspruchung durch stiftförmige Verbindungsmittel als auch das nichtlineare Ausziehverhalten der Verstärkungselemente ab.

Das Lochleibungsverhalten des Holzes bei Beanspruchung durch die Hauptverbindungselemente ist als [2], dasjenige bei Beanspruchung durch die Verstärkungselemente als [4] abgebildet. Für das Lochleibungsverhalten [2] wurde eine 3-parametrische Exponentialfunktion nach Werner (1993), für das Lochleibungsverhalten [4] die in Abschnitt 2.1 ermittelte 3-parametrische Exponentialfunktion angesetzt.

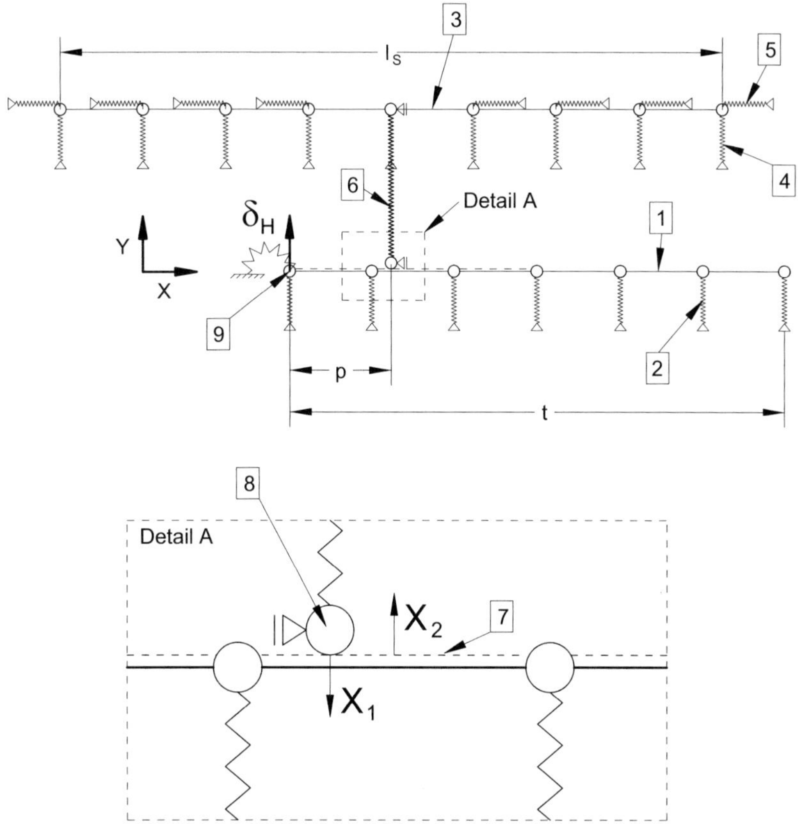

Bild 5-14 Finite-Elemente-Modell zur Berechnung von unverstärkten sowie verstärkten Verbindungen

Zusätzlich zur Lochleibungsfestigkeit des Holzes wurde der Ausziehwiderstand der Verstärkungselemente modelliert. Das in Abschnitt 2 ermittelte Ausziehverhalten wurde in Form von Combin39-Federelementen [5] berücksichtigt. Da als Hauptverbindungselemente vorwiegend glattschaftige Stabdübel eingesetzt werden, wurde für die Hauptverbindungselemente kein Ausziehwiderstand berücksichtigt. Dennoch kann durch Hinzufügen von Kontaktelementen, insbesondere bei profilierten Hauptverbindungselementen, die Reibung zwischen der Oberfläche des Holzes und der Oberfläche der stiftförmigen Verbindungsmittel abgebildet werden.

Den Schnittpunkt zwischen diesen Stab- und Federelementen bilden Knoten, welche in einem Abstand von 5 mm zueinander angeordnet sind. Konvergenzuntersuchungen haben gezeigt, dass ausgehend von dem gewähltem Knotenabstand bis hin zu einer vollständigen Bettung des Verbindungsmittels die numerischen Ergebnisse um weniger als 5% voneinander abweichen. Mit kleinerem Knotenabstand steigt jedoch die Berechnungszeit überproportional an.

Die Koppelung zwischen den Hauptverbindungs- und den Verstärkungselementen wird ebenfalls durch ein Combin39-Federelement 6 gebildet. Dieses Element wird in einem Abstand p zur Fuge an das Hauptverbindungselement angebracht und ist mit dem Verstärkungselement direkt verbunden. Im Vergleich zu einem steifen Verbindungsstab zwischen dem Hauptverbindungs- und dem Verstärkungselement kann mit Hilfe dieses Combin39-Federelementes ein herstellungsbedingter Abstand zwischen dem Hauptverbindungs- und dem Verstärkungselement modelliert werden. Für den Fall, dass die Verstärkungselemente in einem Abstand $a_{1,v}$ zum Hauptverbindungselement angebracht werden, und damit bis zu einer Verschiebung $a_{1,v}$ der Hauptverbindungselemente keinen Verstärkungseffekt aufweisen, kann das Last-Verformungs-Verhalten des Kopplungselementes nach Bild 5-15 berücksichtigt werden.

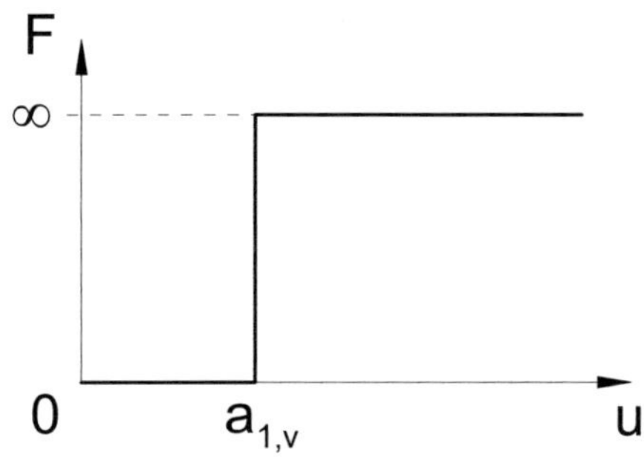

Bild 5-15 Last-Verformungs-Verhalten des Kopplungselementes

Bis zu einer Verschiebung $a_{1,v}$, die dem herstellungsbedingten Abstand zwischen dem Hauptverbindungs- und dem Verstärkungselement entspricht, ist die Steifigkeit des Federelementes gleich Null. Das Verstärkungselement weist keinen Verstärkungseffekt auf. Anschließend kann durch eine „unendliche" Federsteifigkeit eine Last aus dem Hauptverbindungselement in das Verstärkungselement übertragen werden. Werden die Verstärkungselemente unmittelbar an die Hauptverbindungselemente angebracht, ist $a_{1,v} = 0$.

In Bild 5-14, Detail A ist die Schnittstelle zwischen dem Kopplungselement und den Stabelementen des Hauptverbindungselementes dargestellt. Bei einer Verschiebung des Hauptverbindungselementes rechtwinklig zu seiner Achse um δ_H (Abscheren), verschieben sich die Knoten des Hauptverbindungselementes in Richtung der Y-Achse und in Richtung der X-Achse. Mit steigender Verschiebung rechtwinklig zur Stabachse steigt die Relativverschiebung in X-Richtung zwischen dem Hauptverbindungselement und dem Verstärkungselement. Damit aufgrund dieser Relativverschiebung keine Zwängungen im Kopplungselement entstehen, wurde dieses gleitend auf dem Hauptverbindungselement angebracht. Die Eigenschaft des Gleitens wird durch Kontaktelemente Contact48 zwischen dem untersten Knoten des Kopplungselementes und den Stäben des Hauptverbindungselementes dargestellt. Sind die Normalenvektoren des Kontaktelementes [8] und des Zielelementes [7] identisch, kann zwischen beiden Elementen eine Kraft übertragen werden. Wirken die Normalenvektoren in entgegen gesetzte Richtung, kann vom Hauptverbindungselement in das Verstärkungselement keine Kraft übertragen werden. Durch die Steuerung der Richtung der Normalenvektoren können ohne Änderung des Finite-Elemente-Systems verstärkte und unverstärkte Verbindungen gleichermaßen modelliert und berechnet werden. Für den Reibbeiwert zwischen dem Kontakt- und dem Zielelement wurde $\mu = 0$ gesetzt. Hierbei kann der Reibbeiwert jedoch beliebig geändert werden. Dies kann dann notwendig werden, wenn Verstärkungselemente mit einer profilierten Oberfläche direkt an Hauptverbindungselemente mit einer ebenfalls profilierten Oberfläche angebracht werden. Dies erfordert jedoch eine sehr präzise Herstellung der Verstärkung.

Die Berechnung jedes Finite-Elemente-Systems erfolgt schrittweise. Hierbei wird das Hauptverbindungselement an der Stelle der Fuge [9], rechtwinklig zu seiner Achse von $\delta_H = 0$ mm bis $\delta_H = 15$ mm in 0,2 mm-Schritten verschoben. Zu jedem Verschiebungsschritt wird die Last aufgezeichnet. Im zeitgesteuerten Postprozessor des Finite-Elemente-Programms Ansys kann abschließend aus den berechneten Wertepaaren (Last und dazugehörige Verschiebung) eine Last-Verformungskurve für unverstärkte oder verstärkte Verbindungen unter Berücksichtigung des realitätsgetreuen Last-Verformungs-Verhaltens ausgegeben werden.

Bei Stahlblech-Holz-Verbindungen wird zwischen dicken und dünnen Stahlblechen unterschieden. Der Unterschied zwischen beiden Systemen ist die Lagerung des Hauptverbindungselementes im Stahlblech. Bei dünnen Stahlblechen kann sich das Hauptverbindungselement im Stahlblech frei verdrehen, bei dicken Stahlblechen ist eine Verdrehung des Hauptverbindungselementes im Stahlblech nicht möglich. Diese Eigenschaft wird im Finite-Elemente-Modell durch eine Behinderung der Verdrehung des Knotens [9] gesteuert.

Eine genaue Nachbildung der Lagerung des Hauptverbindungselementes im Stahlblech ist zwar möglich, aber nicht sinnvoll, weil in der Praxis der Lochdurchmesser im Stahlblech vom Durchmesser des Hauptverbindungselementes in der Regel abweicht. Damit sind der Schlupf und folglich die Spannungsverteilung im Loch bei jeder Verbindung unterschiedlich.

Die Betrachtung der Grenzfälle „Einspannung des Stiftes“ oder „gelenkige Lagerung des Stiftes“ führt zu einer sinnvolleren Abschätzung der Lagerung des Hauptverbindungselementes im Stahlblech.

Das vorgestellte numerische Modell soll die Möglichkeit einer realitätsgetreuen Nachbildung des Last-Verformungs-Verhaltens von unverstärkten sowie verstärkten Verbindungen zeigen. Durch einfache Änderungen im System können verschiedene Verbindungstypen, wie zum Beispiel Holz-Holz-Verbindungen, modelliert und berechnet werden.

Weil das Finite-Elemente-Modell lediglich zur Verifizierung der getroffenen Annahmen bei der analytischen Herleitung der Gleichungen zur Berechnung der Traglast von verstärkten Verbindungen dienen soll, wurden keine weiteren Finite-Elemente-Berechnungen für weitere Verbindungstypen durchgeführt.

Im Rahmen dieser Arbeit wurden 2088 Last-Verschiebungs-Diagramme mit Hilfe der Finite-Elemente-Methode berechnet. Hierbei wurden für verstärkte Stahlblech-Holz-Verbindungen folgende Parameter variiert:

Durchmesser des Hauptverbindungselementes d:	d = 8, 16, 24, 32 mm
Durchmesser des Verstärkungselementes d_S:	d_S = 6, 8, 10, 12 mm
Länge des Hauptverbindungselementes l:	l = 100, 300, 500 mm
Dicke des anzuschließenden Holzes t = 0,5 · l:	t = 50, 150, 250 mm
Länge des Verstärkungselementes l_S:	l_S = 100, 200, 300 mm
Rohdichte des Holzes:	ρ = 350, 400, 450 kg/m^3
Fließspannung des Hauptverbindungselementes f_y:	f_y = 240, 360 N/mm^2
Stahlblechdicke:	dünn, dick

Unter Berücksichtigung sämtlicher Parameter wurden somit 1728 verstärkte Stahlblech-Holz-Verbindungen berechnet.

Darüber hinaus wurden 360 unverstärkte Stahlblech-Holz-Verbindungen modelliert. Dabei wurden folgende Parameter variiert:

Durchmesser des Hauptverbindungselementes d:	d = 8, 16, 24, 32 mm
Länge des Hauptverbindungselementes l:	l = 100, 300, 500 mm

Dicke des anzuschließenden Holzes $t = 0{,}5 \cdot l$: $t = 50, 150, 250$ mm

Rohdichte des Holzes: $\rho = 300, 350, 400, 450, 500$ kg/m^3

Fließspannung des Hauptverbindungselementes f_y: $f_y = 240, 360, 600$ N/mm^2

Stahlblechdicke: dünn, dick

Der Abstand $a_{1,v}$ zwischen dem Hauptverbindungselement und dem Verstärkungselement wurde bei allen Finite-Elemente-Modellen zu $a_{1,v} = 0$ gesetzt. Damit wurde nur der Fall eines direkten Kontaktes zwischen dem Verstärkungselement und dem Hauptverbindungselement untersucht. Der Abstand p zwischen der Fuge und dem Verstärkungselement wurde bei allen Finite-Elemente-Systemen zu $p = 2{,}5 \cdot d_S$ angenommen. Dieser Abstand entspricht dem Abstand in den Traglastversuchen.

Das Lochleibungsverhalten des Holzes bei Beanspruchung durch die Verstärkungselemente $f_{h,S}$ wurde in Abhängigkeit von der Rohdichte und vom Durchmesser des stiftförmigen Verbindungsmittels aus der in Abschnitt 2.1 angegebenen 3-parametrischen Näherungsfunktion berechnet. Das Fließmoment der Hauptverbindungselemente wurde mit einer Fließspannung $f_y = 240$, 360 oder 600 N/mm^2, dasjenige der Verstärkungselemente mit der in Abschnitt 2.7 angegebenen Fließspannung berechnet. Das Last-Verformungs-Verhalten der Verstärkungselemente bei Beanspruchung auf Herausziehen entspricht demjenigen nach Bild 2-33.

Aus den aufgezeichneten Last-Verformungs-Diagrammen für unverstärkte und verstärkte Stahlblech-Holz-Verbindungen wurden die Traglasten sowie die Steifigkeiten je Hauptverbindungselement und Scherfuge berechnet. In Bild 5-16 ist eine numerisch ermittelte Last-Verformungs-Kurve einer zugehörigen Versuchskurve gegenübergestellt.

Beide Kurven stellen das Last-Verformungs-Verhalten einer verstärkten Verbindung dar. Unter Vernachlässigung geringer Abweichungen stimmen im gesamten nichtlinearen Bereich beide Kurven sehr gut überein.

Zur Verifizierung der Annahmen für das Last-Verformungs-Verhalten der Verstärkungselemente bei Beanspruchung auf Abscheren wurden die Quotienten aus der maximalen axialen Beanspruchung zur axialen Tragfähigkeit der Verstärkungselemente berechnet. Damit soll gezeigt werden, dass wegen der geringen Verschiebung der Verstärkungselemente rechtwinklig zu ihrer Achse keine nennenswerte Zugkräfte im Verstärkungselement auftreten und folglich die axiale Tragfähigkeit der Verstärkungselemente in der Regel nicht erreicht wird. Konsequenterweise wäre damit die Vernachlässigung des Ausziehwiderstandes der Verstärkungselemente im analytischen Berechnungsmodell bestätigt.

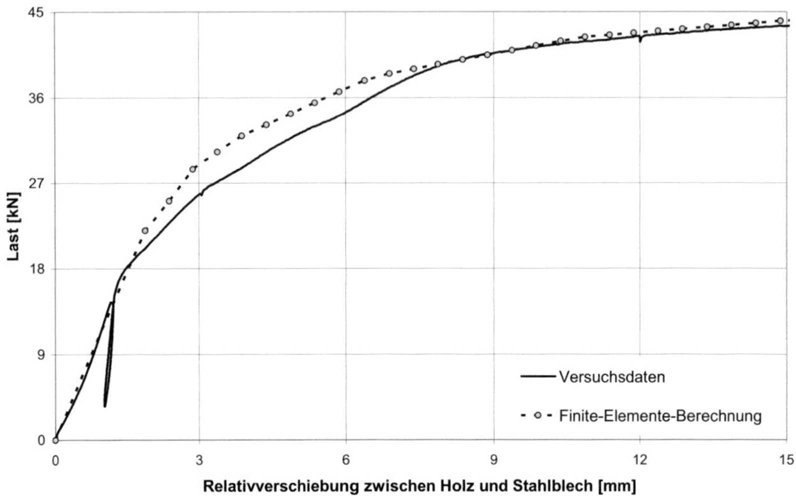

Bild 5-16 Gegenüberstellung des Last-Verformungs-Verhaltens aus einer Finite-Elemente-Berechnung sowie aus einem Versuch für eine verstärkte Stahlblech-Holz-Verbindung

In Bild 5-17 sind 2088 numerisch ermittelte Traglasten den analytisch berechneten Traglasten für unverstärkte sowie verstärkte Verbindungen gegenübergestellt. Trotz unterschiedlicher Annahmen für das Last-Verformungs-Verhalten des Holzes und der Verbindungsmittel beträgt die größte Abweichung zwischen den numerisch und den analytisch berechneten Traglasten lediglich 15%. Bei der numerischen Berechnung wurde das tatsächliche, bei der analytischen Berechnung ein idealisiertes Last-Verformungs-Verhalten für das Holz und die stiftförmigen Verbindungsmittel angenommen. Diese gute Korrelation zwischen den numerisch und den analytisch berechneten Traglasten bestätigt die getroffenen Annahmen.

Obwohl im Finite-Elemente-Modell das realitätsgetreue Last-Verformungs-Verhalten der Verstärkungselemente bei Beanspruchung auf Herausziehen berücksichtigt wurde, konnte in keinem der 1728 berechneten Systeme die axiale Tragfähigkeit der Verstärkungsschrauben erreicht werden. Der größte Verhältniswert der axialen Kraftkomponente zur axialen Tragfähigkeit der Verstärkungselemente betrug 63%. Bei 50% der Simulationen lag das Verhältnis zwischen der axialen Kraftkomponente und der axialen Tragfähigkeit des Verstärkungselementes unter 11%. Die Summenhäufigkeit des Anteiles der axialen Kraftkomponente zur Tragfähigkeit der Verstärkungselemente ist in Bild 5-18 dargestellt.

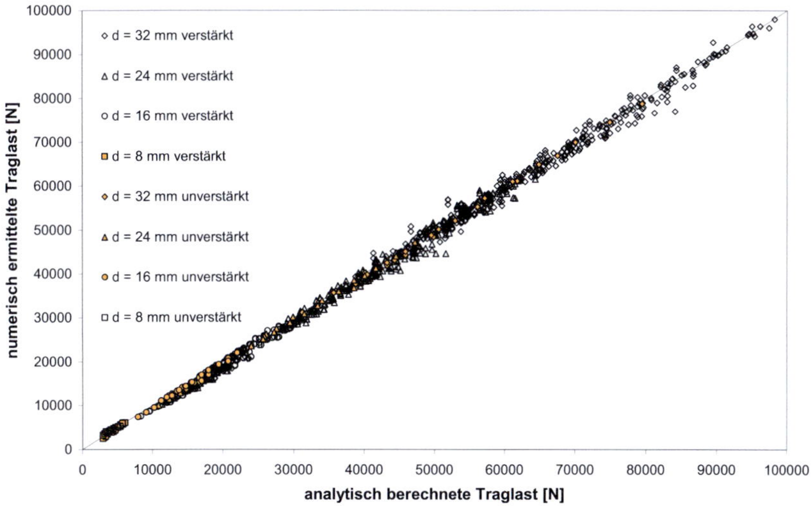

Bild 5-17 Numerisch ermittelte Traglasten über analytisch berechnete Traglasten

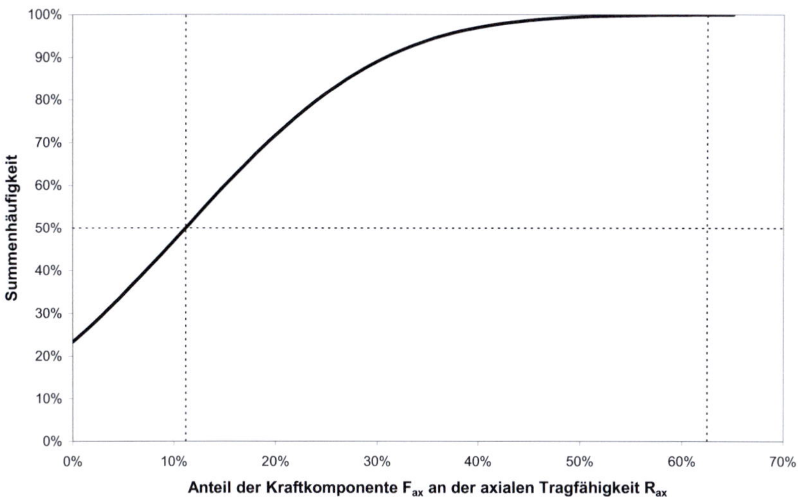

Bild 5-18 Summenhäufigkeit des Anteiles F_{ax} / R_{ax}

Bei 23% der untersuchten Systeme wird das Verstärkungselement auf Herausziehen überhaupt nicht beansprucht. Dieser Fall tritt auf, wenn das Verstärkungselement für den Fall einer „harten“ Verstärkung als Auflager wirkt oder für den Fall einer „weichen“ Verstärkung sich infolge seiner hohen Biegetragfähigkeit nicht verbiegt und folglich, ohne axiale Bewegungen nur rechtwinklig zu seiner Achse in das Holz eingedrückt wird.

In den folgenden beiden Bildern ist die Wirksamkeit dieser Verstärkungsmethode dargestellt. In Abhängigkeit vom Durchmesser des Hauptverbindungselementes (Stabdübels) und des Verstärkungselementes (Vollgewindeschraube) ist der Zuwachs der Traglast einer verstärkten Verbindung im Vergleich zu einer geometrisch identischen, jedoch unverstärkten Verbindung dargestellt. In Bild 5-19 ist der Traglastzuwachs aus den analytischen Berechnungen, in Bild 5-20 derjenige aus den numerischen Berechnungen dargestellt.

Der Vergleich zwischen beiden Bildern bestätigt die Übereinstimmung zwischen analytischer und numerischer Berechnung. Weiterhin ist zu erkennen, dass der Verstärkungseffekt mit zunehmenden Durchmesser der Hauptverbindungselemente steigt. Der höchste Verstärkungseffekt wird erreicht, wenn der Durchmesser der Verstärkungselemente in etwa 30% bis 40% des Durchmessers der Hauptverbindungselemente entspricht und die Verstärkungselemente mit dem kleinsten möglichen Abstand zur Fuge direkt an die Hauptverbindungselemente angebracht werden.

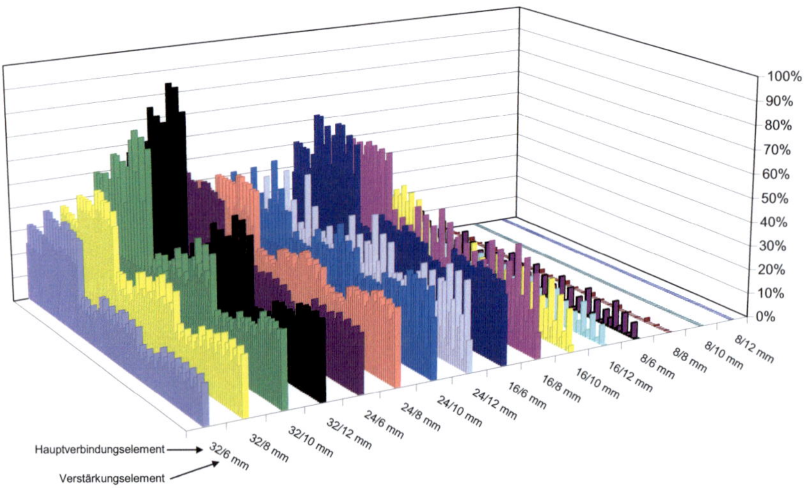

Bild 5-19 Traglastzuwachs aus analytischer Berechnung

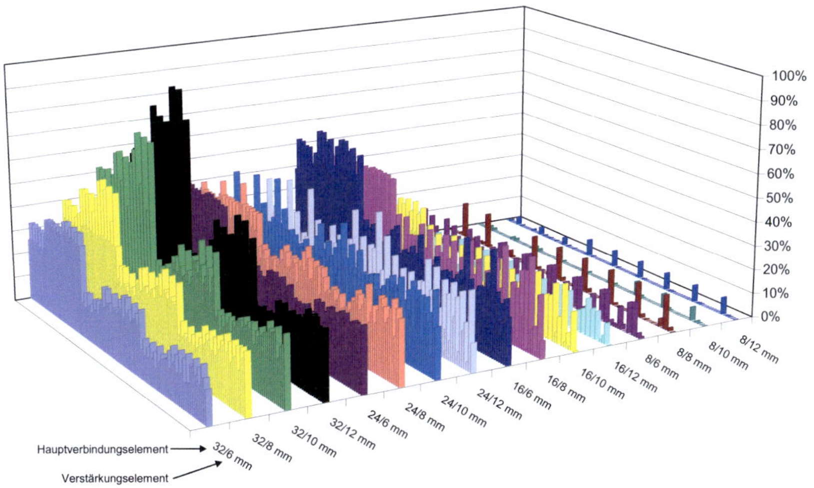

Bild 5-20 Traglastzuwachs aus numerischer Berechnung

Im Rahmen dieser Arbeit wurden die Tragfähigkeiten von verstärkten Verbindungen und zur Verifizierung der Ergebnisse von unverstärkten Verbindungen analytisch sowie numerisch berechnet. Eine analytische Ermittlung der Steifigkeiten von verstärkten oder unverstärkten Verbindungen ist jedoch nahezu unmöglich, weil hierzu für sämtliche Parameter das Last-Verformungs-Verhalten im linear-elastischen Bereich berücksichtigt werden muss.

Ehlbeck und Werner haben aus Versuchen an Holz-Holz-Verbindungen mit stiftförmigen Verbindungsmitteln den Verschiebungsmodul bestimmt (Ehlbeck und Werner, 1992). Dieser ist in erster Linie vom Durchmesser des Verbindungsmittels sowie von der Rohdichte des Holzes abhängig. Einen Einfluss weiterer Parameter, wie zum Beispiel der Holzdicke oder der Fließspannung der Verbindungsmittel, konnten Ehlbeck und Werner aufgrund einer zu geringen Anzahl der Versuche nicht ermitteln. Nach Ehlbeck und Werner (1992) wird der Verschiebungsmodul K_{ser} je Verbindungsmittel und Scherfuge nach folgender Gleichung berechnet:

$$K_{ser} = \frac{\rho^{1,5} \cdot d}{20} \quad \text{in } \frac{\text{N}}{\text{mm}} \tag{64}$$

mit

ρ Rohdichte des Holzes in kg/m^3

d Durchmesser in mm

Obwohl Gleichung (64) aus Versuchen an Holz-Holz-Verbindungen ermittelt wurde, wird sie gleichermaßen zur Berechnung des Verschiebungsmoduls von Stahlblech-Holz-Verbindungen eingesetzt. Zahlreiche Versuche bestätigen jedoch, dass für Stahlblech-Holz-Verbindungen der Verschiebungsmodul nicht mit Gleichung (64) übereinstimmt.

Aus insgesamt 360 numerisch ermittelten Last-Verformungs-Diagrammen für unverstärkte Stahlblech-Holz-Verbindungen mit dicken und dünnen Stahlblechen (je 180 Simulationen) wurden die Verschiebungsmoduln $K_{ser,num}$ ausgewertet und den nach Gleichung (64) berechneten Werten gegenübergestellt.

Folgende Parameter wurden zur Bestimmung der 360 numerischen Last-Verformungs-Diagramme variiert:

Durchmesser des Hauptverbindungselementes d:	d = 8, 16, 24, 32 mm
Länge des Hauptverbindungselementes l:	l = 100, 300, 500 mm
Dicke des anzuschließenden Holzes $t = 0{,}5 \cdot l$:	t = 50, 150, 250 mm
Rohdichte des Holzes:	ρ = 300, 350, 400, 450, 500 kg/m^3
Fließspannung des Hauptverbindungselementes f_y:	f_y = 240, 360, 600 N/mm^2
Stahlblechdicke:	dünn, dick

In Bild 5-21 sind für alle 360 Simulationen die Summenhäufigkeiten der Abweichungen des numerisch ermittelten Verschiebungsmoduls $K_{ser,num}$ zu dem nach Gleichung (64) berechneten Wert K_{ser} angegeben. Die schwarze Kurve der Summenhäufigkeit zeigt die Abweichung $K_{ser,num}$ zu K_{ser} bei unverstärkten Stahlblech-Holz-Verbindungen mit dicken Stahlblechen, der graue Verlauf diejenige bei unverstärkten Stahlblech-Holz-Verbindungen mit dünnen Stahlblechen.

Gleichung (64) unterscheidet nicht zwischen der Dicke des Stahlbleches und folglich nicht zwischen der Lagerung des Hauptverbindungselementes im Stahlblech (dickes bzw. dünnes Stahlblech). Die unterschiedlichen Verläufe der Summenhäufigkeit bestätigen jedoch, dass die Stahlblechdicke (dickes bzw. dünnes Stahlblech) einen Einfluss auf den Verschiebungsmodul hat.

Für unverstärkte Stahlblech-Holz-Verbindungen mit dünnen Stahlblechen ist die mittlere Abweichung zwischen $K_{ser,num}$ und K_{ser} nach Gleichung (64) mit etwa 10% gering. Für unverstärkte Stahlblech-Holz-Verbindungen mit dicken Stahlblechen ist die mittlere Abweichung zwischen $K_{ser,num}$ und K_{ser} mit etwa 150% sehr groß. Die maximale Abweichung zwischen $K_{ser,num}$ und K_{ser} nach Gleichung (64) beträgt sogar 400%.

Damit ist Gleichung (64) zur Bestimmung des Verschiebungsmoduls bei Stahlblech-Holz-Verbindungen, insbesondere mit dicken Stahlblechen, ungeeignet. Allerdings muss an dieser Stelle erwähnt werden, dass der Fall eines „übergroßen" Bohrloches im Rahmen dieser Untersuchungen nicht berücksichtigt wurde.

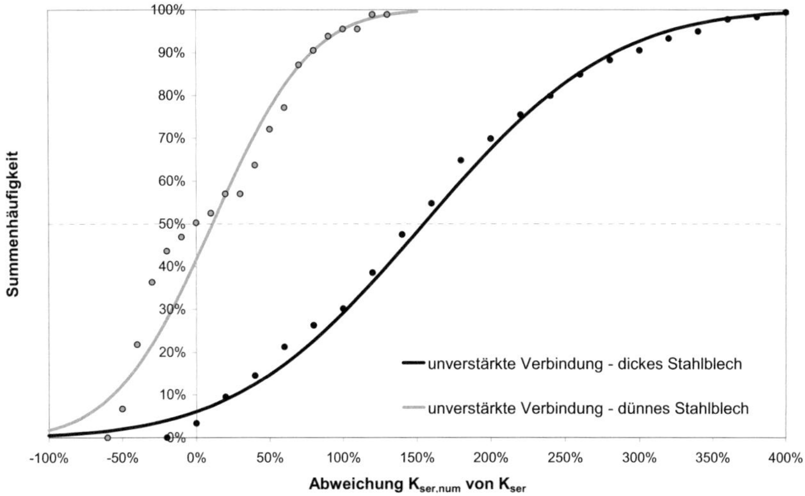

Bild 5-21 Summenhäufigkeiten der Abweichung des numerisch ermittelten Verschiebungsmoduls zu dem nach Gleichung (64) berechneten Wert

Vergleicht man nur die numerischen Ergebnisse untereinander, sind die Verschiebungsmoduln von verstärkten Stahlblech-Holz-Verbindungen im Mittel um 24% größer als diejenigen von unverstärkten Stahlblech-Holz-Verbindungen (Bild 5-22). Diese Differenz gilt jedoch nur, wenn die Verstärkungselemente direkt im Kontakt an die Hauptverbindungselemente angebracht werden.

Zur Quantifizierung des Verschiebungsmoduls von Stahlblech-Holz-Verbindungen wurden aus den 360 Finite-Elemente-Berechnungen an unverstärkten Verbindungen die Verschiebungsmoduln mit Hilfe einer multiplen Regressionsanalyse ausgewertet. Da die Verschiebungsmoduln für verstärkte Stahlblech-Holz-Verbindungen im Mittel um 24% und im günstigsten Fall um 60% größer sind als diejenigen für unverstärkte Verbindungen (siehe Bild 5-22), können folgende Gleichungen auch auf verstärkte Verbindungen übertragen werden.

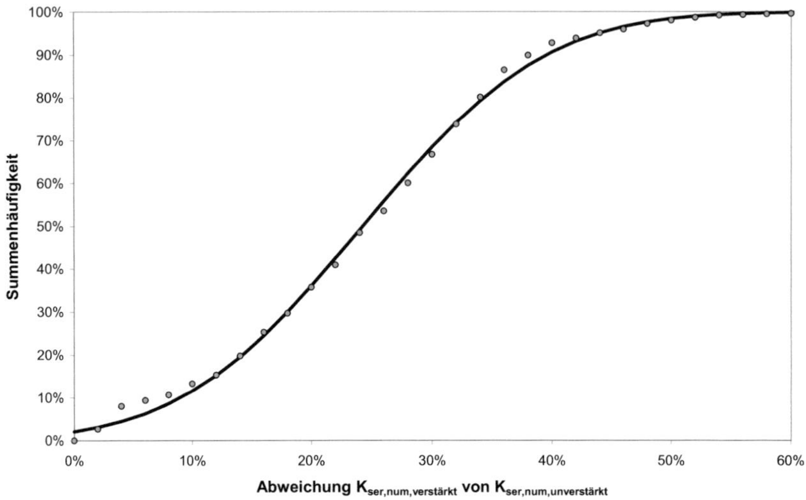

Bild 5-22 Summenhäufigkeit der Abweichung des Verschiebungsmoduls für verstärkte Verbindungen zu demjenigen für unverstärkte Verbindungen (Vergleich der Ergebnisse aus numerischer Berechnung)

Mit einem Korrelationskoeffizienten von R = 0,983 kann der Verschiebungsmodul für Stahlblech-Holz-Verbindungen unter der Annahme einer freien Verdrehung des Stabdübels im Stahlblech (dünnes Stahlblech), nach folgender Gleichung berechnet werden:

$$K_{ser,G} = 0{,}037 \cdot \rho^{0,82} \cdot d^{1,41} \cdot t^{0,66} \quad \text{in } \frac{\text{N}}{\text{mm}} \tag{65}$$

Die Berechnung des Verschiebungsmoduls für Stahlblech-Holz-Verbindungen unter der Annahme einer Einspannung des Stabdübels im Stahlblech (dickes Stahlblech), wird nach Gleichung (66) empfohlen. Hierbei beträgt der Korrelationskoeffizient R = 0,989.

$$K_{ser,E} = 0{,}31 \cdot \rho^{0,72} \cdot d^{1,54} \cdot t^{0,25} \cdot f_y^{\,0,16} \quad \text{in } \frac{\text{N}}{\text{mm}} \tag{66}$$

mit

ρ Rohdichte des Holzes in kg/m³

d Durchmesser des Hauptverbindungselementes in mm

t Stahlblechdicke in mm

f_y Fließspannung des Hauptverbindungselementes in N/mm^2

Im Vergleich zum Verschiebungsmodul nach Gleichung (64) ist der Verschiebungsmodul $K_{ser,G}$ zusätzlich von der Dicke des Holzes abhängig. Beim Verschiebungsmodul $K_{ser,E}$ nach Gleichung (66) für Stahlblech-Holz-Verbindungen mit einem dicken Stahlblech kommt als weiterer Parameter noch die Fließspannung des Hauptverbindungselementes hinzu.

Der Verschiebungsmodul nach Gleichung (65) gilt für den Extremfall einer gelenkigen Lagerung des Hauptverbindungselementes. Der Extremfall einer Einspannung des Hauptverbindungselementes im Stahlblech wird mit Gleichung (66) beschrieben. Da der Lochdurchmesser im Stahlblech in der Regel nicht gleich dem Durchmesser eines Verbindungsmittels ist, liegen die tatsächlichen Werte der Verschiebungsmoduln in der Regel zwischen den Werten aus diesen beiden Gleichungen.

Ein Vergleich zwischen den Verschiebungsmoduln aus Versuchen, den Verschiebungsmoduln nach Gleichung (64) sowie den Verschiebungsmoduln aus der Finite-Elemente-Berechnung wird im folgenden Abschnitt dargestellt.

5.4 Versuche an mit selbstbohrenden Vollgewindeschrauben verstärkten Verbindungen

Zur weiteren Verifizierung analytischer und numerischer Berechnungen wurden Versuche an unverstärkten und verstärkten Stahlblech-Holz-Verbindungen sowie Holz-Holz-Verbindungen durchgeführt.

Insgesamt 26 Versuchsreihen in drei unterschiedlichen Versuchsgruppen wurden im Rahmen dieses Vorhabens geprüft.

In der ersten Versuchsgruppe wurden Stahlblech-Holz-Verbindungen mit innen liegenden und außen liegenden dicken und dünnen Stahlblechen mit Stabdübeln oder Bolzen als Hauptverbindungselemente geprüft. Hierbei wurden in jeder Versuchsreihe geometrisch gleiche verstärkte und, zum Vergleich der Ergebnisse, unverstärkte Versuchskörper geprüft. Bei jedem Versuchskörper wurden maximal zwei Hauptverbindungselemente nebeneinander angeordnet. Da ein Spalten des Holzes als Versagen nicht maßgebend war, konnten die Last-Verformungs-Diagramme bis zu einer Verschiebung von 15 mm aufgezeichnet werden. Die Ergebnisse aus dieser Versuchsgruppe dienen zur Verifizierung der berechneten Verschiebungsmoduln und der berechneten Tragfähigkeiten. Darüber hinaus kann im Vergleich zwischen den Ergebnissen für unverstärkte und verstärkte Verbindungen der Zuwachs der Traglast auch experimentell ermittelt werden.

In der zweiten Versuchsgruppe wurden zur Verifizierung der berechneten Verschiebungsmoduln Versuche an unverstärkten Stahlblech-Holz-Verbindungen mit innen liegenden Stahlblechen und Stabdübeln durchgeführt. Bei dieser Versuchsgruppe wurden in Abhängigkeit von der Versuchsreihe drei bis fünf Hauptverbindungselemente hintereinander in Faserrichtung des Holzes angeordnet. Verbindungen mit mehreren hintereinander angeordneten Verbindungsmitteln neigen zu Spalten, wenn gleichzeitig der faserparallele Abstand der Verbindungsmittel untereinander zu gering ist. Bei fast allen Versuchskörpern aus dieser Versuchsgruppe war Spalten des Holzes die Bruchursache. Diese Bruchursache trat jedoch im Übergang zwischen dem ausgeprägten linear-elastischen und dem plastischen Bereich auf. Daher können diese Versuche nicht zur Verifizierung der Traglasten, sondern nur zur Verifizierung der berechneten Verschiebungsmoduln herangezogen werden.

In der dritten Versuchsgruppe wurden einschnittige und zweischnittige Holz-Holz-Verbindungen geprüft. Hierbei wurden entsprechend den Versuchen aus der ersten Versuchsgruppe paarweise geometrisch identische, unverstärkte und verstärkte Verbindungen mit zwei faserparallel angeordneten Stabdübelreihen geprüft. Die Ergebnisse aus dieser Versuchsgruppe dienen zur Verifizierung der berechneten Traglasten für unverstärkte und verstärkte Verbindungen und zur Verifizierung des Traglastzuwachses.

Die erste Versuchsgruppe wurde in 10 Versuchsreihen unterteilt. In jeder Versuchsreihe wurden 5 gleiche Versuchskörper geprüft. Die wichtigsten Eigenschaften der Versuchskörper sind in Tabelle 5-1 in den ersten 10 Zeilen dargestellt. In der ersten Spalte sind die Prüfkörperbezeichnungen dargestellt. Versuchskörper der Versuchsreihe S wurden mit Stabdübeln, Versuchskörper der Versuchsreihe B mit Bolzen hergestellt. In der zweiten Spalte ist die Anzahl der Versuchskörper je Versuchsreihe angegeben. Bei Versuchskörpern des Typs H-S-H (Spalte 3) wurde ein 10 mm dickes Stahlblech mittig zwischen zwei Holzteile eingefügt. Bei Versuchskörpern des Typs S-H-S wurden zwei 10 mm dicke außen liegende Stahlbleche an ein Holzteil angebracht. Die mittlere Rohdichte des Holzes aller Versuchskörper aus einer Versuchsreihe ist in Spalte 4 angegeben. Die Dicke der angeschlossenen Holzteile betrug bei dieser ersten Versuchsgruppe t = 60 mm. Der Durchmesser der Hauptverbindungselemente (Stabdübel oder Bolzen) ist in Spalte 7, die zugehörige Fließspannung in Spalte 8 angegeben. Die Fließspannung wurde den Herstellerangaben für die verwendeten Bolzen und Stabdübel entnommen. In Spalte 9 ist die Anzahl der Hauptverbindungselemente rechtwinklig zur Faser sowie in Faserrichtung dargestellt. Der Abstand a_2 der Hauptverbindungselemente untereinander rechtwinklig zur Faser ist in Spalte 13 angegeben. Die Eigenschaften der Verstärkungselemente (Durchmesser d_S, Gewindelänge l_S, Anzahl der Vollgewindeschrauben sowie der Abstand p der Vollgewindeschrauben zur Fuge) sind in den Spalten 10 bis 14 dargestellt. Bei verstärkten Verbindungen wurden die Verstärkungselemente rechtwinklig zur Achse der Hauptverbindungselemente und rechtwinklig zur Faserrichtung des Holzes bündig an die Hauptverbindungselemente eingedreht. Die Breite der Hölzer entsprach bei allen Versuchskörpern der Länge l_S = 130 mm der Verstärkungselemente. Die mittlere Traglast je Scherfuge und Hauptverbindungselement ist in Spalte 15, der mittlere Verschiebungsmodul K_{ser} je Scherfuge und Hauptverbindungselement in Spalte 16 angegeben. Der Verschiebungsmodul K_{ser} wurde aus der Steigung der Last-Verformungs-Kurve zwischen 10% und 40% der Höchstlast ermittelt.

Tabelle 5-1 Zusammenstellung der Ergebnisse

Prüfkörper	Anzahl n [-]	Typ [-]	mittlere Rohdichte ρ [kg/m³]	Hauptverbindungselemente t_1 [mm]	t_2 [mm]	d [mm]	f_y [N/mm²]	VM-Anzahl rechtw./ parallel	Verstärkungselemente d_S [mm]	l_S [mm]	Abstand p [mm]	a_2 [mm]	VM Anzahl [-]	Traglast je SF/VM R_{VM} [kN]	Steifigkeit je SF/VM $K_{ser,VM}$ [kN/mm]
S-2-8-0	5	H-S-H	412	60		8	600	2 / 1	-	-	-	40	-	**7,65**	**4,65**
S-2-8-1	5	H-S-H	425	60		8	600	2 / 1	7,5	130	15	40	1	**9,33**	**4,69**
S-1-16-0	5	H-S-H	406	60		16	240	1 / 1	-	-	-	-	-	**16,1**	**10,2**
S-1-16-1	5	H-S-H	416	60		16	240	1 / 1	7,5	130	15	-	1	**22,6**	**9,89**
S-1-24-0	5	H-S-H	396	60		24	240	1 / 1	-	-	-	-	-	**32,0**	**20,8**
S-1-24-2	5	H-S-H	407	60		24	240	1 / 1	7,5	130	15	-	2	**53,5**	**24,1**
B-2-8-0	5	S-H-S	397	60		8	430	2 / 1	-	-	-	40	-	**6,38**	**3,59**
B-2-8-2	5	S-H-S	401	60		8	430	2 / 1	7,5	130	15	40	2	**12,6**	**3,80**
B-1-20-0	5	S-H-S	411	60		20	430	1 / 1	-	-	-	-	-	**16,9**	**4,78**
B-1-20-2	5	S-H-S	414	60		20	430	1 / 1	7,5	130	15	-	2	**31,2**	**6,05**
S-5/100-16	11	H-S-H	465	100		16	240	1 / 5	-	-	-	-	-	*)	**14,5**
S-3/50-24	2	H-S-H	474	50		24	360	1 / 3	-	-	-	-	-	*)	**38,2**
S-4/50-24	2	H-S-H	506	50		24	360	1 / 4	-	-	-	-	-	*)	**22,9**
S-5/50-24	3	H-S-H	449	50		24	600	1 / 5	-	-	-	-	-	*)	**28,7**
S-3/100-24	8	H-S-H	469	100		24	600	1 / 3	-	-	-	-	-	*)	**45,2**
S-3/100-24	7	H-S-H	469	100		24	360	1 / 3	-	-	-	-	-	*)	**38,2**
S-4/100-24	6	H-S-H	465	100		24	360	1 / 4	-	-	-	-	-	*)	**40,3**
S-5/100-24	1	H-S-H	450	100		24	360	1 / 5	-	-	-	-	-	*)	**47,7**
H-24-0	5	H-H	412	50	50	24	240	1 / 2	-	-	-	-	-	**13,1**	**11,2**
H-24-1	5	H-H	409	50	50	24	240	1 / 2	7,5	180	15	-	1	**19,1**	**13,6**
H-16-0	5	H-H	415	40	40	16	240	2 / 2	-	-	-	60	-	**7,6**	**7,61**
H-16-1	5	H-H	399	40	40	16	240	2 / 2	7,5	180	15	60	1	**11,5**	**8,92**
H-20-0	5	H-H-H	392	100	60	20	240	2 / 2	-	-	-	60	-	**19,6**	**8,66**
H-20-1	5	H-H-H	403	100	60	20	240	2 / 2	7,5	180	15	60	1	**24,5**	**9,12**
H-30-0	5	H-H-H	415	100	100	30	240	1 / 2	-	-	-	-	-	**34,9**	**12,3**
H-30-1	5	H-H-H	408	100	100	30	240	1 / 2	7,5	180	15	-	1	**42,3**	**13,9**

*) Traglast konnte nicht ermittelt werden, weil Proben vorzeitig gespalten sind

Die zweite Versuchsgruppe wurde in 8 Versuchsreihen unterteilt. In jeder Versuchsreihe (siehe Tabelle 5-1, Zeile 11 bis 18) wurden zur Verifizierung der berechneten Verschiebungsmoduln zweischnittige Stahlblech-Holz-Verbindungen mit innen liegenden, 10 mm dicken Stahlblechen (Typ H-S-H) und Stabdübeln als Hauptverbindungselemente geprüft. Die mittlere Rohdichte der Hölzer, die Dicke der Hölzer, der Durchmesser sowie die Fließspannung der Hauptverbindungselemente sind in den Spalten 4 bis 8 angegeben. Die Breite der Hölzer betrug bei allen Versuchskörpern 200 mm. Die Anordnung der Hauptverbindungselemente (Anzahl rechtwinklig sowie parallel zur Faser) ist in Spalte 9 dargestellt. Der Abstand der Hauptverbindungselemente in Faserrichtung wurde zu $a_1 = 5 \cdot d$ gewählt. In Spalte 16 sind zur Verifizierung der berechneten Verschiebungsmoduln die mittleren Werte der Verschiebungsmoduln je Scherfuge und Hauptverbindungselement angegeben.

Die dritte Versuchsgruppe wurde ebenfalls in 8 Versuchsreihen unterteilt. In jeder Versuchsreihe wurden 5 gleiche Versuchskörper geprüft. Verbindungen vom Typ H-H (Spalte 3) entsprechen einschnittigen Holz-Holz-Verbindungen, diejenigen vom Typ H-H-H entsprechen zweischnittigen Holz-Holz-Verbindungen. Die mittlere Rohdichte der Versuchskörper bezogen auf eine Versuchsreihe ist in Spalte 4 angegeben. Die Dicken t_1 und t_2 der angeschlossenen Holzteile sind in Spalte 5 und 6 dargestellt. Bei zweischnittigen Verbindungen vom Typ H-H-H entspricht die Dicke t_1 dem Seitenholz, die Dicke t_2 dem Mittelholz. Als Hauptverbindungselemente wurden bei dieser Versuchsgruppe nur Stabdübel mit einem Durchmesser nach Spalte 7, mit einer Fließspannung nach Spalte 8 und mit einer Anordnung nach Spalte 9 eingesetzt. Die Breite der Hölzer betrug 180 mm und entsprach der Länge der Verstärkungselemente. Weitere Angaben zu den Verstärkungselementen sind in den Spalten 10 bis 14 angegeben. Die mittlere Traglast je Scherfuge und Hauptverbindungselement ist in Spalte 15, der mittlere Verschiebungsmodul K_{ser} je Scherfuge und Hauptverbindungselement in Spalte 16 angegeben. Der Verschiebungsmodul K_{ser} wurde aus der Steigung der Last-Verformungs-Kurve zwischen 10% und 40% der Höchstlast ermittelt.

In Bild 5-23 sind für alle Versuchsreihen aus der ersten und der dritten Versuchsgruppe die Versuchsergebnisse den nach Abschnitt 5.2.2 und 5.2.3 (vgl. Anlage 9.5 und 9.6) berechneten Tragfähigkeiten je Scherfuge und Verbindungsmittel dargestellt. In jeder Spalte sind die Einzelwerte für unverstärkte (Reihe xxx-0) sowie für geometrisch identische, verstärkte Versuchskörper (Reihe xxx-1 oder xxx-2) dargestellt. Zum Vergleich der Ergebnisse wurden die Tragfähigkeiten nach Abschnitt 5.2.2 und 5.2.3 (vgl. Anlage 9.5 und 9.6) mit den in Tabelle 5-1 angegebenen Parametern und mit der mittleren Rohdichte des Holzes berechnet. Unterhalb jeder Spalte ist der prozentuelle Zuwachs Δ der Traglast für verstärkte Verbindungen im Vergleich zu unverstärkten Verbindungen dargestellt. Δ_V entspricht dem mittleren Zuwachs der Versuchstraglast. Δ_{Gl} entspricht dem Zuwachs der berechneten Traglast.

Bei den Versuchsreihen in Spalte 1 und 2 sowie 6 bis 9 entsprechen die berechneten Traglasten praktisch den Versuchsergebnissen. Ebenso entspricht der Zuwachs der Versuchstraglast Δ_V dem berechneten Zuwachs Δ_{Gl} der Traglast. Bei diesen Versuchsreihen wurde jeweils nur ein Verstärkungselement in einem Abstand p zur Fuge im Kontakt mit den Hauptverbindungselementen angeordnet.

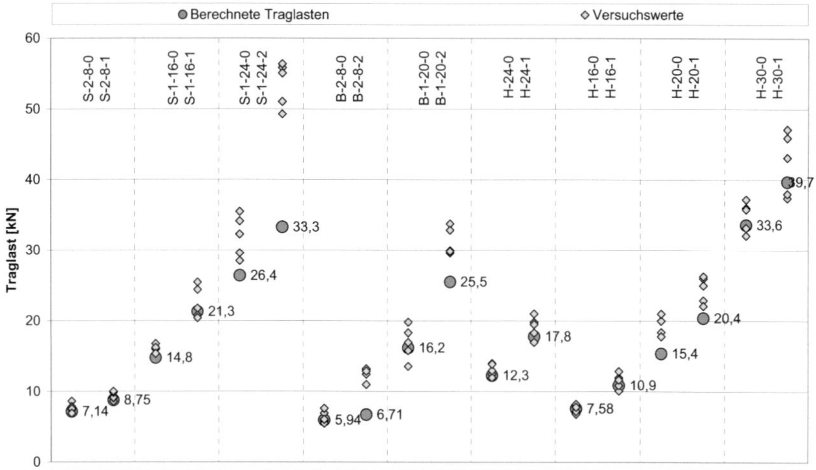

Δ_V = 21,9%	Δ_V = 40,3%	Δ_V = 67,3%	Δ_V = 97,0%	Δ_V = 84,8%	Δ_V = 46,2%	Δ_V = 51,6%	Δ_V = 24,5%	Δ_V = 21,3%
Δ_{Gl} = 22,5%	Δ_{Gl} = 43,9%	Δ_{Gl} = 26,1%	Δ_{Gl} = 13,0%	Δ_{Gl} = 57,4%	Δ_{Gl} = 44,7%	Δ_{Gl} = 43,8%	Δ_{Gl} = 32,5%	Δ_{Gl} = 18,2%

Bild 5-23 Versuchsergebnisse und berechnete Traglasten für unverstärkte und verstärkte Verbindungen

Bei den Versuchsreihen in Spalte 3 bis 5 stimmen die berechneten Traglasten für unverstärkte Verbindungen ebenfalls mit den Versuchsergebnissen überein. Bei den verstärkten Verbindungen wurden im Vergleich zu den berechneten Werten jedoch deutlich höhere Traglasten erreicht. Hierbei wurden zwei Verstärkungselemente je Hauptverbindungsmittel direkt an das Hauptverbindungselement angebracht. Der Abstand zwischen dem ersten Verstärkungselement und der Fuge betrug p. In einem Abstand von 20 mm zu dem ersten Verstärkungselement wurde dann das zweite Verstärkungselement angebracht. Die in den Abschnitten 5.2.2 und 5.2.3 angegebenen Gleichungen gelten nur für Verbindungen mit einem Verstärkungselement. Damit lassen sich die Tragfähigkeiten und folglich der Traglastzuwachs nicht miteinander vergleichen. Da jedoch ein zusätzliches Verstärkungselement die Tragfähigkeit einer Verbindung positiv beeinflusst, können die angegebenen Gleichungen konservativ auch für mehrere Verstärkungselemente je Hauptverbindungselement angewendet werden.

Nachfolgend sind Bilder von geprüften Verbindungen dargestellt. In Bild 5-24 ist ein Schnitt durch einen unverstärkten Versuchskörper aus der Versuchsreihe S-2-8-0 dargestellt. Die Verformungsfigur entspricht dem berechneten Versagensmechanismus. In Bild 5-25 ist ein Schnitt durch einen verstärkten Versuchskörper aus der Versuchsreihe S-2-8-1 dargestellt. Hier ist der berechnete Versagensmechanismus „3-

hart“ mit zwei Fließgelenken zu erkennen. Die Fließgelenke bildeten sich an der Stelle der „harten“ Verstärkungselemente aus.

Bild 5-24 Schnitt durch einen unverstärkten Versuchskörper der Reihe S-2-8-0

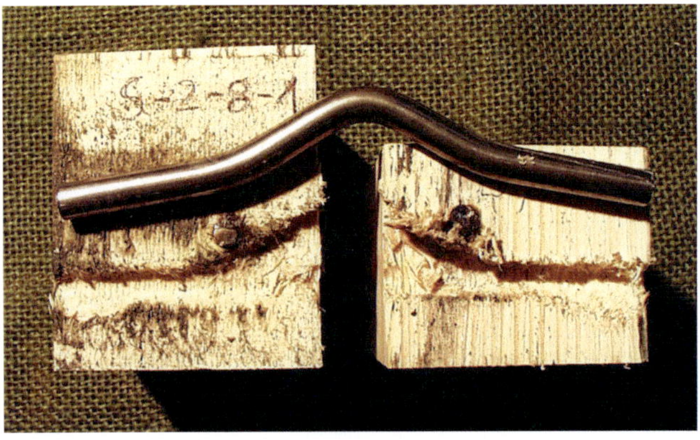

Bild 5-25 Schnitt durch einen verstärkten Versuchskörper der Reihe S-2-8-1

Schnitte durch Versuchskörper aus der Versuchsreihe S-1-16-0 und S-1-16-1 sind in Bild 5-26 dargestellt. Im Vergleich zur Versuchsreihe S-2-8-1 konnte sich das Verstärkungselement in Richtung der Last mit verschieben. Dieser „weiche“ Versagensmechanismus 2 entspricht dem berechneten und maßgebenden Versagensmechanismus 2 mit einer „weichen“ Verstärkung.

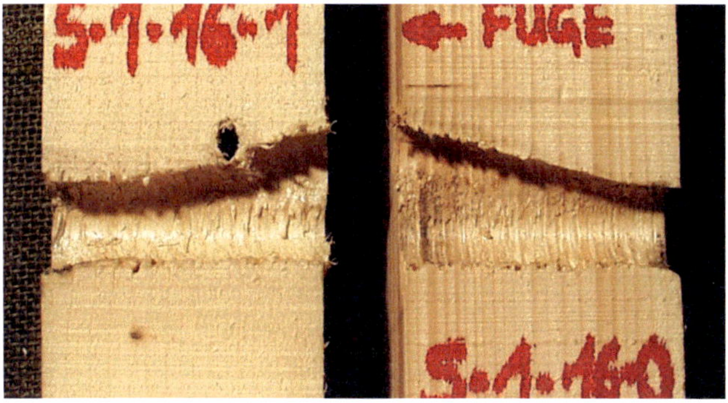

Bild 5-26 Schnitt durch einen verstärkten (links) und durch einen unverstärkten (rechts) Versuchskörper aus der Versuchsreihe S-1-16

Eine verformte Vollgewindeschraube als Verstärkungselement ist in Bild 5-27 dargestellt.

Bild 5-27 Verstärkungselement aus der Versuchsreihe S-1-24-2

In Bild 5-27 ist deutlich der Ausgangszustand sowie der Endzustand der Lage eines Verstärkungselementes zu erkennen.

Zur Überprüfung der Gleichungen zur Berechnung des Verschiebungsmoduls K_{ser} für Stahlblech-Holz-Verbindungen wurden die Verschiebungsmoduln aus der ersten und der zweiten Versuchsgruppe den berechneten Werten gegenübergestellt. In Bild 5-28 sind die Verschiebungsmoduln aus der ersten Versuchsgruppe, in Bild 5-29 diejenigen aus der zweiten Versuchgruppe dargestellt. Für jede Versuchsreihe wurden die nach den Gleichungen (64) bis (66) berechneten Werte den zugehörigen Versuchswerten gegenübergestellt. Die Verschiebungsmoduln wurden hierbei mit der zugehörigen Rohdichte des Holzes sowie mit den entsprechenden mittleren Parametern berechnet.

Die schwarzen Säulen repräsentieren die nach Gleichung (64) bzw. in Anlehnung an DIN 1052:2004-08 berechneten Werte der Verschiebungsmoduln. Diese Werte sind nur vom Durchmesser des stiftförmigen Verbindungsmittels sowie von der Rohdichte des Holzes abhängig. Die weißen Säulen repräsentieren die nach den Gleichungen (65) und (66) berechneten Verschiebungsmoduln $K_{ser,G}$ und $K_{ser,E}$.

Bei Versuchskörpern mit innen liegenden Stahlblechen ist der Verschiebungsmodul $K_{ser,E}$ nach Gleichung (66) maßgebend. Diese Gleichung gilt für Stahlblech-Holz-Verbindungen unter der Annahme einer Einspannung des stiftförmigen Verbindungsmittels im Stahlblech. Diese Annahme trifft bei innen liegenden Stahlblechen immer zu.

Bei Versuchskörpern mit außen liegenden, dünnen Stahlblechen wird der Verschiebungsmodul nach Gleichung (65) unter der Annahme einer drehfreien Lagerung des stiftförmigen Verbindungsmittels im Stahlblech berechnet. Der Fall einer drehfreien Lagerung des stiftförmigen Verbindungsmittels konnte nur bei der Versuchsreihe B-1-20-0/2 angenommen werden. Bei diesen zweischnittigen Verbindungen mit außen liegenden Stahlblechen der Dicke $t = 10$ mm und Verbindungsmitteln mit einem Durchmesser von $d = 20$ mm konnten sich die Verbindungsmittel im Stahlblech frei verdrehen. Bei der Versuchsreihe B-2-8-0/2 mit dünnen Verbindungsmitteln ($d = 8$ mm, $t = 10$ mm) konnte keine drehfreie Lagerung angenommen werden. Bei dieser Versuchsreihe können die Verbindungsmittel in den Stahlblechen als eingespannt betrachtet werden.

Alle Versuchskörper wurden ohne Schlupf im Stahlblech hergestellt. Die Passbolzen und die Stabdübel wurden passgenau in die Bauteile aus Holz und Stahl eingesetzt.

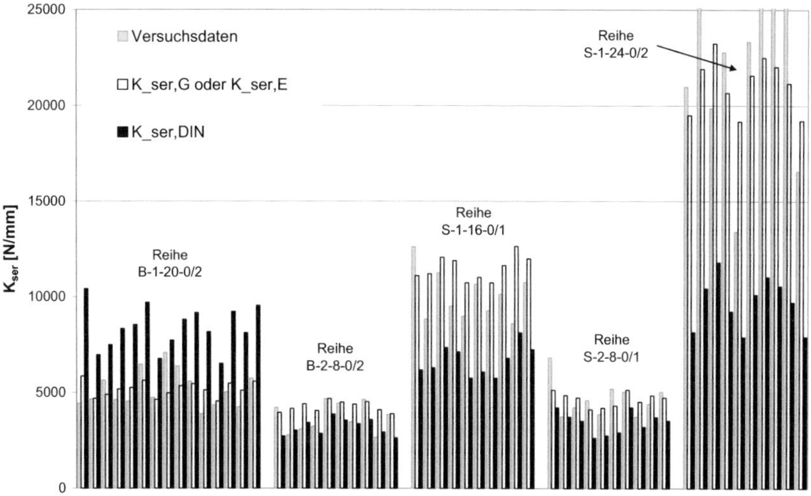

Bild 5-28 Gegenüberstellung der Verschiebungsmoduln für die erste Versuchsgruppe aus Versuchen, nach Gleichung (64) und nach den Gleichungen (65) und (66)

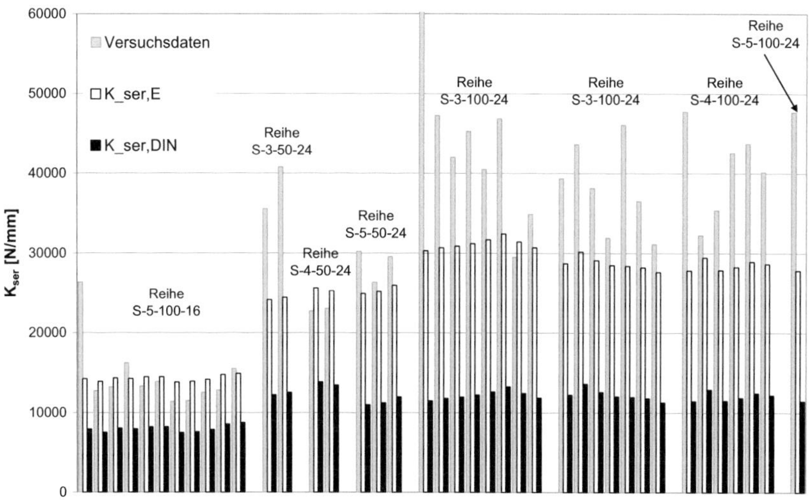

Bild 5-29 Gegenüberstellung der Verschiebungsmoduln für die zweite Versuchsgruppe aus Versuchen, nach Gleichung (64) und nach Gleichung (66)

Die nach Gleichung (65) berechneten Verschiebungsmoduln $K_{ser,G}$ für drehfrei gelagerte stiftförmige Verbindungsmittel sind deutlich kleiner als die nach Gleichung (64) berechneten Werte K_{ser} (siehe Versuchsreihe B-1-20-0/2 in Bild 5-28). Die nach Gleichung (66) berechneten Verschiebungsmoduln $K_{ser,E}$ für drehsteif gelagerte stiftförmige Verbindungsmittel sind jedoch deutlich größer als die nach Gleichung (64) berechneten Werte K_{ser}. Im Allgemeinen ist jedoch zu erkennen, dass im Vergleich zu den Versuchsergebnissen Gleichungen (65) und (66) deutlich bessere Ergebnisse liefern als Gleichung (64).

5.5 Zusammenfassung

Werden auf Abscheren beanspruchte Stabdübelverbindungen mit selbstbohrenden Vollgewindeschrauben verstärkt, kann die Tragfähigkeit im Vergleich zu konventionellen unverstärkten Verbindungen gesteigert werden. Hierbei müssen die Vollgewindeschrauben als Verstärkungselemente direkt im Kontakt mit den Stabdübeln sowie rechtwinklig zur Beanspruchungsrichtung und rechtwinklig zur Stabdübelachse angeordnet werden.

Die Wirkungsweise dieser Verstärkung kann darüber hinaus gesteigert werden, wenn insbesondere spaltgefährdete Verbindungen verstärkt werden. Spalten kann auftreten, wenn die Abstände der Verbindungsmittel untereinander in Faserrichtung des Holzes zu gering sind. Durch die Anordnung der Vollgewindeschrauben rechtwinklig zur Stabdübelachse kann bei ausreichender Dimensionierung der Verstärkungselemente bei Beanspruchung in Richtung ihrer Achse das Spalten des Holzes wirkungsvoll verhindert werden.

In (Blaß et al. (2005)) ist ein Beispiel zur Dimensionierung der Vollgewindeschrauben als Spaltverstärkung in spaltgefährdeten Verbindungen angegeben. Obwohl in diesem Beispiel die Vollgewindeschrauben in der Mitte zwischen den einzelnen Stabdübeln angeordnet sind, gilt dieses Bemessungsverfahren gleichermaßen für Verstärkungselemente, die direkt im Kontakt mit den Stabdübeln angeordnet sind.

Dieses Bemessungsverfahren basiert auf den Untersuchungen von Schmid (2002). Schmid empfiehlt, die auf Herausziehen beanspruchten Vollgewindeschrauben als Spaltverstärkung für 30% der Beanspruchung der Stabdübel pro Scherfuge zu bemessen. Das Verstärkungselement ist damit ausreichend dimensioniert, wenn die Kraftkomponente rechtwinklig zur Faser geringer ist als die Tragfähigkeit der Vollgewindeschraube bei Beanspruchung auf Herausziehen.

Ein weiteres Bemessungsverfahren für Vollgewindeschrauben als Spaltverstärkung ist in Bejtka (2005) angegeben. Dieses Verfahren setzt voraus, dass eine spaltgefährdete Verbindung vollständig durchgerissen ist. Das Verstärkungselement ist ausreichend dimensioniert, wenn die Rissöffnung infolge Spalten geringer ist als die zulässige axiale Verschiebung der Vollgewindeschraube bei Beanspruchung auf Herausziehen. Schmid dagegen setzt für sein Verfahren voraus, dass ein Spaltriss nur zwischen dem Verstärkungselement und dem Stabdübel auftreten kann.

Beide Verfahren unterscheiden sich in ihren Annahmen und Ergebnissen. Dennoch sind Verstärkungselemente, die nach beiden Verfahren dimensioniert werden, für gebräuchliche spaltgefährdete Verbindungen mit Stabdübeln oder Bolzen ausreichend bemessen.

Ferner können Verbindungen mit auf Abscheren beanspruchten Stabdübeln oder Bolzen infolge Blockscheren versagen. Das Ausscheren einzelner oder mehrerer Holzblöcke in einer Verbindung kann durch rechtwinklig zur Faserrichtung des Holzes und rechtwinklig zur Stabdübelachse eingedrehte Vollgewindeschrauben nicht verhindert werden. Daher ist es ratsam, insbesondere bei mit selbstbohrenden Vollgewindeschrauben verstärkten Verbindungen den Versagensfall des Blockscherens stets zu berücksichtigen.

Ein Berechnungsverfahren für den Versagensfall des Blockscherens bei Verbindungen mit Stabdübeln oder Bolzen ist in Bejtka (2005) angegeben.

Spröde Versagensfälle wie Spalten und Blockscheren sind in Verbindungen mit stiftförmigen Verbindungsmitteln stets zu vermeiden. Zum einen tritt sprödes Versagen ohne Ankündigung an und zum anderen sind im Vergleich zum duktilen Versagen die Tragfähigkeiten bei sonst gleichen Parametern deutlich geringer. Darüber hinaus gilt das auf der Grundlage der Theorie von Johansen hergeleitete Berechnungsverfahren für mit selbstbohrenden Vollgewindeschrauben verstärkte Stahlblech-Holz- und Holz-Holz-Verbindungen ausschließlich für ein duktiles Last-Verformungs-Verhalten. Das Berechnungsverfahren ist nicht mehr gültig, wenn Verbindungen zum spröden Versagen infolge Spalten oder Blockscheren neigen.

5.6 Berechnungsprogramm

Die Berechnung der Tragfähigkeit von verstärkten Verbindungen ist auf Grund der Vielzahl von Gleichungen (vgl. Anhang 9.5 und 9.6) sehr umständlich. Zur besseren Handhabung der umfangreichen Gleichungen wurde am Lehrstuhl für Ingenieurholzbau und Baukonstruktionen, Universität Karlsruhe (TH) ein Programm zur Berechnung von verstärkten Stabdübelverbindungen entwickelt.

Mit Hilfe dieses Programms kann die Tragfähigkeit der Verstärkungselemente sowie die Tragfähigkeit von verstärkten Stahlblech-Holz- und Holz-Holz-Verbindungen einfach berechnet werden. Dieses Programm ermöglicht weiterhin die Berechnung von unverstärkten konventionellen Verbindungen sowie die Dimensionierung der erforderlichen Spaltverstärkung entsprechend Blaß et al. (2005) und Schmid (2002). Weiterhin wurde das Programm dem Bemessungskonzept der DIN 1052:2004-08 angepasst.

In den folgenden Bildern ist ein Auszug aus dem Berechnungsprogramm dargestellt. Links in Bild 5-30 ist die Oberfläche mit der Eingabe der allgemeinen Parameter dargestellt. Hier werden tragfähigkeitsrelevante Parameter, die für die Ermittlung der Tragfähigkeit der Verstärkungselemente und der Verbindungen notwendig sind, eingegeben. Der Anwender hat darüber hinaus die Wahl, bei der Berechnung unverstärkter und verstärkter Verbindungen die Spaltverstärkung nach Blaß et al. (2005) und Schmid (2002) zu berücksichtigen. Rechts in Bild 5-30 ist die Oberfläche mit der Berechnung der Verstärkungselemente dargestellt. Hier kann die Tragfähigkeit eines Verstärkungselementes für eine Stahlblech-Holz-Verbindung oder beider Verstärkungselemente in einer Holz-Holz-Verbindung unter Berücksichtigung der Verstärkungsart (durch ein oder zwei Stabdübel beanspruchte Vollgewindeschrauben) sowie unter Berücksichtigung aller erforderlichen Parameter ermittelt werden.

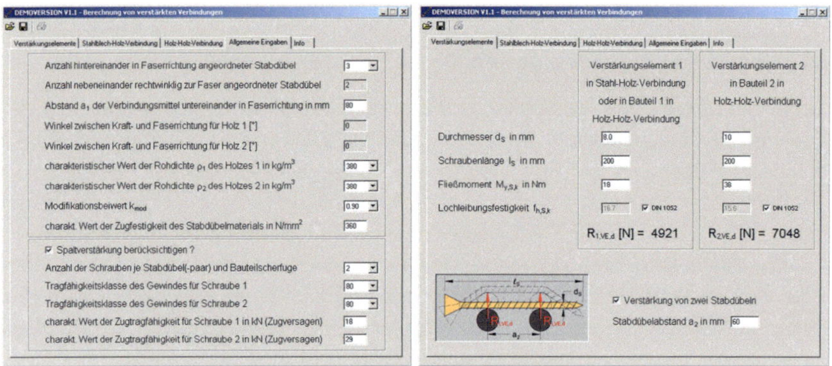

Bild 5-30 Links: Oberfläche mit allgemeinen Eingaben.
Rechts: Oberfläche zur Berechnung der Tragfähigkeit der Vollgewindeschrauben als Verstärkungselemente

Der eigentliche Kernpunkt des Programms ist die Ermittlung der Tragfähigkeit von verstärkten Stahlblech-Holz- und Holz-Holz-Verbindungen. Eine Berechnung ist für alle einschnittigen bzw. zweischnittigen Verbindungen auch unter Berücksichtigung des Spaltens möglich. Entsprechende Zeichnungen und eine Führungshilfe zu den einzelnen Eingabefelder vereinfachen die Eingabe der notwendigen Parameter und die Ermittlung der Tragfähigkeit. Die Programmoberfläche zur Berechnung der Tragfähigkeit von unverstärkten und verstärkten Stahlblech-Holz- und Holz-Holz-Verbindungen ist in Bild 5-31 dargestellt.

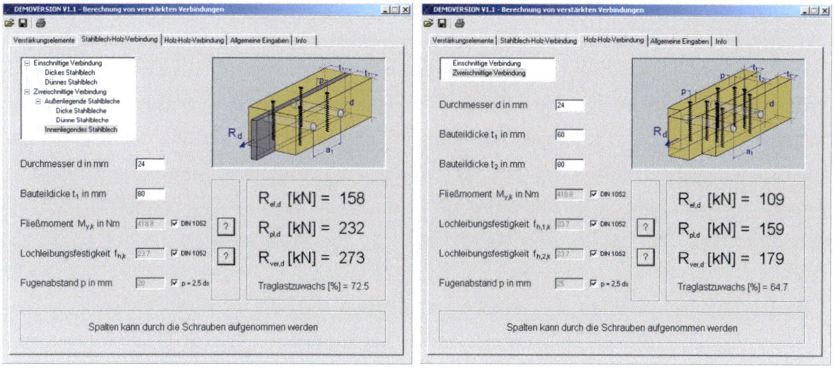

Bild 5-31 Oberflächen zur Berechnung der Tragfähigkeit von unverstärkten und verstärkten Stahlblech-Holz- und Holz-Holz-Verbindungen

Für jeden Verstärkungs- und Verbindungstyp kann eine vollständige Berechnung ausgedruckt werden.

Dieses Berechnungsprogramm kann über den Lehrstuhl für Ingenieurholzbau und Baukonstruktionen, Universität Karlsruhe (TH) bezogen werden.

6 Zusammenfassung

Das Ziel dieses Forschungsvorhabens war die Ermittlung der wichtigsten tragfähigkeitsrelevanten Parameter für selbstbohrende Schrauben zur Ermittlung der Tragfähigkeiten von Holzverbindungen mit stiftförmigen Verbindungsmitteln. Hierbei wurden die Lochleibungsfestigkeit des Holzes, der Ausziehwiderstand sowie die Mindestabstände der Schrauben untereinander und zum Rand für selbstbohrende Holzschrauben bestimmt. Die axiale Grenzverschiebung, der Verschiebungsmodul sowie die Fließmomente von selbstbohrenden Holzschrauben waren weitere Parameter, die im Rahmen dieses Forschungsvorhabens zusätzlich ermittelt wurden. Obwohl zahlreiche Schrauben unterschiedlicher Hersteller und Abmessungen zur Durchführung der Versuche verwendet wurden, können einige der ermittelten Parameter nicht auf alle Holzschrauben übertragen werden. Der Grund hierfür sind die großen Unterschiede in der Ausbildung der Gewindebereiche sowie die Unterschiede im Ausgangsmaterial bzw. im Herstellungsprozess von selbstbohrenden Holzschrauben. Die Gewindegeometrie beeinflusst in erster Linie das Last-Verformungs-Verhalten bei Beanspruchung auf Herausziehen und Abscheren. Die Mindestabstände der Schrauben untereinander sowie zum Rand und das Spaltverhalten werden signifikant durch die Geometrie der Schraubenspitze beeinflusst. Materialeigenschaften, wie z. B. die Zugtragfähigkeit, das Bruchdrehmoment und die Fließmomente von selbstbohrenden Holzschrauben unterscheiden sich auf Grund des unterschiedlichen Ausgangsmaterials sowie unterschiedlicher Herstellungsprozesse.

Mit Hilfe der im Rahmen dieses Forschungsvorhabens ermittelten Parameter kann das Trag- und Verformungsverhalten von selbstbohrenden Holzschrauben bei Beanspruchung rechtwinklig zur Achse und in Achsrichtung gut abgeschätzt werden.

Im Rahmen dieses Forschungsvorhabens wurden weiterhin Untersuchungen an Holz-Holz-Verbindungen mit geneigt angeordneten Schrauben durchgeführt. Ziel dieser Untersuchungen war in erster Linie zu überprüfen, inwieweit die Tragfähigkeit und Steifigkeit von Verbindungen mit mehreren hintereinander geneigt angeordneten Schrauben von der Verbindungsmittelanzahl abhängig sind.

Auf Grund des linear-elastischen Last-Verformungs-Verhaltens von Schrauben bei Beanspruchung auf Herausziehen war zu erwarten, dass mit steigender Anzahl hintereinander angeordneter Schrauben die Tragfähigkeit einer Verbindung bezogen auf ein Verbindungsmittel abnimmt.

Die durchgeführten Versuche mit zweischnittigen Holz-Holz-Verbindungen mit unterschiedlicher Anzahl hintereinander angeordneter Schrauben belegen jedoch, dass zumindest bei Holz-Holz-Verbindungen im Traglastbereich eine Abminderung der tatsächlichen Anzahl hintereinander angeordneter Schrauben auf eine wirksame, kleinere Anzahl nicht notwendig ist. Offensichtlich kann die Last in den äußeren Verbindungsmitteln auf die weniger beanspruchten, in der Mitte der Verbindung angeordneten Verbindungsmittel umverteilt werden. Im Traglastbereich werden somit die Verbindungsmittel durch die Umverteilung der Last in gleicher Höhe beansprucht.

Bis zu 40% der Traglast kann jedoch ein linear-elastisches Last-Verformungs-Verhalten der Schrauben parallel zur Fuge auch bei einer geneigten Anordnung zur Beanspruchungsrichtung angenommen werden. In diesem Bereich gilt damit die Theorie nach Lantos (Lastverteilung nach der Elastizitätstheorie). Damit sinkt die Steifigkeit einer Verbindung mit zunehmender Anzahl hintereinander angeordneter Verbindungsmittel pro Schraube bzw. Schraubenkreuz.

Zur Ermittlung der Steifigkeit von Verbindungen mit mehreren hintereinander angeordneten Schrauben ist es daher ratsam, anstelle der tatsächlichen eine wirksame, kleinere Verbindungsmittelanzahl in Rechnung zu stellen. Die wirksame Verbindungsmittelanzahl kann unter Berücksichtigung der Steifigkeiten der Verbindung und der anzuschließenden Bauteile entsprechend der Theorie von Lantos ermittelt werden.

Abschließend wurde im Rahmen dieses Forschungsvorhabens eine Verstärkungsmethode für konventionelle Verbindungen mit Stabdübeln bzw. Bolzen vorgestellt. Werden Stahlblech-Holz- bzw. Holz-Holz-Verbindungen mit Vollgewindeschrauben verstärkt, kann Spalten vermieden und bei einer geeigneten Anordnung der Vollgewindeschrauben die Tragfähigkeit im Vergleich zu unverstärkten geometrisch identischen Verbindungen gesteigert werden.

Hierzu müssen die Vollgewindeschrauben als Verstärkungselemente im direkten Kontakt zu den Stabdübeln bzw. Bolzen sowie rechtwinklig zur Stabdübelachse und rechtwinklig zur Beanspruchungsrichtung angeordnet werden. Auf der Grundlage der Theorie von Johansen wurde für diese Verstärkungsmethode ein Berechnungsverfahren hergeleitet. Damit können mit selbstbohrenden Vollgewindeschrauben verstärkte Verbindungen unter Berücksichtigung der ermittelten Parameter berechnet werden. Eine Steigerung der Traglast durch die Auflagerwirkung der Schrauben von bis zu 100% konnte durch Versuche bestätigt werden.

Die Berechnung der Tragfähigkeit von mit selbstbohrenden Vollgewindeschrauben verstärkten Verbindungen ist auf Grund der Vielzahl von Gleichungen sehr umständlich. Zur besseren Handhabung dieser Gleichungen wurde am Lehrstuhl für Ingenieurholzbau und Baukonstruktionen, Universität Karlsruhe (TH) ein Programm zur Berechnung von verstärkten Stabdübelverbindungen entwickelt.

7 Literatur

ANSYS: Online Manuals, Release 7.0. Swanson Analysis Systems, Inc., 1998.

Bejtka, I. (2005): Verstärkung von Bauteilen aus Holz mit Vollgewindeschrauben. Band 2 der Reihe „Karlsruher Berichte zum Ingenieurholzbau“, Universitätsverlag Karlsruhe; ISSN 1860-093X; ISBN 3-937300-54-6

Blaß, H.J.; Bejtka, I. (2002a): Standardisierung und Typisierung von Anschlüssen und Verbindungen zur Rationalisierung der Planung und Fertigung im Holz-Wohnhausbau – Teil A. Forschungsbericht 2002. Versuchsanstalt für Stahl, Holz und Steine, Universität Karlsruhe (TH)

Blaß, H.J.; Bejtka, I. (2002b): Joints with Inclined Screws. CIB-W18, paper 35-7-4, Kyoto, Japan

Blaß, H.J.; Bejtka, I. (2003a): Selbstbohrende Holzschrauben und ihre Anwendungsmöglichkeiten. Holzbau Kalender 2004, 3. Jahrgang, Bruderverlag Karlsruhe, ISBN 3-87104-136-X, S.516 – 541

Blaß, H.J.; Bejtka, I. (2003b): Verbindungen mit geneigt angeordneten Schrauben. Bauen mit Holz – Fachzeitschrift für konstruktiven Holzbau und Ausbau. Ausgabe Oktober 2003. S. 28 - 36

Blaß, H.J.; Bejtka. I.; (2003d). Querzugverstärkungen in gefährdeten Bereichen mit selbstbohrenden Holzschrauben. Forschungsbericht des Lehrstuhls für Ingenieurholzbau und Baukonstruktionen, Universität Karlsruhe (TH)

Blaß, H.J.; Ehlbeck, J.; Kreuzinger, H.; Steck, G. (2005). Text und Erläuterungen zur DIN 1052:2004-08. Bruderverlag Albert Bruder, 2005. ISBN 3-87104-146-7

Ehlbeck, J.; (1979). Nailed Joints in wood structures. Virginia polytechnic institute and state university. Wood research and wood construction laboratory, Blacksburg, Virginia, No. 166

Ehlbeck, J.; Görlacher, R. (1982). Mindestabstände bei Stahlblech-Holz-Nagelverbindungen. Forschungsbericht, Versuchsanstalt für Stahl, Holz und Steine, Abteilung Ingenieurholzbau, Universität Karlsruhe (TH)

Ehlbeck, J.; Siebert, W. (1988). Ermittlung der Mindestholzabmessungen und Mindestnagelabständen bei Nagelverbindungen mit europäischen Douglasienholz. Forschungsbericht, Versuchsanstalt für Stahl, Holz und Steine, Abteilung Ingenieurholzbau, Universität Karlsruhe (TH)

Ehlbeck, J.; Werner, H.; (1992). Tragfähigkeit von Laubholzverbindungen mit stabförmigen Verbindungsmitteln. Forschungsbericht des Lehrstuhls für Ingenieurholzbau und Baukonstruktionen, Universität Karlsruhe (TH)

Hilson, B.O.; (1995). Verbindungen mit stiftförmigen Verbindungsmitteln – Theorie. In: Blaß, H.J.; Görlacher, R.; Steck, G. (Hrsg.): Holzbauwerke STEP 1 – Bemessung und Baustoffe, Fachverlag Holz, Düsseldorf, 1995

Hilson, B.O.; Whale, L.R.J.; Pope, D.J.; Smith, I. (1987). Characteristic properties of nailed and bolted joints under short-term lateral load. Part 3 - Analysis and interpretation of embedment test data in terms of density related trends. In: Journal of the Institute of Wood Science, Vol. 11, Nr. 2, S.65-71.

Johansen, K. W. (1949): Theory of timber connections. In: International Association for Bridge and Structural Engineering, Vol. 9, S.249-262

Jorissen, A.J.M. (1998). Double Shear Timber Connections with Dowel Type Fasteners. Delft University Press, Delft, 1998.

Kevarinmäki, A. (2002). Joints with Inclined Screws. CIB-W18, paper 35-7-3, Kyoto, Japan

Kevarinmäki, A. (2005). Nails in spruce – splitting sensitivity, end grain joints and withdrawal strength, CIB-W18 Meeting, Karlsruhe, Paper 38-7-6

Lantos, G.; (1969). Load distribution in a row of fasteners subjected to lateral load. In "Wood Science 1(3)"; S. 129-136

Lau, P.W.C.; (1990). Factors affecting crack formation in wood as result of nailing. Proceedings of the 1990 International Timber Engineering Conference, Vol. I, Tokyo

Lau, P.W.C.; Tardiff, Y.; (1987). Progress report: Cracks produced by driving nails into wood – effects of wood and nail variables. Forintek Canada Corp.

Marten, G.; (1953). Spalten und Tragfähigkeit von Nagelverbindungen, Fortschritte und Forschung im Bauwesen, Reihe D, Berichte des Beirats für Bauforschung beim Bundesminister für Wohnungsbau, Heft 9, Versuche für den Holzbau, S.55-89

Mischler, A. (1997). Influence of Ductility on the Load-carrying Capacity of Joints with Dowel-type fasteners. CIB-W 18 Meeting, Vancouver, Canada, Paper 30-7-6

Prion, H.G.L.; Lam F.; Mastschuch, R. (2001). Reinforced bolted timber connections. RILEM Symposium on Joints in Timber Structures, Stuttgart 2001, pp. 133 – 142

Rodd, P.D.; (1988). Timber Joints with Improved Circular Dowel Fasteners. Proceedings of the International Conference of Timber Engineering, Seattle, USA, Vol.1 S.26-37

Rodd, P.D.; Anderson, C.; Whale, L.R.J.; Smith, I. (1987). Characteristic properties of nailed and bolted joints under short-term lateral load. Part 2 - Embedment test apparatus für wood-based sheet material. In: Journal of the Institute of Wood Science, Vol.

11, Nr. 2, S.60-64.

Schmid, M. (2002). Anwendung der Bruchmechanik auf Verbindungen mit Holz. 5. Folge – Heft 7. Berichte der Versuchsanstalt für Stahl, Holz und Steine der Universität Fridericiana in Karlsruhe (TH)

Smith, I; Whale, L.R.J. (1987). Characteristic properties of nailed and bolted joints under short-term lateral load. Part 1 - Research philosophy and test programme. In: Journal of the Institute of Wood Science, Vol. 11, Nr. 2, S.53-59.

Werner, H. (1993). Tragfähigkeit von Holz-Verbindungen mit stiftförmigen Verbindungsmitteln unter Berücksichtigung streuender Einflussgrößen. 4. Folge – Heft 28. Berichte der Versuchsanstalt für Stahl, Holz und Steine der Universität Fridericiana in Karlsruhe (TH)

Whale, L.R.J.; Smith, I. (1989). A method for measuring the embedding characteristics of wood and wood-based materials. In: Materials and Structures 22 (1989), S.403-410.

Whale, L.R.J.; Smith, I.; Hilson, B.O. (1989). Characteristic properties of nailed and bolted joints under short-term lateral load. Part 4 - Influence of testing mode and fastener diameter upon embedment test data. In: Journal of the Institute of Wood Science, Vol. 11, Nr. 5, S.156-161.

8 Verwendete Normen

DIN 96, Ausgabe Dezember 1986. Halbrund-Holzschrauben mit Schlitz

DIN 97, Ausgabe Dezember 1986. Senk-Holzschrauben mit Schlitz

DIN 571, Ausgabe Dezember 1986. Sechskant-Holzschrauben

DIN 1052:2004-08: Entwurf, Berechnung und Bemessung von Holzbauwerken – Allgemeine Bemessungsregeln und Bemessungsregeln für den Hochbau

DIN 1151, Ausgabe April 1973. Drahtstifte rund; Senkkopf, Flachkopf

DIN 7998, Ausgabe Februar 1975. Gewinde und Schraubenenden für Holzschrauben

DIN EN 383, Ausgabe Oktober 1993. Holzbauwerke; Prüfverfahren: Bestimmung der Lochleibungsfestigkeit und Bettungswerte für stiftförmige Verbindungsmittel

DIN EN 409, Ausgabe Oktober 1993. Holzbauwerke; Prüfverfahren: Bestimmung des Fließmomentes von stiftförmigen Verbindungsmittel; Nägel

DIN EN 26891, Ausgabe Juli 1991. Holzbauwerke; Verbindungen mit mechanischen Verbindungsmitteln; Allgemeine Grundsätze für die Ermittlung der Tragfähigkeit und des Verformungsverhaltens (ISO 6891:1983)

Eurocode 5: EN 1995-1-1:2004 (D): Bemessung und Konstruktion von Holzbauten – Teil 1-1: Allgemeines – Allgemeine Regeln und Regeln für den Hochbau

9 Anhänge

9.1 Anhang zum Abschnitt 2.4

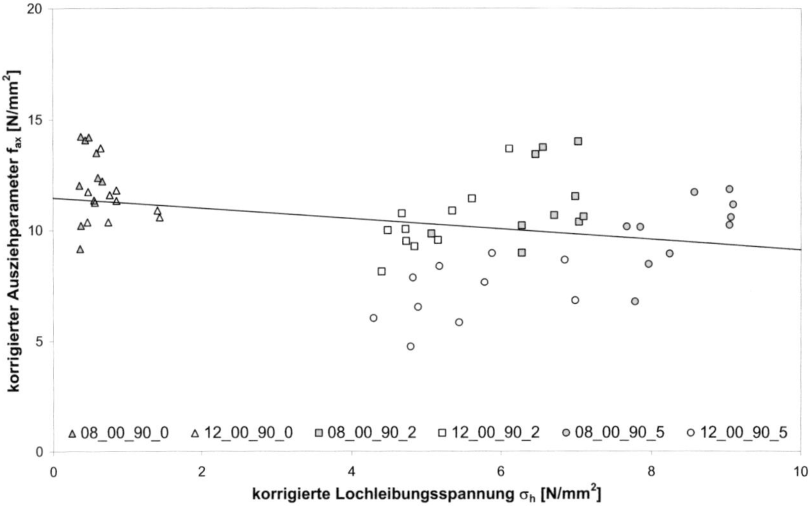

Bild 9-1 Ausziehparameter f_{ax} in Abhängigkeit von σ_h für α = 90° und β = 0°

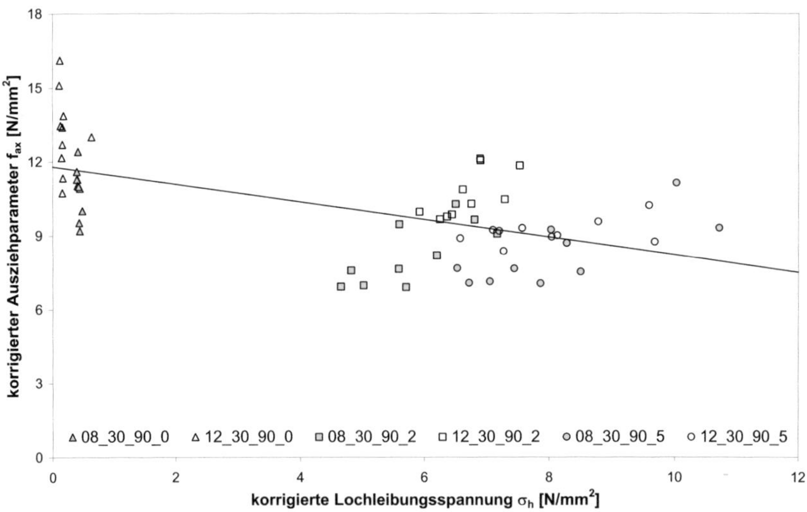

Bild 9-2 Ausziehparameter f_{ax} in Abhängigkeit von σ_h für α = 90° und β = 30°

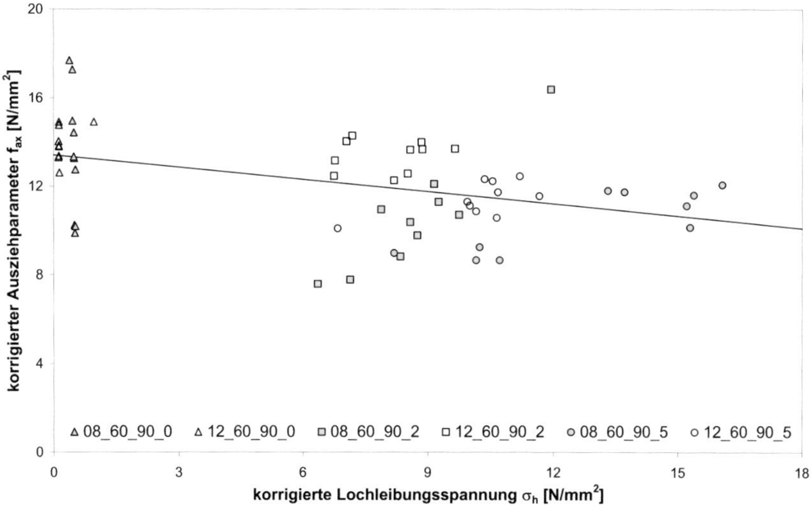

Bild 9-3 Ausziehparameter f_{ax} in Abhängigkeit von σ_h für α = 90° und β = 60°

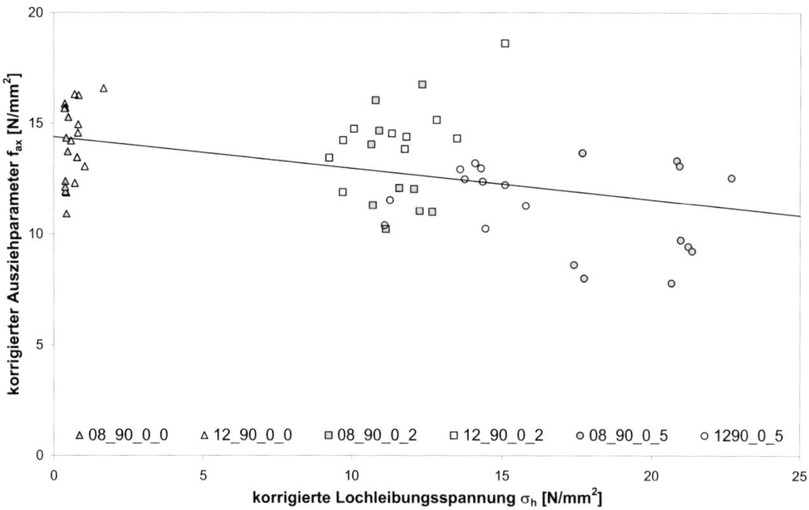

Bild 9-4 Ausziehparameter f_{ax} in Abhängigkeit von σ_h für α = 0° und β = 90°

9.2 Anhang zum Abschnitt 3.2

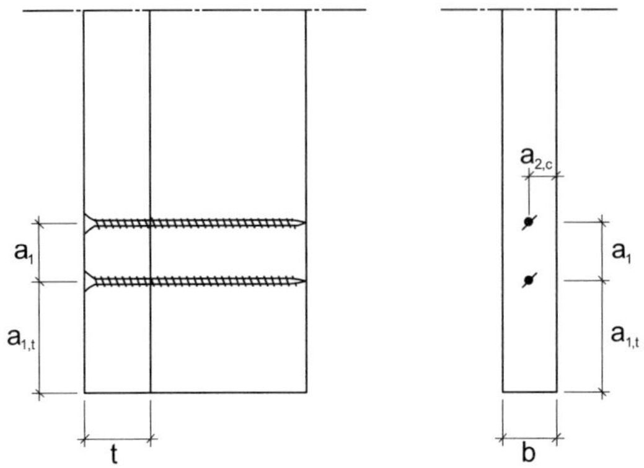

d in mm	5	8	8,9	10	12
$a_{1,t}$	60	96	107	120	144
a_1	25	40	45	50	60
$a_{2,c}$	15	24	26,5	30	36
b	30	48	53	60	72

Bild 9-5 Schraubenbild A-12-0-t für Einschraubversuche

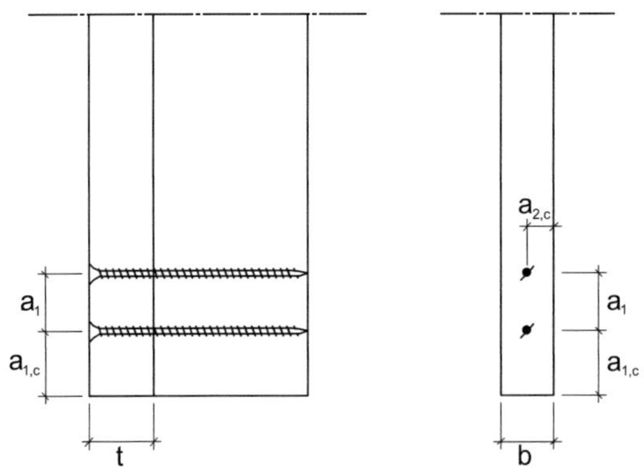

d in mm	5	8	8,9	10	12
$a_{1,c}$	35	56	62	70	84
a_1	25	40	45	50	60
$a_{2,c}$	15	24	26,5	30	36
b	30	48	53	60	72

Bild 9-6 Schraubenbild A-12-0-c für Einschraubversuche

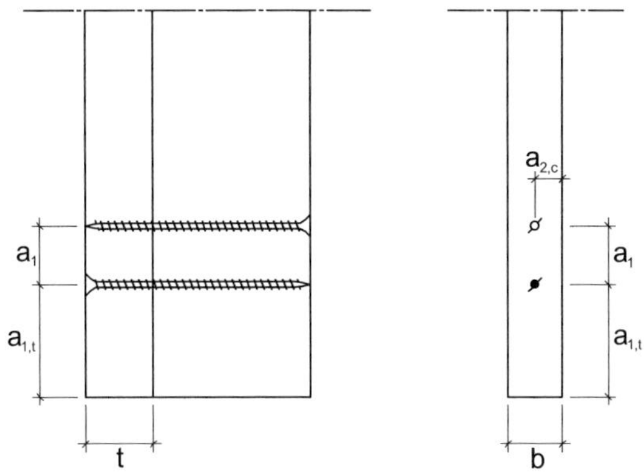

d in mm	5	8	8,9	10	12
$a_{1,t}$	60	96	107	120	144
a_1	25	40	45	50	60
$a_{2,c}$	15	24	26,5	30	36
b	30	48	53	60	72

Bild 9-7 Schraubenbild B-12-0-t für Einschraubversuche

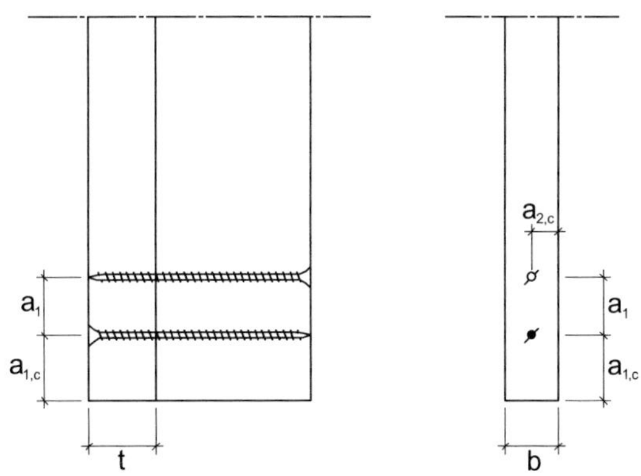

d in mm	5	8	8,9	10	12
$a_{1,c}$	35	56	62	70	84
a_1	25	40	45	50	60
$a_{2,c}$	15	24	26,5	30	36
b	30	48	53	60	72

Bild 9-8 Schraubenbild B-12-0-c für Einschraubversuche

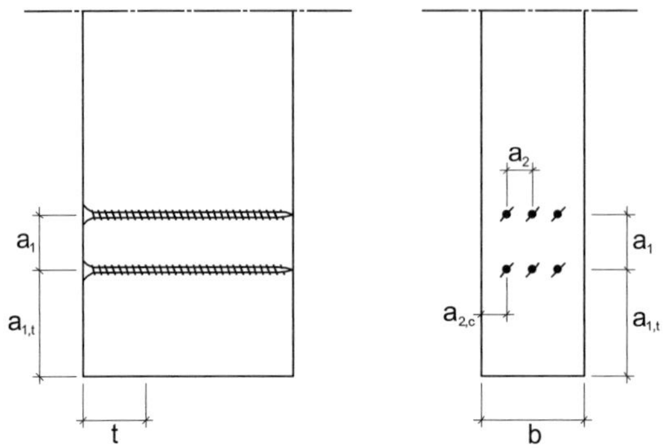

d in mm	5	8	8,9	10	12
$a_{1,t}$	60	96	107	120	144
a_1	25	40	45	50	60
$a_{2,c}$ / a_2	15	24	26,5	30	36
b	60	96	106	120	144

Bild 9-9 Schraubenbild B-32-0-t für Einschraubversuche

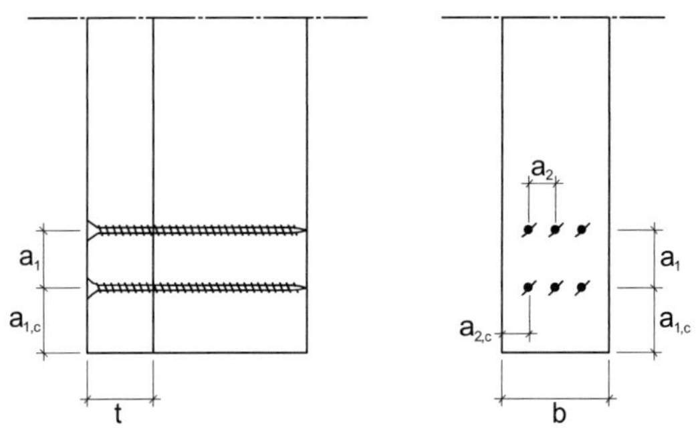

d in mm	5	8	8,9	10	12
$a_{1,c}$	35	56	62	70	84
a_1	25	40	45	50	60
$a_{2,c}$ / a_2	15	24	26,5	30	36
b	60	96	106	120	144

Bild 9-10 Schraubenbild B-32-0-c für Einschraubversuche

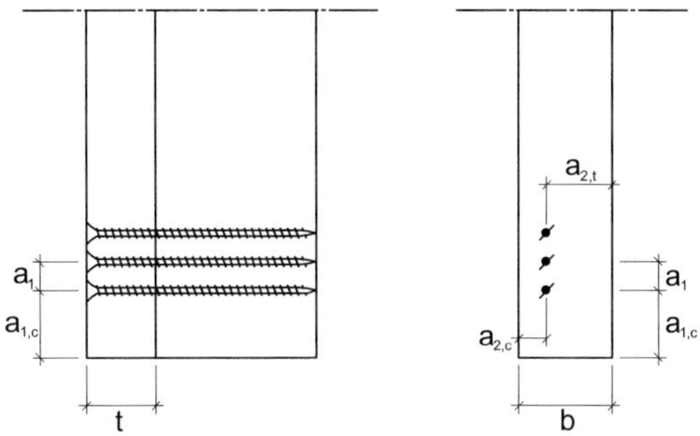

d in mm	5	8	8,9	10	12
$a_{1,c}$ / $a_{2,t}$	35	56	62	70	84
a_1	15	24	26,5	30	36
$a_{2,c}$	15	24	26,5	30	36
b	50	80	89	100	120

Bild 9-11 Schraubenbild A-13-90-c für Einschraubversuche

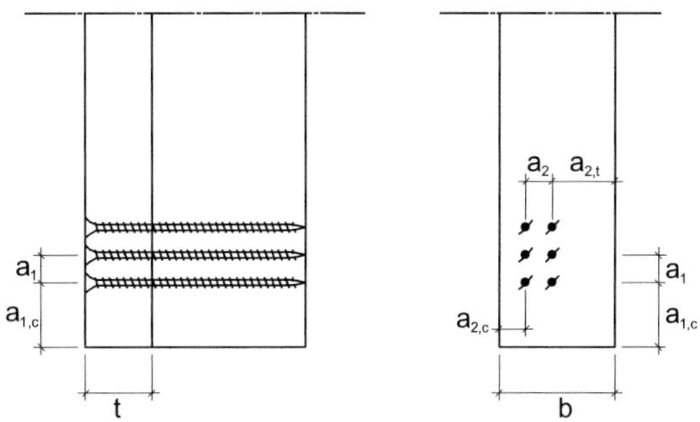

d in mm	5	8	8,9	10	12
$a_{1,c}$ / $a_{2,t}$	35	56	62	70	84
a_1	15	24	26,5	30	36
$a_{2,c}$ / a_2	15	24	26,5	30	36
b	65	104	116	130	156

Bild 9-12 Schraubenbild A-23-90-c für Einschraubversuche

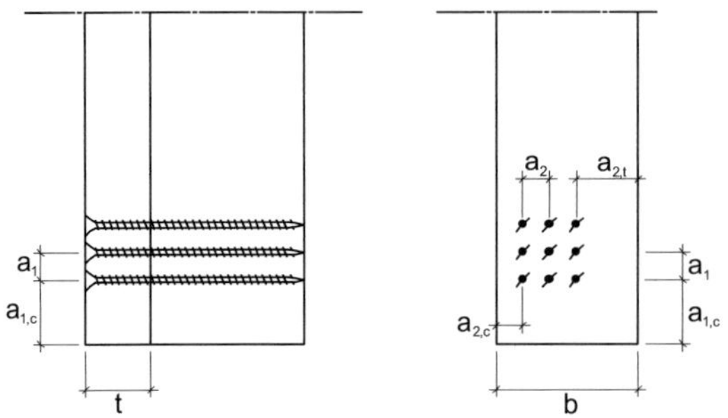

d in mm	5	8	8,9	10	12
$a_{1,c}$ / $a_{2,t}$	35	56	62	70	84
a_1	15	24	26,5	30	36
$a_{2,c}$ / a_2	15	24	26,5	30	36
b	80	128	142	160	192

Bild 9-13 Schraubenbild A-33-90-c für Einschraubversuche

Tabelle 9-1 Einschraubversuche der Reihe I-A-5

Bez. Reihe	d in mm	Holz-dicke t in mm	Ein-schraub-bild	Anzahl Vers.	Versuche mit Spalterscheinungen		
					Auf-spalten	größere Risse	geringe Risse
I-A-5-24-1	5	24	A-12-0-t	3	-	-	2
I-A-5-24-2	5	24	A-12-0-c	6	-	-	4
I-A-5-24-3	5	24	A-32-0-t	6	-	-	2
I-A-5-24-4	5	24	A-32-0-c	5	-	-	-
I-A-5-24-5	5	24	A-33-90-c	2	1	-	-
I-A-5-24-6	5	24	A-23-90-c	1	-	-	-
I-A-5-24-7	5	24	B-12-0-t	3	-	-	2
I-A-5-30-1	5	30	A-12-0-t	4	-	-	1
I-A-5-30-2	5	30	A-12-0-c	7	1	-	4
I-A-5-30-3	5	30	A-32-0-t	2	-	-	2
I-A-5-30-4	5	30	A-32-0-c	8	-	-	4
I-A-5-30-5	5	30	A-13-90-c	4	-	-	3

Tabelle 9-2 Einschraubversuche der Reihe I-A-8

Bez. Reihe	d in mm	Holz-dicke t in mm	Ein-schraub-bild	Anzahl Vers.	Versuche mit Spalterscheinungen		
					Auf-spalten	größere Risse	geringe Risse
I-A-8-40-1	8	40	A-12-0-t	2	1	1	-
I-A-8-40-2	8	40	A-32-0-t	2	-	-	2
I-A-8-40-3	8	40	A-32-0-c	1	-	-	1
I-A-8-56-1	8	56	A-12-0-t	1	-	-	1
I-A-8-59-1	8	59	A-12-0-t	3	-	2	1
I-A-8-56-2	8	56	A-32-0-t	3	-	1	2
I-A-8-56-3	8	56	A-32-0-c	2	-	-	2
I-A-8-64-1	8	64	A-12-0-t	5	-	3	-
I-A-8-80-1	8	80	A-12-0-t	5	1	-	2
I-A-8-80-2	8	80	A-12-0-c	4	-	-	2
I-A-8-80-3	8	80	A-32-0-c	2	-	-	2
I-A-8-80-4	8	80	A-23-90-c	5	-	1	3

Tabelle 9-3 Einschraubversuche der Reihe I-A-10

Bez. Reihe	d in mm	Holz-dicke t in mm	Ein-schraub-bild	Anzahl Vers.	Versuche mit Spalterscheinungen		
					Auf-spalten	größere Risse	geringe Risse
I-A-10-80-1	10	80	A-12-0-t	2	1	-	1
I-A-10-80-2	10	80	A-32-0-t	2	-	1	1
I-A-10-96-1	10	96	A-12-0-t	3	-	2	1
I-A-10-96-2	10	96	A-32-0-t	2	-	-	2
I-A-10-96-3	10	96	A-32-0-c	1	-	-	-
I-A-10-96-4	10	96	A-23-90-c	2	1	1	-

Tabelle 9-4 Einschraubversuche der Reihe I-A-12

Bez. Reihe	d in mm	Holz-dicke t in mm	Ein-schraub-bild	Anzahl Vers.	Versuche mit Spalterscheinungen		
					Auf-spalten	größere Risse	geringe Risse
I-A-12-60-1	12	60	A-12-0-t	2	-	-	1
I-A-12-60-2	12	60	A-32-0-t	2	1	1	-
I-A-12-60-3	12	60	A-32-0-c	1	1	-	-
I-A-12-80-1	12	80	A-12-0-t	3	-	1	-
I-A-12-80-2	12	80	A-32-0-t	4	-	1	-
I-A-12-80-3	12	80	A-32-0-c	3	-	1	-
I-A-12-84-1	12	84	A-12-0-t	1	-	-	1
I-A-12-84-2	12	84	A-32-0-t	1	-	-	1
I-A-12-84-3	12	84	A-32-0-c	2	-	1	1
I-A-12-96-1	12	96	A-12-0-t	3	-	-	1
I-A-12-96-2	12	96	A-12-0-c	5	-	-	4
I-A-12-96-3	12	96	A-32-0-t	1	-	-	-
I-A-12-96-4	12	96	A-32-0-c	2	-	-	-
I-A-12-96-5	12	96	A-23-90-c	8	-	-	2
I-A-12-96-6	12	96	B-12-0-t	2	-	-	2
I-A-12-100-1	12	100	A-23-90-c	2	-	-	1

Tabelle 9-5 Einschraubversuche der Reihe I-B-5

Bez. Reihe	d in mm	Holz-dicke t in mm	Ein-schraub-bild	Anzahl Vers.	Versuche mit Spalterscheinung		
					Auf-spalten	größere Risse	geringe Risse
I-B-5-24-1	5	24	A-12-0-t	7	-	4	2
I-B-5-24-2	5	24	A-12-0-c	4	-	2	2
I-B-5-24-3	5	24	A-32-0-t	9	-	1	6
I-B-5-24-4	5	24	A-33-90-c	1	-	1	-
I-B-5-30-1	5	30	A-12-0-t	8	1	-	4
I-B-5-30-2	5	30	A-12-0-c	9	-	1	5
I-B-5-30-3	5	30	A-32-0-t	4	-	-	1
I-B-5-30-4	5	30	A-32-0-c	6	1*	1	1
I-B-5-30-5	5	30	A-13-90-c	4	-	2	1
I-B-5-30-6	5	30	B-12-0-t	4	-	-	1

* Druckholz

Tabelle 9-6 Einschraubversuche der Reihe II-8

Bez. Reihe	d in mm	Holz-dicke t in mm	Ein-schraub-bild	Anzahl Vers.	Versuche mit Spalterscheinungen		
					Auf-spalten	größere Risse	geringe Risse
II-8-62-1	8,9	62	A-12-0-t	3	-	-	3
II-8-80-1	8,9	80	A-12-0-t	2	1	1	-
II-8-80-2	8,9	80	A-32-0-t	1	-	-	1
II-8-80-3	8,9	80	A-32-0-c	3	-	-	2
II-8-80-4	8,9	80	A-23-90-c	2	-	-	1
II-8-89-1	8,9	89	A-12-0-t	4	-	2	1
II-8-107-1	8,9	107	A-12-0-t	3	-	-	2
II-8-126-1	8,9	126	A-12-0-t	4	-	1	3

Tabelle 9-7 Einschraubversuche der Reihe III-8

Bez. Reihe	d in mm	Holz-dicke t in mm	Ein-schraub-bild	Anzahl Vers.	Versuche mit Spalterscheinungen		
					Auf-spalten	größere Risse	geringe Risse
III-8-30-1	8	30	A-12-0-t	4	-	-	2
III-8-40-1	8	40	A-12-0-t	3	-	1	-
III-8-40-2	8	40	A-32-0-t	3	-	-	-
III-8-40-3	8	40	A-23-90-c	3	-	-	-

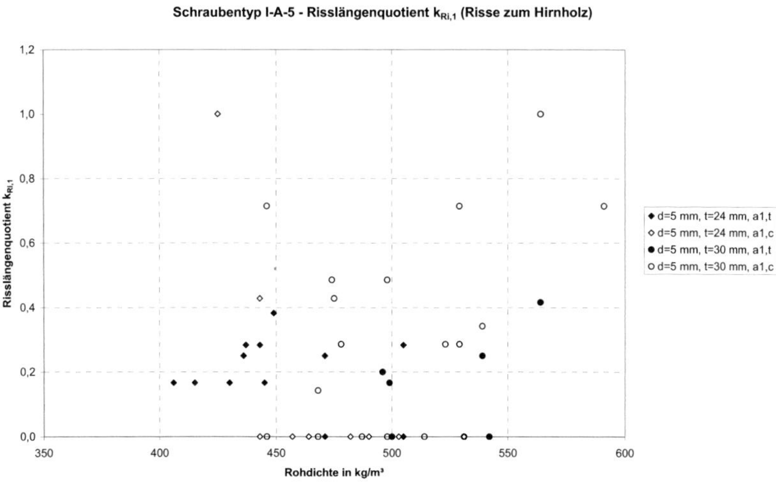

Bild 9-14 Risslängenquotient $k_{Ri,1}$ (Gl. (20)) für Reihe I-A-5

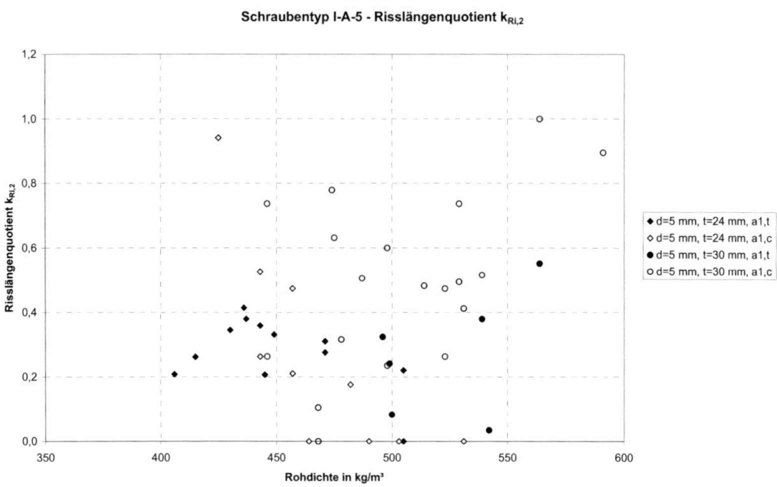

Bild 9-15 Risslängenquotient $k_{Ri,2}$ (Gl. (21)) für Reihe I-A-5

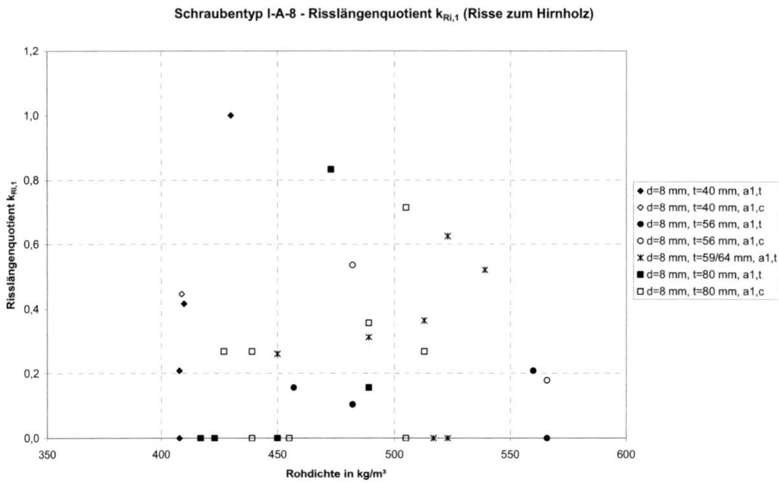

Bild 9-16 Risslängenquotient $k_{Ri,1}$ (Gl. (20)) für Reihe I-A-8

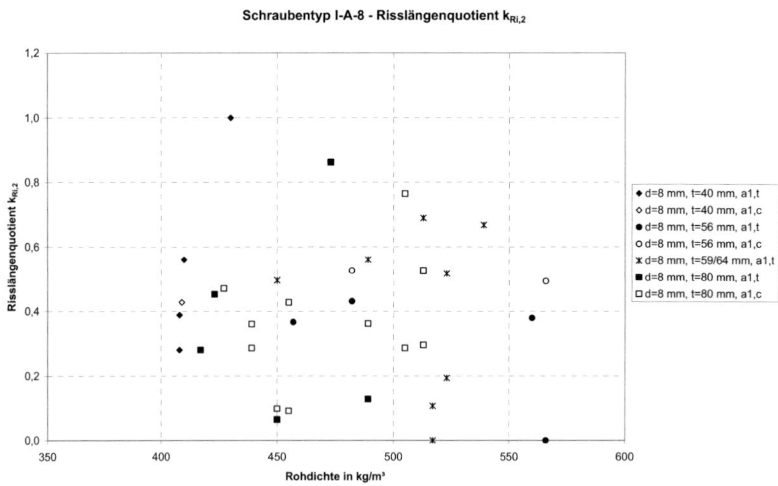

Bild 9-17 Risslängenquotient $k_{Ri,2}$ (Gl. (21)) für Reihe I-A-8

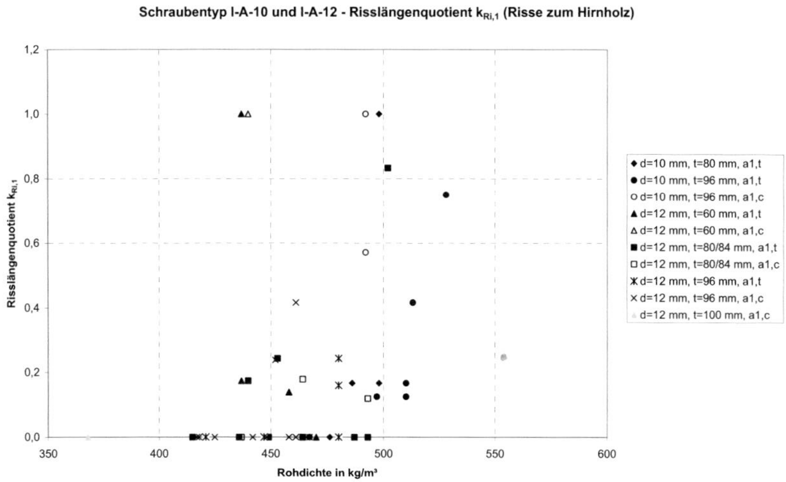

Bild 9-18 Risslängenquotient $k_{Ri,1}$ (Gl. (20)) für Reihe I-A-10 u. I-A-12

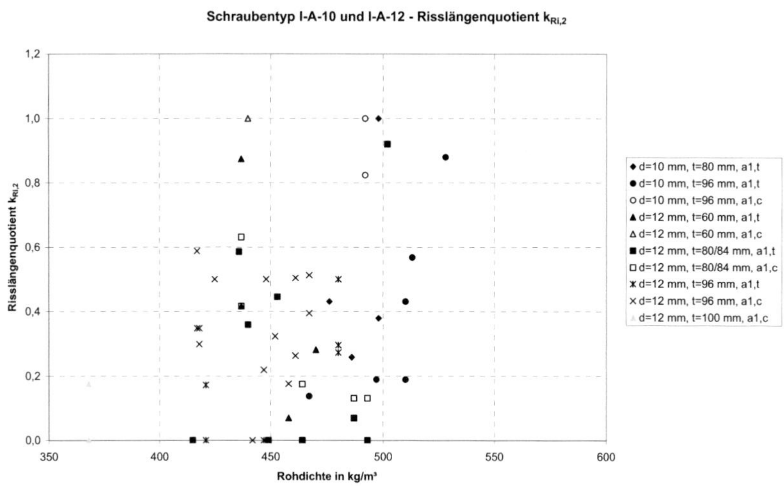

Bild 9-19 Risslängenquotient $k_{Ri,2}$ (Gl. (21)) für Reihe I-A-10 u. I-A-12

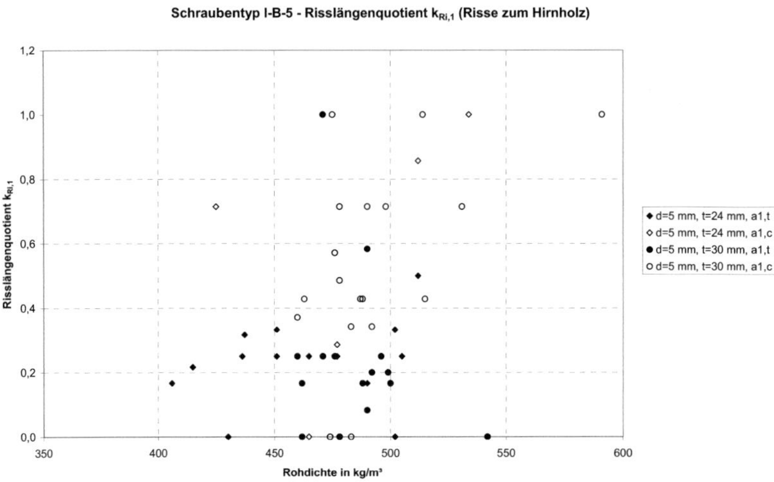

Bild 9-20 Risslängenquotient $k_{Ri,1}$ (Gl. (20)) für Reihe I-B-5

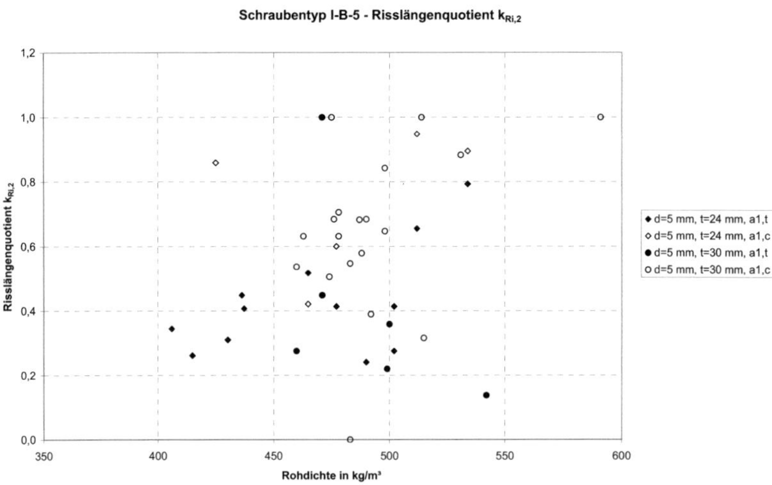

Bild 9-21 Risslängenquotient $k_{Ri,2}$ (Gl. (21)) für Reihe I-B-5

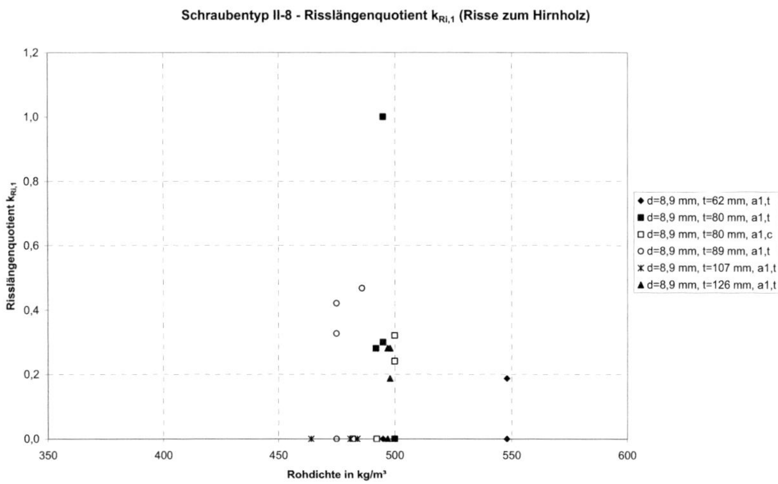

Bild 9-22 Risslängenquotient $k_{Ri,1}$ (Gl. (20)) für Reihe II-8

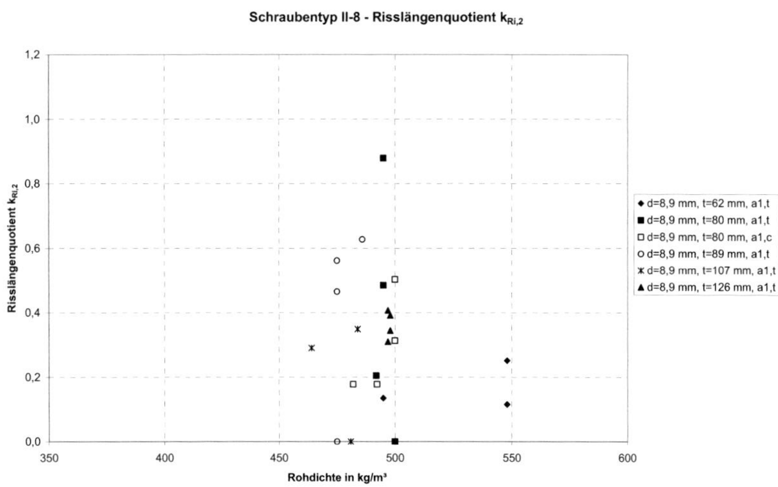

Bild 9-23 Risslängenquotient $k_{Ri,2}$ (Gl. (21)) für II-8

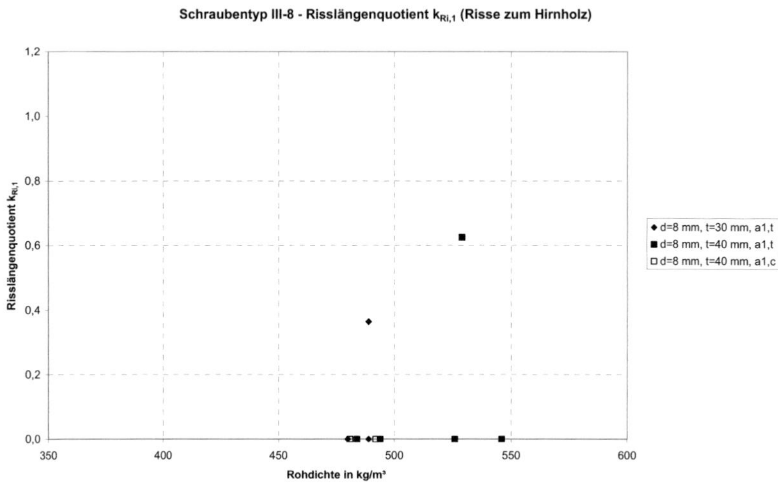

Bild 9-24 Risslängenquotient $k_{Ri,1}$ (Gl. (20)) für Reihe III-8

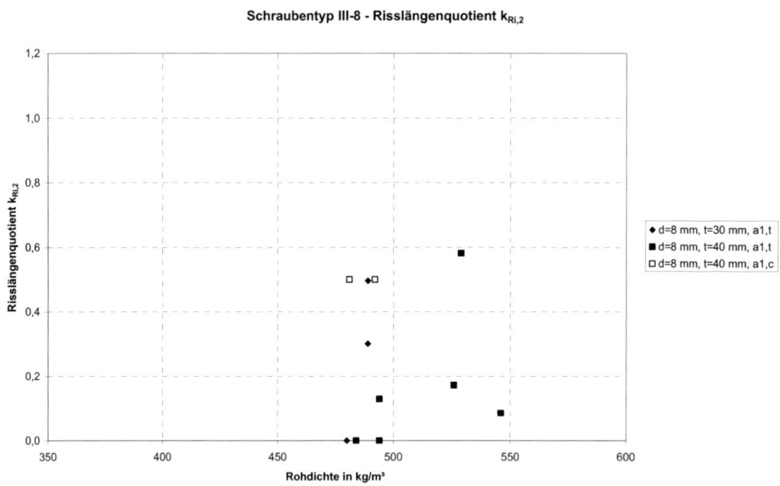

Bild 9-25 Risslängenquotient $k_{Ri,2}$ (Gl. (21)) für Reihe III-8

9.3 Anhang zum Abschnitt 3.3

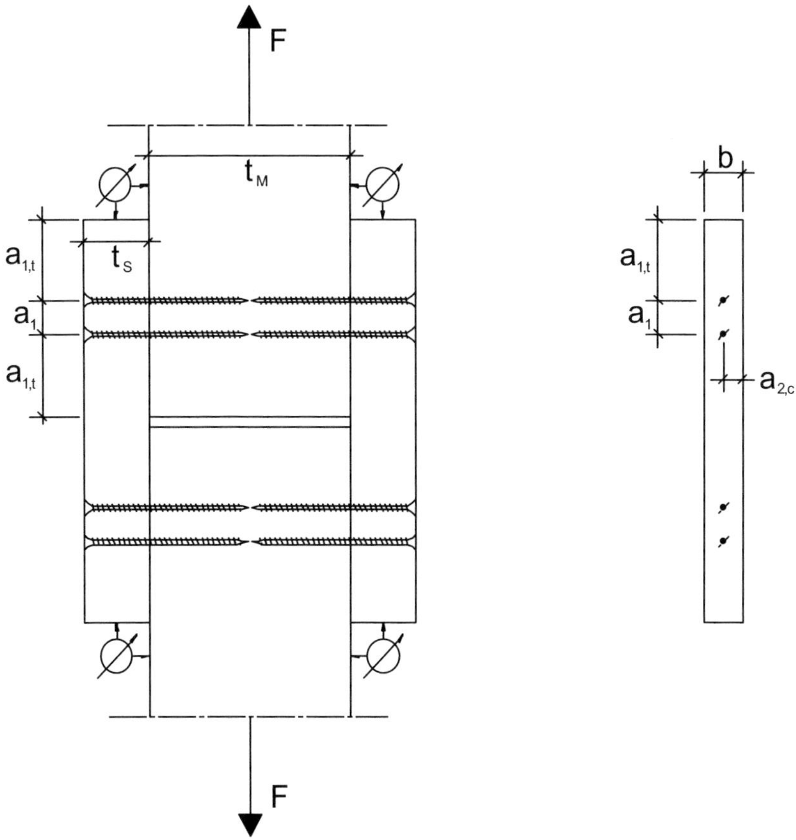

d in mm	5	6	8	8,9	10	12
$a_{1,t}$	60	72	96	106	120	144
a_1	25	30	40	45	50	60
$a_{2,c}$	15	18	24	26,5	30	36
b	30	36	48	53	60	72

Bild 9-26 Versuchsaufbau der Zug-Scherversuche, Einschraubbild A-12

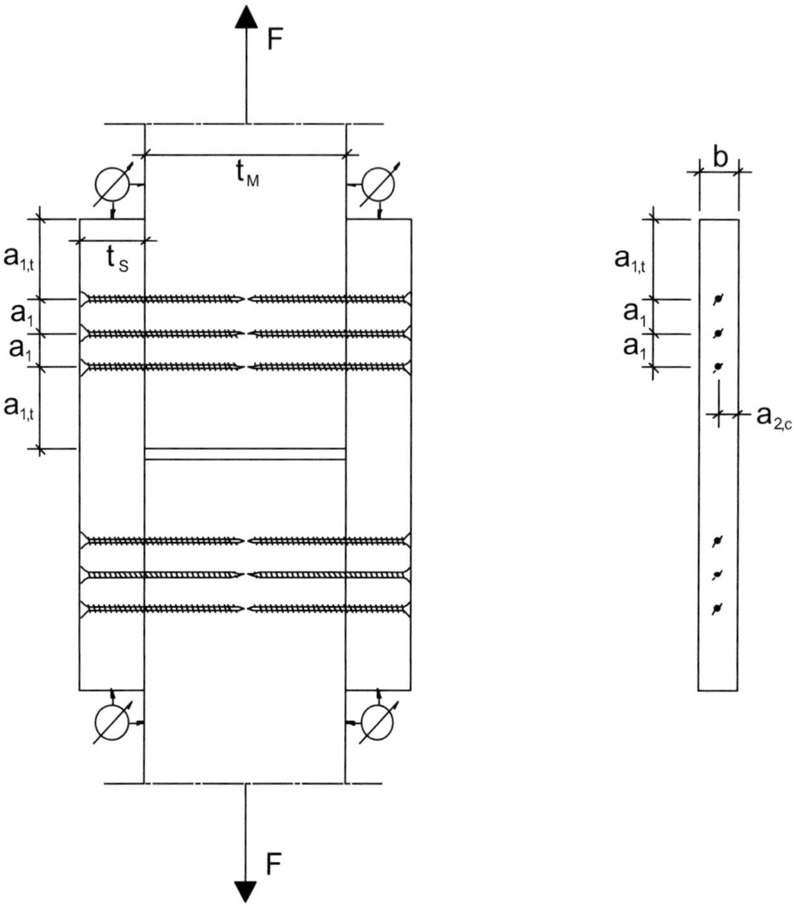

d in mm	5	6	8	8,9	10	12
$a_{1,t}$	60	72	96	106	120	144
a_1	25	30	40	45	50	60
$a_{2,c}$	15	18	24	26,5	30	36
b	30	36	48	53	60	72

Bild 9-27 Versuchsaufbau der Zug-Scherversuche, Einschraubbild A-13

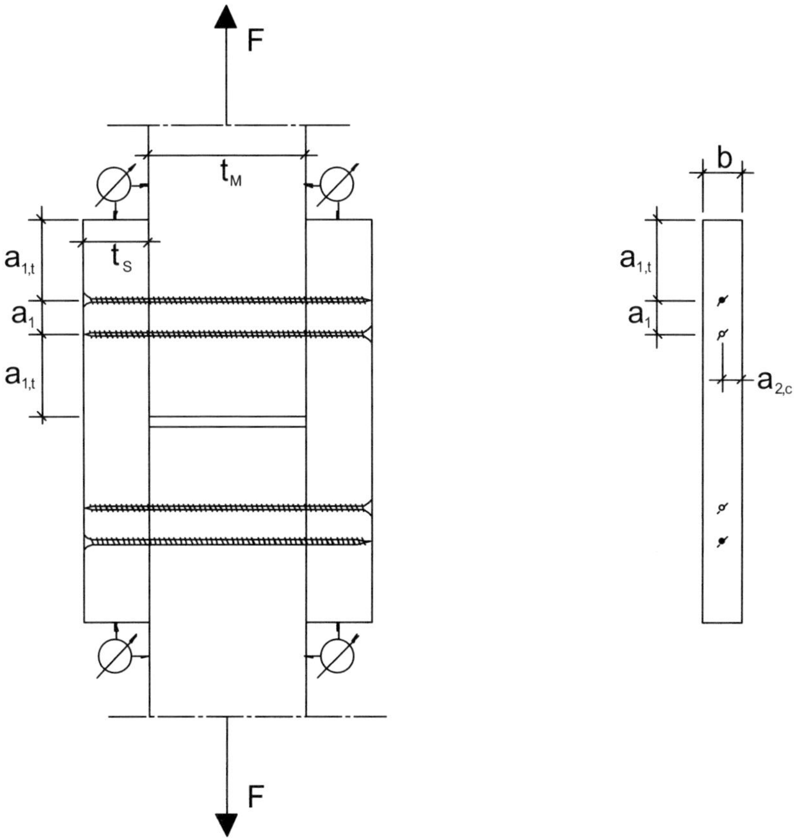

d in mm	5	6	8	8,9	10	12
$a_{1,t}$	60	72	96	106	120	144
a_1	25	30	40	45	50	60
$a_{2,c}$	15	18	24	26,5	30	36
b	30	36	48	53	60	72

Bild 9-28 Versuchsaufbau der Zug-Scherversuche, Einschraubbild B-12

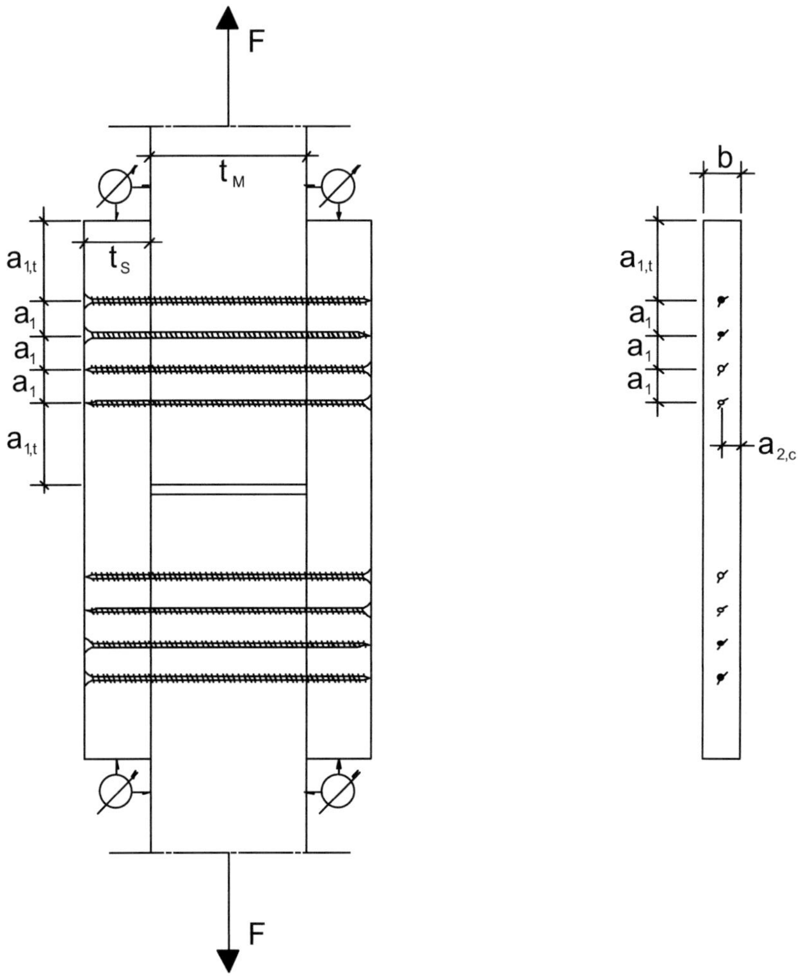

d in mm	5	6	8	8,9	10	12
$a_{1,t}$	60	72	96	106	120	144
a_1	25	30	40	45	50	60
$a_{2,c}$	15	18	24	26,5	30	36
b	30	36	48	53	60	72

Bild 9-29 Versuchsaufbau der Zug-Scherversuche, Einschraubbild B-14a

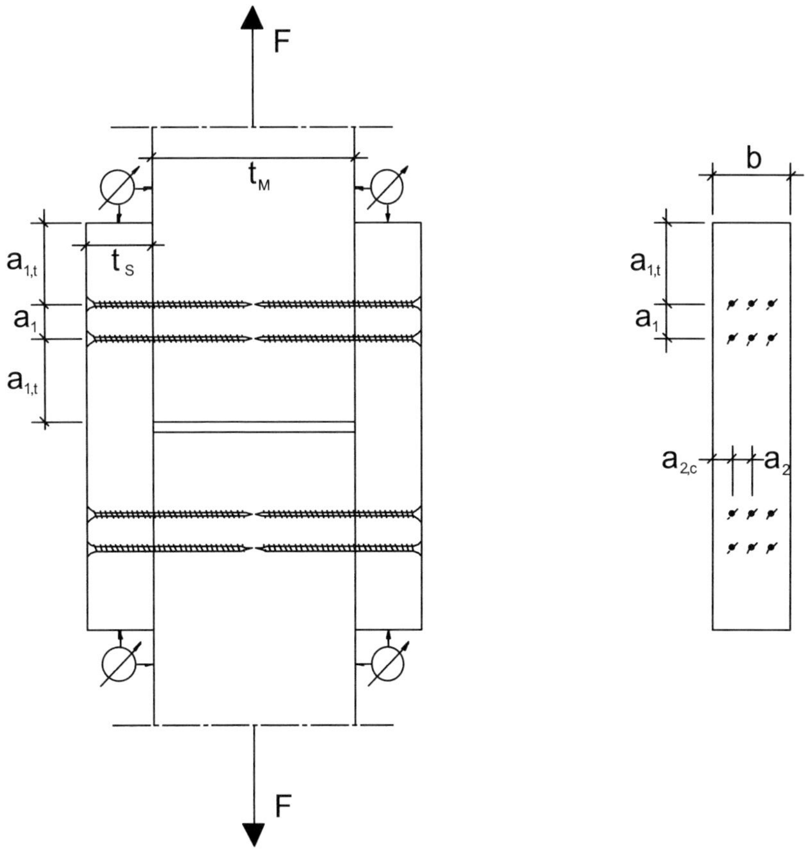

d in mm	5	6	8	8,9	10	12
$a_{1,t}$	60	72	96	106	120	144
a_1	25	30	40	45	50	60
a_2 / $a_{2,c}$	15	18	24	26,5	30	36
b	60	72	96	107	120	144

Bild 9-30 Versuchsaufbau der Zug-Scherversuche, Einschraubbild A-32

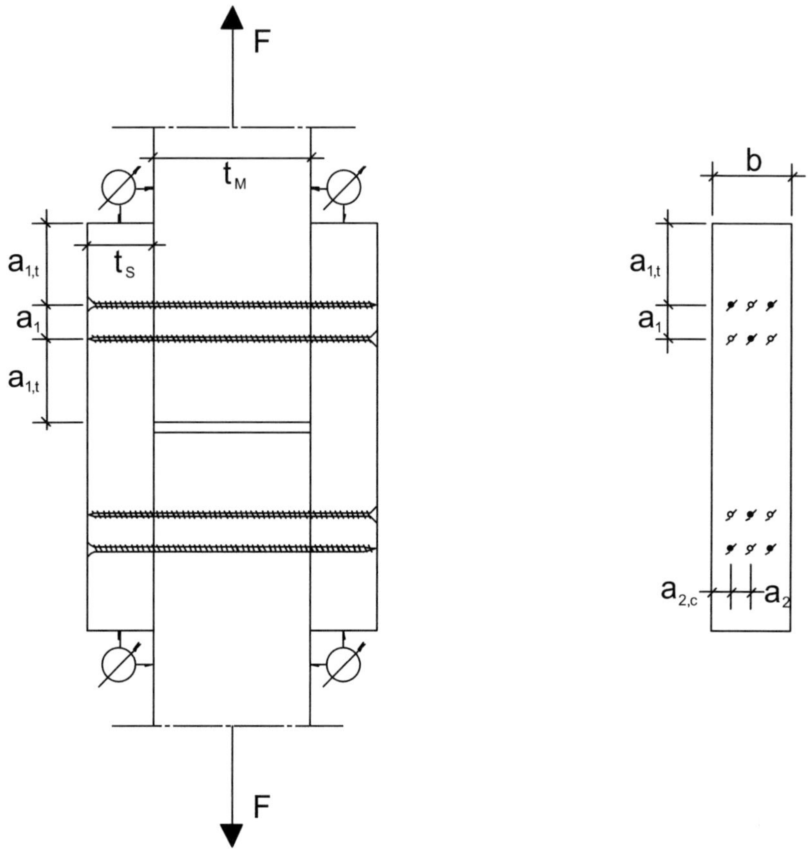

d in mm	5	6	8	8,9	10	12
$a_{1,t}$	60	72	96	106	120	144
a_1	25	30	40	45	50	60
a_2 / $a_{2,c}$	15	18	24	26,5	30	36
b	60	72	96	107	120	144

Bild 9-31 Versuchsaufbau der Zug-Scherversuche, Einschraubbild B-32

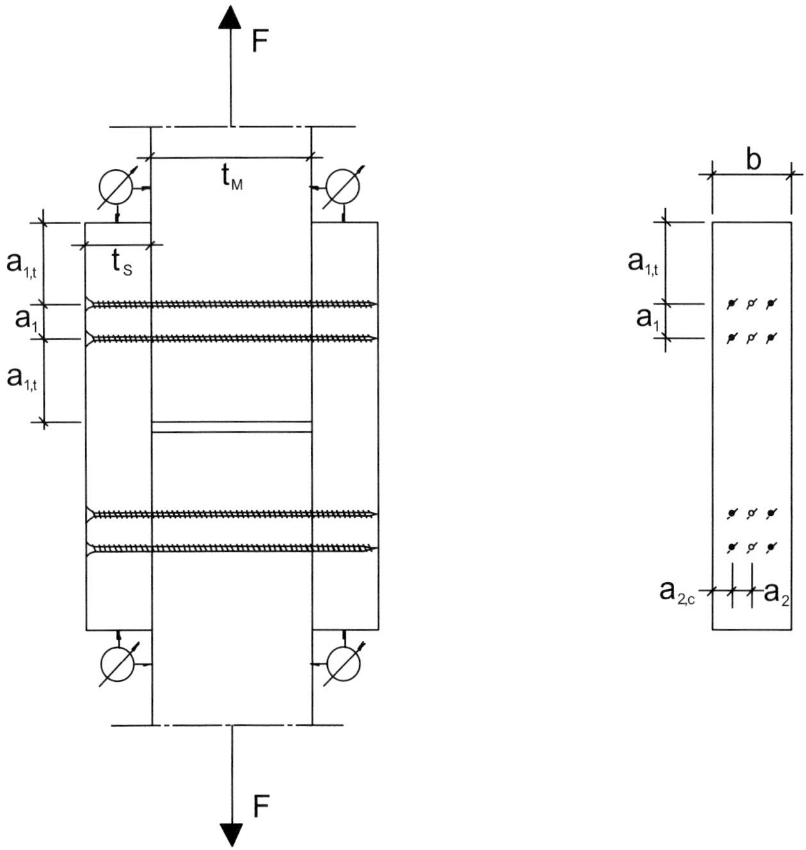

d in mm	5	6	8	8,9	10	12
$a_{1,t}$	60	72	96	106	120	144
a_1	25	30	40	45	50	60
a_2 / $a_{2,c}$	15	18	24	26,5	30	36
b	60	72	96	107	120	144

Bild 9-32 Versuchsaufbau der Zug-Scherversuche, Einschraubbild B-32a

Tabelle 9-8 Zug-Scherversuche der Reihe I-A-5-A12

Versuch		F_{max} in kN	v_{Fmax} in mm	F_{v15} in kN	$F_{maßg}$ in kN	k_i in N/mm²	k_s in N/mm²	ρ_{SH} in kg/m³	ρ_{MH} in kg/m³	Ort, Abfolge u. Ursache des Versagens		v >15mm
I-A-5-A12-1	v1	4,43	0,91	-	4,43	15,53	12,17	610	552		Aufspalten Seitenholz	-
	v2		1,05	-				553	552			
	v3		1,06	-	4,43	12,34	10,01	610	559			-
	v4		1,61	-				553	559	x		
I-A-5-A12-2	v1	2,69	1,68	-	2,69	16,16	12,35	624	500		Aufspalten Seitenholz	-
	v2		0,02	-				623	500			
	v3		0,83	-	2,69	3,04	2,28	624	579			-
	v4		19,17	2,55				623	579	x		
I-A-5-A12-3	v1	3,51	0,83	-	3,51	9,64	7,45	553	525		Aufspalten Seitenholz	-
	v2		0,77	-				541	525			
	v3		1,09	-	3,51	13,27	10,05	553	524	x		-
	v4		0,78	-				541	524			
I-A-5-A12-4	v1	3,93	1,44	-	3,93	9,14	7,04	539	491	x	Aufspalten Seitenholz	-
	v2		1,82	-				544	491			
	v3		1,17	-	3,93	21,18	16,93	539	484			-
	v4		0,90	-				544	484			
I-A-5-A12-5	v1	4,85	2,24	-	4,85	2,84	2,64	523	380		Aufspalten Seitenholz	-
	v2		2,17	-				513	380	x		
	v3		1,58	-	4,85	3,87	3,47	523	493			-
	v4		1,94	-				513	493			
Mittelwerte		3,88			3,88	10,70	8,44					

Tabelle 9-9 Zug-Scherversuche der Reihe I-A-5-A32

Versuch		F_{max} in kN	v_{Fmax} in mm	F_{v15} in kN	$F_{maßg}$ in kN	k_i in N/mm²	k_s in N/mm²	ρ_{SH} in kg/m³	ρ_{MH} in kg/m³	Ort, Abfolge u. Ursache des Versagens		v >15mm
I-A-5-A32-1	v1	20,38	4,97	-	20,38	29,20	23,38	517	388		Aufspalten Seitenholz	-
	v2		5,27	-				522	388	1.		
	v3		5,42	-	20,38	23,91	19,50	517	394			-
	v4		4,87	-				522	394			
I-A-5-A32-2	v1	18,46	4,53	-	18,46	6,30	6,64	561	387		Aufspalten Seitenholz	-
	v2		7,21	-				561	387	2.		
	v3		6,84	-	18,46	11,07	10,62	561	413	1.		-
	v4		4,02	-				561	413			
I-A-5-A32-3	v1	19,63	6,93	-	19,63	38,53	31,79	420	386	2.	Aufspalten Seitenholz	-
	v2		9,92	-				423	386			
	v3		14,98	-	19,63	25,34	20,06	420	382	1.		-
	v4		10,10	-				423	382			
I-A-5-A32-4	v1	26,09	8,32	-	26,09	30,82	24,63	564	385		Aufspalten Seitenholz	-
	v2		10,20	-				580	385	1.		
	v3		9,67	-	26,09	35,17	28,23	564	553	2.		-
	v4		7,60	-				580	553			
I-A-5-A32-5	v1	21,13	6,02	-	21,13	28,94	22,90	472	386		Aufspalten Seitenholz	-
	v2		5,99	-				447	386	1.		
	v3		5,07	-	21,13	38,69	30,29	472	394			-
	v4		5,44	-				447	394			
Mittelwerte		21,14			21,14	26,80	21,80					-

Tabelle 9-10 Zug-Scherversuche der Reihe I-A-8-A12

Versuch		F_{max} in kN	v_{Fmax} in mm	F_{v15} in kN	$F_{maßg}$ in kN	k_i in N/mm²	k_s in N/mm²	ρ_{SH} in kg/m³	ρ_{MH} in kg/m³	Ort, Abfolge u. Ursache des Versagens		v >15mm
I-A-8-A12-1	v1	22,88	19,27	19,62	18,73	3,28	2,78	367	413		Aufspalten Mittelholz	+
	v2		>20	18,60				371	413	x		
	v3		15,26	22,54	22,88	3,29	2,84	367	418			-
	v4		11,59	-				371	418			
I-A-8-A12-2	v1	24,51	15,38	23,97	24,51	3,91	3,43	363	435		Aufspalten Mittelholz	-
	v2		14,57	-				371	435			
	v3		17,18	23,07	22,70	3,38	2,97	363	419			+
	v4		19,39	22,34				371	419	x		
I-A-8-A12-3	v1	20,92	12,71	-	20,92	2,93	2,52	396	428		Aufspalten Seitenholz v. Scherfuge ausgehend	-
	v2		12,90	-				407	428			
	v3		12,37	-	20,92	3,52	3,07	396	427			-
	v4		11,32	-				407	427	x		
I-A-8-A12-4	v1	17,47	11,58	-	17,47	4,09	3,56	423	418	x	Aufspalten Seitenholz v. Scherfuge ausgehend	-
	v2		10,09	-				423	418			
	v3		8,61	-	17,47	4,29	3,70	423	427			-
	v4		10,05	-				423	427	x		
I-A-8-A12-5	v1	23,24	15,56	22,91	23,24	3,80	3,36	429	438	x	Aufspalten Seitenholz v. Scherfuge ausgehend	-
	v2		13,91	-				442	438			
	v3		11,19	-	23,24	4,07	3,55	429	436			-
	v4		12,28	-				442	436			
Mittelwerte		21,80			21,21	3,66	3,18					

Tabelle 9-11 Zug-Scherversuche der Reihe I-A-8-B12

Versuch		F_{max} in kN	v_{Fmax} in mm	F_{v15} in kN	$F_{maßg}$ in kN	k_i in N/mm²	k_s in N/mm²	ρ_{SH} in kg/m³	ρ_{MH} in kg/m³	Ort, Abfolge u. Ursache des Versagens		v >15mm
I-A-8-B12-1	v1	23,94	>20	20,42	21,16	3,32	2,72	436	361		eine Sr. am Anschluss v1 verlaufen→ Aufspalten SH	+
	v2		17,99	22,12				462	361			
	v3		10,24	-	-	3,61	2,92	436	362			keine Messung
	v4		keine Messung	-				462	362			
I-A-8-B12-2	v1	20,30	10,50	-	20,30	4,66	3,82	545	379		Aufspalten Seitenholz	-
	v2		8,69	-				575	379			
	v3		10,79	-	20,30	3,93	3,24	545	386			-
	v4		11,94	-				575	386	x		
I-A-8-B12-3	v1	15,08	8,18	-	15,08	3,61	3,01	489	367		Aufspalten Seitenholz	-
	v2		12,36	-				520	367	x		
	v3		13,95	-	15,08	2,94	2,42	489	382	x		-
	v4		10,14	-				520	382			
I-A-8-B12-4	v1	29,81	16,08	28,74	27,70	3,78	3,04	426	345		Aufspalten Seitenholz	+
	v2		17,71	26,68				429	345			
	v3		18,59	25,99	27,47	3,95	3,18	426	363			+
	v4		16,23	28,91				429	363	x		
I-A-8-B12-5	v1	22,04	9,05	-	22,04	4,65	3,67	415	352		Aufspalten Seitenholz	-
	v2		11,47	-				424	352			
	v3		13,06	-	22,04	3,90	3,10	415	344	x		-
	v4		11,19	-				424	344			
Mittelwerte		22,23			21,24	3,84	3,11					

Tabelle 9-12 Zug-Scherversuche der Reihe I-A-8-A32

Versuch		F_{max} in kN	v_{Fmax} in mm	F_{v15} in kN	$F_{maßg}$ in kN	k_i in N/mm²	k_s in N/mm²	ρ_{SH} in kg/m³	ρ_{MH} in kg/m³	Ort, Abfolge u. Ursache des Versagens		v >15mm
I-A-8-A32-1	v1	81,94	>20	67,05	66,69	7,39	6,35	360	443	x	Aufspalten Mittelholz	+
	v2		>20	66,29				358	443			
	v3		18,77	71,93	71,99	9,29	7,99	360	438			+
	v4		>20	72,80				358	438			
I-A-8-A32-2	v1	75,50	17,96	66,04	67,62	8,07	7,02	373	448		Aufspalten Mittelholz	+
	v2		17,48	69,39				365	448	x		
	v3		16,64	70,32	70,73	8,81	7,69	373	431			+
	v4		16,46	69,69				365	431			
I-A-8-A32-3	v1	81,08	18,50	72,15	72,52	8,89	7,82	376	436		Aufspalten Mittelholz	+
	v2		18,21	73,30				375	436			
	v3		19,11	73,44	73,46	8,81	7,80	376	442	x		+
	v4		18,54	72,92				375	442			
I-A-8-A32-4	v1	79,72	21,67	71,27	73,57	10,15	8,94	402	457	x	Aufspalten Seitenholz v. Scherfuge ausgehend	+
	v2		17,69	75,91				404	457	x		
	v3		16,60	76,59	74,29	10,49	9,19	402	441			+
	v4		21,09	71,71				404	441	x		
I-A-8-A32-5	v1	81,46	18,44	70,54	72,69	9,40	7,94	442	460		Aufspalten Mittelholz	+
	v2		17,52	74,16				456	460	x		
	v3		16,52	76,99	75,57	11,39	9,54	442	444			+
	v4		17,52	74,21				456	444			
Mittelwerte		79,94			71,91	9,27	8,03					

Tabelle 9-13 Zug-Scherversuche der Reihe I-A-8-B32

Versuch		F_{max} in kN	v_{Fmax} in mm	F_{v15} in kN	$F_{maßg}$ in kN	k_i in N/mm²	k_s in N/mm²	ρ_{SH} in kg/m³	ρ_{MH} in kg/m³	Ort, Abfolge u. Ursache des Versagens		v >15mm
I-A-8-B32-1	v1	87,99	>20	69,10	70,33	7,83	6,41	422	353		v > 15	+
	v2		>20	71,65				415	353			
	v3		18,11	75,85	72,37	8,28	6,82	422	351			+
	v4		>20	69,35				415	351			
I-A-8-B32-2	v1	82,55	16,78	75,68	73,52	9,94	8,19	453	379		v > 15	+
	v2		18,53	71,44				449	379			
	v3		19,31	70,62	72,25	8,71	7,17	453	375			+
	v4		17,61	73,97				449	375			
I-A-8-B32-3	v1	82,24	19,24	75,84	71,96	8,49	6,91	420	379	x	Aufspalten Seitenholz	+
	v2		>20	67,18				416	379			
	v3		19,64	68,27	73,94	9,02	7,34	420	370			+
	v4		16,59	79,19				416	370			
I-A-8-B32-4	v1	92,07	17,92	83,50	85,62	12,72	10,3	454	438		Aufspalten Seitenholz	+
	v2		16,25	88,25				515	438	x		
	v3		19,66	78,08	76,68	9,79	8,05	454	381			+
	v4		>20	75,20				515	381	x		
I-A-8-B32-5	v1	87,17	14,68	-	81,72	11,18	9,02	411	385	x	Aufspalten Seitenholz	+
	v2		>20	75,43				422	385	x		
	v3		17,77	80,36	84,58	11,43	9,06	411	343	x		+
	v4		14,39	-				422	343			
Mittelwerte		86,40			76,30	9,74	7,93					

Tabelle 9-14 Zug-Scherversuche der Reihe I-A-12-A12

Versuch		F_{max} in kN	v_{Fmax} in mm	F_{v15} in kN	$F_{maßg}$ in kN	k_i in N/mm²	k_s in N/mm²	ρ_{SH} in kg/m³	ρ_{MH} in kg/m³	Ort, Abfolge u. Ursache des Versagens		v >15mm
I-A-12-A12-1	v1	41,01	16,83	37,79	38,82	8,04	6,94	394	424		Aufspalten Mittelholz	+
	v2		16,95	39,56				414	424			
	v3		>20	36,83	36,58	8,80	7,59	394	405	1.		+
	v4		19,34	36,23				414	405			
I-A-12-A12-2	v1	40,59	>20	33,80	33,05	6,85	5,79	380	392		Aufspalten Mittelholz	+
	v2		19,30	32,29				409	392			
	v3		17,78	37,92	37,93	8,50	7,26	380	389			+
	v4		>20	37,94				409	389	1.		
I-A-12-A12-3	v1	37,57	15,26	37,24	36,98	8,72	7,46	388	447			+
	v2		16,69	36,86				430	447	2.	Aufspalten MH	
	v3		>20	35,31	35,38	8,45	7,13	388	433	1.	Aufspalten SH	+
	v4		18,07	35,52				430	433			
I-A-12-A12-4	v1	22,41	4,47	-	22,41	10,71	9,06	470	412		Aufspalten Seitenholz	-
	v2		4,58	-				461	412	1.		
	v3		3,41	-	22,41	11,25	9,81	470	422			-
	v4		3,66	-				461	422			
I-A-12-A12-5	v1	37,58	>20	35,82	34,87	12,37	10,85	579	420	1.	Aufspalten MH	+
	v2		>20	34,55				580	420	2.	Aufspalten MH	
	v3		14,11	-	37,58	13,60	12,12	579	439	3.	Aufspalten SH	-
	v4		10,93	-				580	439			
Mittelwerte		35,83			33,60	9,73	8,40					

Tabelle 9-15 Zug-Scherversuche der Reihe I-A-12-B12

Versuch		F_{max} in kN	v_{Fmax} in mm	F_{v15} in kN	$F_{maßg}$ in kN	k_i in N/mm²	k_s in N/mm²	ρ_{SH} in kg/m³	ρ_{MH} in kg/m³	Ort, Abfolge u. Ursache des Versagens		v >15mm
I-A-12-B12-1	v1	43,95	17,91	37,91	38,44	6,11	5,12	384	456		v > 15 mm	+
	v2		17,43	39,33				408	456			
	v3		17,00	41,76	40,90	6,87	5,59	384	466			+
	v4		17,74	40,49				408	466			
I-A-12-B12-2	v1	42,59	12,41	-	42,59	10,16	7,99	413	456		v > 15 mm	-
	v2		14,43	-				415	456			
	v3		17,45	39,83	40,33	7,48	6,33	413	452			+
	v4		16,19	40,95				415	452			
I-A-12-B12-3	v1	34,04	10,78	-	34,04	9,20	7,37	462	510	x	Aufspalten Seitenholz	-
	v2		9,45	-				466	510			
	v3		9,95	-	34,04	9,50	7,99	462	528			-
	v4		11,53	-				466	528			
I-A-12-B12-4	v1	31,44	10,43	-	31,44	9,58	7,96	520	520		Aufspalten Seitenholz	-
	v2		11,10	-				486	520			
	v3		9,96	-	31,44	10,47	8,25	520	523	x		-
	v4		9,22	-				486	523			
I-A-12-B12-5	v1	27,59	6,95	-	27,59	9,84	8,10	481	519		Aufspalten Seitenholz	-
	v2		5,14	-				473	519			
	v3		6,35	-	27,59	8,42	6,89	481	516			-
	v4		8,40	-				473	516	x		
Mittelwerte		35,92			34,84	8,76	7,16					

Tabelle 9-16 Zug-Scherversuche der Reihe I-A-12-A32

Versuch		F_{max} in kN	v_{Fmax} in mm	F_{v15} in kN	$F_{maßg}$ in kN	k_i in N/mm²	k_s in N/mm²	ρ_{SH} in kg/m³	ρ_{MH} in kg/m³	Ort, Abfolge u. Ursache des Versagens		v >15mm
I-A-12-A32-1	v1	140,49	16,90	128,69	131,07	23,49	20,06	399	401		v > 15 mm	+
	v2		16,04	132,43				404	401			
	v3		18,77	118,16	118,45	22,74	19,69	399	396			+
	v4		19,18	118,39				404	396			
I-A-12-A32-2	v1	133,26	15,36	132,01	131,03	26,32	22,26	420	409		Aufspalten Seitenholz	+
	v2		15,78	130,24				433	409			
	v3		>20	111,83	113,08	21,39	18,02	420	412			+
	v4		19,94	114,06				433	412	x		
I-A-12-A32-3	v1	141,88	16,49	135,78	136,37	27,99	25,12	386	425		Aufspalten Seitenholz	+
	v2		15,63	137,51				436	425	1.		
	v3		16,86	134,80	128,89	26,82	23,46	386	411			+
	v4		19,77	124,32				436	411	2.		
I-A-12-A32-4	v1	125,16	13,88	-	123,04	28,04	24,15	445	420		Aufspalten Seitenholz	+
	v2		16,98	113,58				465	420			
	v3		16,99	119,10	122,64	29,04	25,29	445	419	1.		+
	v4		14,70	123,26				465	419	2.		
I-A-12-A32-5	v1	131,47	18,06	121,85	119,63	24,99	21,16	467	435		Aufspalten Seitenholz	+
	v2		>20	114,91				484	435	2.		
	v3		16,17	127,53	126,77	26,01	22,33	467	452			+
	v4		15,85	127,68				484	452	1.		
Mittelwerte		134,45			125,10	25,68	22,15					

Tabelle 9-17 Zug-Scherversuche der Reihe I-A-12-B32

Versuch		F_{max} in kN	v_{Fmax} in mm	F_{v15} in kN	$F_{maßg}$ in kN	k_i in N/mm²	k_s in N/mm²	ρ_{SH} in kg/m³	ρ_{MH} in kg/m³	Ort, Abfolge u. Ursache des Versagens		v >15mm
I-A-12-B32-1	v1	136,23	14,66	-	136,23	27,47	21,29	470	447		Zugversagen der Seitenhölzer	-
	v2		14,60	-				463	447			
	v3		15,47	133,43	132,89	26,61	20,57	470	421			+
	v4		15,60	133,21				463	421			
I-A-12-B32-2	v1	149,60	16,13	144,67	130,69	17,04	14,00	410	384		Aufspalten Mittelholz	+
	v2		>20	117,83				408	384			
	v3		>20	116,54	128,61	18,73	15,25	410	389	2.		+
	v4		>20	140,68				408	389	1.		
I-A-12-B32-3	v1	151,57	17,95	134,63	135,60	20,75	17,50	416	417	1.	Aufspalten Seitenholz	+
	v2		19,27	136,24				427	417			
	v3		15,88	148,39	143,95	21,03	17,74	416	407			+
	v4		16,62	138,43				427	407			
I-A-12-B32-4	v1	166,76	19,77	139,76	144,19	24,21	19,86	427	446		v > 15 mm	+
	v2		17,75	148,64				426	446			
	v3		>20	133,98	130,06	19,41	15,56	427	432			+
	v4		>20	127,02				426	432			
I-A-12-B32-5	v1	134,91	18,27	125,21	118,48	20,10	16,79	428	443	1.	Aufspalten Seitenholz, bei v1 Riss d. Einschrauben vorhanden	+
	v2		>20	110,82				456	443			
	v3		17,35	124,30	128,07	21,96	18,32	428	444	2.		+
	v4		15,85	131,52				456	444			
Mittelwerte		145,81			132,88	21,73	17,69					

Tabelle 9-18 Zug-Scherversuche der Reihe I-B-5-A12

Versuch		F_{max} in kN	v_{Fmax} in mm	F_{v15} in kN	$F_{maßg}$ in kN	k_i in N/mm²	k_s in N/mm²	ρ_{SH} in kg/m³	ρ_{MH} in kg/m³	Ort, Abfolge u. Ursache des Versagens		v >15mm
I-B-5-A12-1	v1	5,55	2,46	-	5,55	14,38	10,94	532	472	x	Aufspalten Seitenholz	-
	v2		2,41	-				542	472			
	v3		2,22	-	5,55	14,23	10,94	532	449			-
	v4		2,22	-				542	449			
I-B-5-A12-2	v1	5,97	2,94	-	5,97	12,41	9,31	542	555	x	Aufspalten Seitenholz	-
	v2		2,69	-				539	555			
	v3		2,74	-	5,97	11,16	8,61	542	456			-
	v4		3,31	-				539	456			
I-B-5-A12-3	v1	5,15	0,95	-	5,15	19,96	15,64	558	468		Aufspalten Seitenholz	-
	v2		1,09	-				540	468			
	v3		2,14	-	5,15	7,94	6,11	558	479			-
	v4		2,70	-				540	479	x		
I-B-5-A12-4	v1	5,55	3,92	-	5,55	9,25	7,16	551	465		Aufspalten Seitenholz	-
	v2		2,84	-				553	465			
	v3		3,03	-	5,55	11,6	8,67	551	465			-
	v4		3,67	-				553	465	x		
I-B-5-A12-5	v1	5,36	1,35	-	5,36	14,96	11,60	553	574		Aufspalten Seitenholz	-
	v2		1,51	-				584	574			
	v3		2,51	-	5,36	11,10	8,51	553	573	x		-
	v4		1,71	-				584	573			
Mittelwerte		5,52			5,52	12,70	9,75					

Tabelle 9-19 Zug-Scherversuche der Reihe I-B-6-A12

Versuch		F_{max} in kN	v_{Fmax} in mm	F_{v15} in kN	$F_{maßg}$ in kN	k_i in N/mm²	k_s in N/mm²	ρ_{SH} in kg/m³	ρ_{MH} in kg/m³	Ort, Abfolge u. Ursache des Versagens		v >15mm
I-B-6-A12-1	v1	9,25	4,55	-	9,25	18,56	14,45	455	468		Aufspalten Seitenholz	-
	v2		4,07	-				466	468			
	v3		5,01	-	9,25	13,62	10,60	455	456			-
	v4		5,11	-				466	456	x		
I-B-6-A12-2	v1	8,98	2,54	-	8,98	25,04	19,68	485	482		Aufspalten Seitenholz	-
	v2		3,19	-				482	482			
	v3		2,53	-	8,98	42,50	32,95	485	469	x		-
	v4		2,10	-				482	469			
I-B-6-A12-3	v1	6,75	0,59	-	6,75	51,07	41,21	483	478	(x)	Aufspalten Seitenholz	-
	v2		0,83	-				466	478			
	v3		1,76	-	6,75	22,98	18,48	483	480			-
	v4		1,64	-				466	480			
I-B-6-A12-4	v1	7,25	1,85	-	7,25	26,51	20,22	497	477	x	Aufspalten Seitenholz	-
	v2		1,23	-				490	477			
	v3		1,24	-	7,25	36,78	28,50	497	482			-
	v4		0,95	-				490	482			
I-B-6-A12-5	v1	9,02	2,09	-	9,02	31,11	24,74	470	493		Aufspalten Seitenholz	-
	v2		3,16	-				466	493			
	v3		3,57	-	9,02	31,83	23,55	470	504	x		-
	v4		2,60	-				466	504			
Mittelwerte		8,25			8,25	30,00	23,44					

Tabelle 9-20 Zug-Scherversuche der Reihe I-B-6-A32

Versuch		F_{max} in kN	v_{Fmax} in mm	F_{v15} in kN	$F_{maßg}$ in kN	k_i in N/mm²	k_s in N/mm²	ρ_{SH} in kg/m³	ρ_{MH} in kg/m³	Ort, Abfolge u. Ursache des Versagens		v >15mm
I-B-6-A32-1	v1	28,62	6,12	-	28,62	32,21	25,61	454	426		Aufspalten Seitenholz	-
	v2		8,54	-				450	426			
	v3		7,75	-	28,62	27,17	21,45	454	413	1.		-
	v4		7,00	-				450	413	2.		
I-B-6-A32-2	v1	24,62	6,66	-	24,62	19,84	15,63	485	424		Aufspalten Seitenholz	-
	v2		8,97	-				475	424			
	v3		9,40	-	24,62	17,31	13,54	485	427	1.		-
	v4		8,21	-				475	427	2.		
I-B-6-A32-3	v1	24,87	3,49	-	24,87	39,65	31,06	508	472		Aufspalten Seitenholz	-
	v2		3,87	-				501	472			
	v3		4,41	-	24,87	32,12	25,42	508	493	1.		-
	v4		4,33	-				501	493			
I-B-6-A32-4	v1	29,19	5,18	-	29,19	33,59	26,24	477	471		Aufspalten Seitenholz	-
	v2		7,80	-				487	471	1.		
	v3		6,30	-	29,19	34,59	27,27	477	478			-
	v4		4,10	-				487	478			
I-B-6-A32-5	v1	28,15	5,51	-	28,15	65,51	53,30	476	465	1.	Aufspalten Seitenholz	-
	v2		3,87	-				477	465			
	v3		3,68	-	28,15	84,81	71,05	476	462	2.		-
	v4		3,32	-				477	462			
Mittelwerte		27,09			27,09	38,68	31,06					

Tabelle 9-21 Zug-Scherversuche der Reihe I-B-6-B12

Versuch		F_{max} in kN	v_{Fmax} in mm	F_{v15} in kN	$F_{maßg}$ in kN	k_i in N/mm²	k_s in N/mm²	ρ_{SH} in kg/m³	ρ_{MH} in kg/m³	Ort, Abfolge u. Ursache des Versagens		v >15mm
I-B-6-B12-1	v1	8,28	4,07	-	8,28	6,46	5,51	468	501		Aufspalten Seitenholz	-
	v2		4,20	-				463	501			
	v3		5,08	-	8,28	5,84	4,97	468	496	x		-
	v4		4,95	-				463	496			
I-B-6-B12-2	v1	7,80	2,20	-	7,80	8,10	6,35	472	523		Aufspalten Seitenholz	-
	v2		2,44	-				479	523			
	v3		2,83	-	7,80	7,68	5,90	472	521	x		-
	v4		2,37	-				479	521			
I-B-6-B12-3	v1	8,48	2,84	-	8,48	13,26	9,83	524	537		Aufspalten Seitenholz	-
	v2		3,37	-				500	537	x		
	v3		2,79	-	8,48	16,25	12,32	524	531			-
	v4		2,12	-				500	531			
I-B-6-B12-4	v1	8,38	2,82	-	8,38	12,59	9,63	522	547	x	Aufspalten Seitenholz	-
	v2		1,91	-				532	547			
	v3		1,70	-	8,38	10,74	8,23	522	543			-
	v4		2,63	-				532	543			
I-B-6-B12-5	v1	8,19	2,67	-	8,19	10,11	7,75	429	442		Aufspalten Seitenholz	-
	v2		2,20	-				462	442			
	v3		3,25	-	8,19	7,51	5,97	429	479			-
	v4		3,66	-				462	479	x		
Mittelwerte		8,23			8,23	9,85	7,65					

Tabelle 9-22 Zug-Scherversuche der Reihe II-A-8-A12

Versuch		F_{max} in kN	v_{Fmax} in mm	F_{v15} in kN	$F_{maßg}$ in kN	k_i in N/mm²	k_s in N/mm²	ρ_{SH} in kg/m³	ρ_{MH} in kg/m³		Ort, Abfolge u. Ursache des Versagens	v >15mm
II-8-A12-1	v1	22,26	12,24	-	22,26	7,16	5,65	391	456		Aufspalten Seitenholz	-
	v2		11,27	-				422	456			
	v3		9,99	-	22,26	7,21	6,03	391	433			-
	v4		12,56	-				422	433	x		
II-8-A12-2	v1	18,03	6,40	-	18,03	9,97	7,69	420	447		Aufspalten Seitenholz	-
	v2		6,41	-				440	447			
	v3		8,32	-	18,03	7,48	5,82	420	448	x		-
	v4		7,58	-				440	448			
II-8-A12-3	v1	22,13	13,98	-	22,13	5,95	5,01	455	452		Aufspalten Seitenholz	-
	v2		10,22	-				440	452	x		
	v3		10,71	-	22,13	6,61	5,43	455	452			-
	v4		15,18	21,93				440	452			
II-8-A12-4	v1	17,40	7,18	-	17,40	9,49	7,29	484	447	x	Aufspalten Seitenholz	-
	v2		7,07	-				488	447			
	v3		4,89	-	17,40	9,98	7,64	484	449			-
	v4		7,04	-				488	449	x		
II-8-A12-5	v1	18,87	8,81	-	18,87	8,39	6,45	496	449		Aufspalten Seitenholz	-
	v2		9,28	-				491	449			
	v3		8,80	-	18,87	8,32	6,36	496	437			-
	v4		7,63	-				491	437	x		
Mittelwerte		19,74			19,74	8,06	6,34					

Tabelle 9-23 Zug-Scherversuche der Reihe II-A-8-A13

Versuch		F_{max} in kN	v_{Fmax} in mm	F_{v15} in kN	$F_{maßg}$ in kN	k_i in N/mm²	k_s in N/mm²	ρ_{SH} in kg/m³	ρ_{MH} in kg/m³	Ort, Abfolge u. Ursache des Versagens		v >15mm
II-8-A13-1	v1	22,89	9,88	-	22,89	20,59	15,76	478	469	x	Aufspalten Seitenholz	-
	v2		5,18	-				488	469			
	v3		3,70	-	22,89	22,35	17,07	478	476			-
	v4		6,68	-				488	476			
II-8-A13-2	v1	20,58	4,06	-	20,58	22,45	17,20	517	463		Aufspalten Seitenholz	-
	v2		2,50	-				494	463			
	v3		5,13	-	20,58	19,38	14,74	517	501			-
	v4		6,64	-				494	501	x		
II-8-A13-3	v1	31,80	14,68	-	29,35	15,49	11,83	432	436		Aufspalten Seitenholz	+
	v2		>20	29,01				417	436	x		
	v3		17,78	30,74	31,80	15,60	11,99	432	448			-
	v4		11,32	-				417	448			
II-8-A13-4	v1	25,61	11,64	-	25,61	20,90	15,84	413	451		Aufspalten Seitenholz	-
	v2		6,13	-				401	451			
	v3		7,76	-	25,61	17,04	13,05	413	446			-
	v4		13,16	-				401	446	x		
II-8-A13-5	v1	35,54	>20	30,61	32,05	19,94	15,19	475	462	x	Aufspalten Mittelholz	+
	v2		>20	33,84				479	462	x		
	v3		10,37	-	35,54	16,80	13,02	475	460			-
	v4		15,53	34,83				479	460			
Mittelwerte		27,28			26,69	19,05	14,57					

Tabelle 9-24 Zug-Scherversuche der Reihe III-A-8-A12

Versuch		F_{max} in kN	v_{Fmax} in mm	F_{v15} in kN	$F_{maßg}$ in kN	k_i in N/mm²	k_s in N/mm²	ρ_{SH} in kg/m³	ρ_{MH} in kg/m³	Ort, Abfolge u. Ursache des Versagens		v >15mm
III-8-A12-1	v1	12,56	3,42	-	12,56	9,43	7,30	466	400		Aufspalten Seitenholz	-
	v2		4,98	-				474	400			
	v3		6,88	-	12,56	7,62	6,19	466	380	x		-
	v4		4,77	-				474	380			
III-8-A12-2	v1	10,66	2,56	-	10,66	12,18	10,00	519	447	x	Aufspalten Seitenholz	-
	v2		2,58	-				558	447			
	v3		3,06	-	10,66	10,76	8,53	519	464			-
	v4		2,04	-				558	464			
III-8-A12-3	v1	13,11	7,50	-	13,11	8,80	7,05	472	454		Aufspalten Seitenholz	-
	v2		5,00	-				500	454			
	v3		4,11	-	13,11	8,85	7,00	472	456			-
	v4		6,63	-				500	456	x		
III-8-A12-4	v1	11,09	2,31	-	11,09	10,05	8,22	505	522		Aufspalten Seitenholz	-
	v2		2,75	-				494	522			
	v3		4,04	-	11,09	10,10	7,84	505	524	x		-
	v4		3,12	-				494	524			
III-8-A12-5	v1	12,34	4,31	-	12,34	9,56	7,69	521	535		Aufspalten Seitenholz	-
	v2		4,29	-				523	535			
	v3		3,84	-	12,34	11,48	9,22	521	530	x		-
	v4		3,35	-				523	530			
Mittelwerte		11,95			11,95	9,88	7,90					

Tabelle 9-25 Zug-Scherversuche der Reihe III-A-8-A32

Versuch		F_{max} in kN	v_{Fmax} in mm	F_{v15} in kN	$F_{maßg}$ in kN	k_i in N/mm²	k_s in N/mm²	ρ_{SH} in kg/m³	ρ_{MH} in kg/m³	Ort, Abfolge u. Ursache des Versagens		v >15mm
III-8-A32-1	v1	50,44	12,95	-	50,44	19,09	16,11	455	459	3.	Aufspalten Seitenholz	-
	v2		16,62	49,75				441	459	1.		
	v3		13,91	-	50,44	16,97	14,39	455	424	2.		-
	v4		10,36	-				441	424			
III-8-A32-2	v1	41,15	7,27	-	41,15	23,89	20,97	473	452	2.	Aufspalten Seitenholz	-
	v2		10,32	-				484	452	1.		
	v3		6,06	-	41,15	23,23	20,42	473	502	3.		-
	v4		5,20	-				484	502			
III-8-A32-3	v1	48,85	14,85	-	46,64	19,64	16,80	476	474		Aufspalten Seitenholz	+
	v2		>20	45,30				461	474	x		
	v3		13,80	-	48,85	22,15	18,77	476	488			-
	v4		7,34	-				461	488			
III-8-A32-4	v1	50,59	13,20	-	50,59	21,21	18,10	494	504	2.	Aufspalten Seitenholz	-
	v2		11,57	-				484	504			
	v3		13,22	-	50,59	20,67	17,69	494	503	1.		-
	v4		11,25	-				484	503			
III-8-A32-5	v1	52,08	13,35	-	52,08	22,59	19,19	523	502		Aufspalten Seitenholz	-
	v2		14,59	-				519	502	2.		
	v3		12,48	-	52,08	22,97	19,90	523	510			-
	v4		13,98	-				519	510	1.		
Mittelwerte		48,62			48,40	21,24	18,23					

Tabelle 9-26 Zug-Scherversuche der Reihe III-A-8-B14a

Versuch		F_{max} in kN	v_{Fmax} in mm	F_{v15} in kN	$F_{maßg}$ in kN	k_i in N/mm²	k_s in N/mm²	ρ_{SH} in kg/m³	ρ_{MH} in kg/m³	Ort, Abfolge u. Ursache des Versagens		v >15mm
III-8-B14a-1	v1	15,13	1,90	-	15,13	23,22	17,6	469	380	x	Aufspalten Seitenholz	-
	v2		5,51	-				498	380	x		
	v3		1,93	-	15,13	21,00	16,37	469	390			-
	v4		1,53	-				498	390			
III-8-B14a-2	v1	16,18	2,13	-	16,18	15,19	12,39	467	411		Aufspalten Seitenholz	-
	v2		3,10	-				476	411			
	v3		2,57	-	16,18	17,00	13,77	467	408	x		-
	v4		2,32	-				476	408			
III-8-B14a-3	v1	12,47	2,07	-	12,47	15,80	13,13	500	456	x	Aufspalten Seitenholz	-
	v2		1,19	-				499	456			
	v3		0,79	-	12,47	23,35	19,57	500	453			-
	v4		1,11	-				499	453			
III-8-B14a-4	v1	19,28	3,29	-	19,28	19,40	15,88	481	524	x	Aufspalten Seitenholz	-
	v2		2,83	-				523	524			
	v3		2,83	-	19,28	21,46	17,32	481	514			-
	v4		3,42	-				523	514	x		
III-8-B14a-5	v1	16,00	2,40	-	16,00	20,75	16,44	525	535	x	Aufspalten Seitenholz	-
	v2		1,51	-				580	535			
	v3		1,43	-	16,00	26,91	21,61	525	521			-
	v4		0,91	-				580	521			
Mittelwerte		15,81			15,81	20,41	16,41					

Tabelle 9-27 Zug-Scherversuche der Reihe III-A-8-A32a

Versuch		F_{max} in kN	v_{Fmax} in mm	F_{v15} in kN	$F_{maßg}$ in kN	k_i in N/mm²	k_s in N/mm²	ρ_{SH} in kg/m³	ρ_{MH} in kg/m³	Ort, Abfolge u. Ursache des Versagens		v >15mm
III-8-A32a-1	v1	49,30	13,11	-	49,30	20,32	17,46	468	446		Aufspalten Seitenholz	-
	v2		16,40	48,95				455	446	2.		
	v3		12,95	-	49,30	20,38	17,33	468	445			-
	v4		13,23	-				455	445	1.		
III-8-A32a-2	v1	39,48	6,00	-	39,48	22,66	19,27	463	459	2.	Aufspalten Seitenholz	-
	v2		4,60	-				459	459			
	v3		5,80	-	39,48	21,95	18,90	463	473	1.		-
	v4		4,97	-				459	473	1.		
III-8-A32a-3	v1	54,75	13,52	-	54,75	22,65	19,22	476	488	2.	Aufspalten Seitenholz	-
	v2		14,08	-				455	488	4.		
	v3		15,08	54,61	54,75	22,16	18,92	476	490	1.		-
	v4		14,26	-				455	490	3.		
III-8-A32a-4	v1	53,98	16,52	52,72	52,27	19,00	16,01	524	501	3.	Aufspalten Seitenholz	+
	v2		16,58	51,78				477	501	2.		
	v3		10,86	-	53,98	22,48	19,05	524	501			-
	v4		16,54	52,70				477	501	1.		
III-8-A32a-5	v1	46,62	5,36	-	46,62	25,48	21,53	545	509		Aufspalten Seitenholz	-
	v2		9,56	-				524	509	3.		
	v3		14,59	-	46,62	25,35	21,56	545	530	1.		-
	v4		7,94	-				524	530	2.		
Mittelwerte		48,81			48,66	22,24	18,93					

Tabelle 9-28 Höchstlast und Erwartungswert der Tragfähigkeit

Versuch		F in N	R_{Joh} in N	ΔR in N	R_{ges} in N	η=F /R_{ges}	$\eta \cdot n/n_{ef,DIN}$
I-A-5-A12-1	o.	1108	1357	638	1995	0,56	0,71
	u.	1108	1362	638	2000	0,55	0,71
I-A-5-A12-2	o.	673	1339	732	2071	0,32	0,41
	u.	673	1407	732	2139	0,31	0,40
I-A-5-A12-3	o.	878	1312	563	1875	0,47	0,60
	u.	878	1311	563	1874	0,47	0,60
I-A-5-A12-4	o.	983	1280	552	1831	0,54	0,68
	u.	983	1274	552	1825	0,54	0,69
I-A-5-A12-5	o.	1213	1156	505	1661	0,73	0,93
	u.	1213	1265	505	1770	0,69	0,87
Mittelwerte		971	1306	598	1904	0,52	0,66

Alle Angaben pro VM und Scherfuge.

Tabelle 9-29 Höchstlast und Erwartungswert der Tragfähigkeit

Versuch		F in N	R_{Joh} in N	ΔR in N	R_{ges} in N	η=F /R_{ges}	$\eta \cdot n/n_{ef,DIN}$
I-A-5-A32-1	o.	1698	1166	508	1674	1,01	1,29
	u.	1698	1172	508	1680	1,01	1,29
I-A-5-A32-2	o.	1538	1187	592	1779	0,86	1,10
	u.	1538	1216	592	1809	0,85	1,08
I-A-5-A32-3	o.	1636	1099	334	1433	1,14	1,45
	u.	1636	1095	334	1430	1,14	1,46
I-A-5-A32-4	o.	2174	1190	616	1806	1,20	1,53
	u.	2174	1351	616	1967	1,11	1,41
I-A-5-A32-5	o.	1761	1126	398	1524	1,16	1,47
	u.	1761	1134	398	1532	1,15	1,47
Mittelwerte		1761	1174	490	1663	1,06	1,36

Alle Angaben pro VM und Scherfuge.

Tabelle 9-30 Höchstlast und Erwartungswert der Tragfähigkeit

Versuch		F in N	R_{Joh} in N	ΔR in N	R_{ges} in N	$\eta = F/R_{ges}$	$\eta \cdot n/n_{ef,DIN}$
I-A-8-A12-1	o.	4683	2725	2640	5365	0,87	1,11
	u.	5720	2734	2640	5375	1,06	1,36
I-A-8-A12-2	o.	6128	2760	2629	5389	1,14	1,45
	u.	5675	2731	2629	5360	1,06	1,35
I-A-8-A12-3	o.	5230	2831	2817	5648	0,93	1,18
	u.	5230	2829	2816	5645	0,93	1,18
I-A-8-A12-4	o.	4368	2857	2857	5714	0,76	0,97
	u.	4368	2876	2876	5752	0,76	0,97
I-A-8-A12-5	o.	5810	2925	2925	5850	0,99	1,27
	u.	5810	2921	2921	5841	0,99	1,27
Mittelwerte		5302	2819	2775	5594	0,95	1,21

Alle Angaben pro VM und Scherfuge.

Tabelle 9-31 Höchstlast und Erwartungswert der Tragfähigkeit

Versuch		F in N	R_{Joh} in N	ΔR in N	R_{ges} in N	$\eta = F/R_{ges}$	$\eta \cdot n/n_{ef,DIN}$
I-A-8-B12-1	o.	5290	2768	2768	5536	0,96	1,22
	u.	5290	2771	2771	5541	0,95	1,22
I-A-8-B12-2	o.	5075	2979	2979	5959	0,85	1,09
	u.	5075	3000	3000	6001	0,85	1,08
I-A-8-B12-3	o.	3770	2870	2870	5739	0,66	0,84
	u.	3770	2912	2912	5824	0,65	0,83
I-A-8-B12-4	o.	6925	2689	2689	5378	1,29	1,64
	u.	6868	2737	2737	5473	1,25	1,60
I-A-8-B12-5	o.	5510	2694	2694	5388	1,02	1,30
	u.	5510	2672	2672	5345	1,03	1,31
Mittelwerte		5308	2809	2809	5618	0,95	1,21

Alle Angaben pro VM und Scherfuge.

Tabelle 9-32 Höchstlast und Erwartungswert der Tragfähigkeit

Versuch		F in N	R_{Joh} in N	ΔR in N	R_{ges} in N	$\eta=F/R_{ges}$	$\eta \cdot n/n_{ef,DIN}$
I-A-8-A32-1	o.	5558	2753	2584	5337	1,04	1,33
	u.	5999	2745	2584	5328	1,13	1,44
I-A-8-A32-2	o.	5635	2788	2640	5428	1,04	1,32
	u.	5894	2758	2640	5399	1,09	1,39
I-A-8-A32-3	o.	6043	2784	2677	5461	1,11	1,41
	u.	6122	2794	2677	5471	1,12	1,43
I-A-8-A32-4	o.	6131	2889	2831	5720	1,07	1,37
	u.	6191	2859	2831	5690	1,09	1,39
I-A-8-A32-5	o.	6058	2998	2998	5995	1,01	1,29
	u.	6298	2965	2965	5930	1,06	1,35
Mittelwerte		5993	2833	2743	5576	1,08	1,37

Alle Angaben pro VM und Scherfuge.

Tabelle 9-33 Höchstlast und Erwartungswert der Tragfähigkeit

Versuch		F in N	R_{Joh} in N	ΔR in N	R_{ges} in N	$\eta=F/R_{ges}$	$\eta \cdot n/n_{ef,DIN}$
I-A-8-B32-1	o.	5861	2695	2695	5389	1,09	1,39
	u.	6031	2689	2689	5379	1,12	1,43
I-A-8-B32-2	o.	6127	2819	2819	5638	1,09	1,39
	u.	6021	2809	2809	5617	1,07	1,37
I-A-8-B32-3	o.	5997	2759	2759	5518	1,09	1,39
	u.	6162	2737	2737	5474	1,13	1,43
I-A-8-B32-4	o.	7135	3018	3018	6036	1,18	1,51
	u.	6390	2877	2877	5754	1,11	1,42
I-A-8-B32-5	o.	6810	2770	2770	5540	1,23	1,57
	u.	7048	2664	2664	5329	1,32	1,69
Mittelwerte		6358	2784	2784	5567	1,14	1,46

Alle Angaben pro VM und Scherfuge.

Tabelle 9-34 Höchstlast und Erwartungswert der Tragfähigkeit

Versuch		F in N	R_{Joh} in N	ΔR in N	R_{ges} in N	η=F./R_{ges}	$\eta \cdot n/n_{ef,DIN}$
I-A-12-A12-1	o.	9705	5074	4151	9224	1,05	1,34
	u.	9145	5003	4151	9154	1,00	1,27
I-A-12-A12-2	o.	8263	4916	4073	8989	0,92	1,17
	u.	9483	4904	4073	8977	1,06	1,35
I-A-12-A12-3	o.	9245	5172	4191	9363	0,99	1,26
	u.	8845	5124	4191	9314	0,95	1,21
I-A-12-A12-4	o.	5603	5249	4643	9891	0,57	0,72
	u.	5603	5291	4643	9933	0,56	0,72
I-A-12-A12-5	o.	8718	5604	5520	11123	0,78	1,00
	u.	9395	5695	5520	11215	0,84	1,07
Mittelwerte		8401	5203	4516	9718	0,87	1,11

Alle Angaben pro VM und Scherfuge.

Tabelle 9-35 Höchstlast und Erwartungswert der Tragfähigkeit

Versuch		F in N	R_{Joh} in N	ΔR in N	R_{ges} in N	η=F./R_{ges}	$\eta \cdot n/n_{ef,DIN}$
I-A-12-B12-1	o.	9610	5148	4086	9234	1,04	1,33
	u.	10225	5180	4086	9265	1,10	1,41
I-A-12-B12-2	o.	10648	5226	4232	9458	1,13	1,43
	u.	10083	5213	4232	9445	1,07	1,36
I-A-12-B12-3	o.	8510	5605	4631	10236	0,83	1,06
	u.	8510	5662	4631	10293	0,83	1,05
I-A-12-B12-4	o.	7860	5785	4935	10720	0,73	0,93
	u.	7860	5795	4935	10730	0,73	0,93
I-A-12-B12-5	o.	6898	5685	4733	10418	0,66	0,84
	u.	6898	5676	4733	10409	0,66	0,84
Mittelwerte		8710	5498	4523	10021	0,88	1,12

Alle Angaben pro VM und Scherfuge.

Tabelle 9-36 Höchstlast und Erwartungswert der Tragfähigkeit

Versuch		F in N	R_{Joh} in N	ΔR in N	R_{ges} in N	η=F./R_{ges}	$\eta \cdot n/n_{ef,DIN}$
I-A-12-A32-1	o.	10923	4979	4131	9109	1,20	1,53
	u.	9871	4959	4131	9090	1,09	1,38
I-A-12-A32-2	o.	10919	5103	4332	9436	1,16	1,47
	u.	9423	5115	4332	9447	1,00	1,27
I-A-12-A32-3	o.	11364	5102	4206	9308	1,22	1,56
	u.	10741	5050	4206	9256	1,16	1,48
I-A-12-A32-4	o.	10253	5247	4559	9806	1,05	1,33
	u.	10220	5243	4559	9802	1,04	1,33
I-A-12-A32-5	o.	9969	5377	4721	10098	0,99	1,26
	u.	10564	5444	4721	10165	1,04	1,32
Mittelwerte		10425	5162	4390	9552	1,10	1,39

Alle Angaben pro VM und Scherfuge.

Tabelle 9-37 Höchstlast und Erwartungswert der Tragfähigkeit

Versuch		F in N	R_{Joh} in N	ΔR in N	R_{ges} in N	η=F./R_{ges}	$\eta \cdot n/n_{ef,DIN}$
I-A-12-B32-1	o.	11353	5394	4650	10044	1,13	1,44
	u.	11074	5290	4650	9940	1,11	1,42
I-A-12-B32-2	o.	10891	4939	4191	9130	1,19	1,52
	u.	10718	4959	4191	9151	1,17	1,49
I-A-12-B32-3	o.	11300	5116	4292	9408	1,20	1,53
	u.	11996	5077	4292	9369	1,28	1,63
I-A-12-B32-4	o.	12016	5242	4333	9575	1,25	1,60
	u.	10838	5191	4333	9524	1,14	1,45
I-A-12-B32-5	o.	9873	5289	4456	9745	1,01	1,29
	u.	10673	5293	4456	9749	1,09	1,40
Mittelwerte		11073	5179	4384	9564	1,16	1,48

Alle Angaben pro VM und Scherfuge.

Tabelle 9-38 Höchstlast und Erwartungswert der Tragfähigkeit

Versuch		F in N	R_{Joh} in N	ΔR in N	R_{ges} in N	$\eta=F/R_{ges}$	$\eta \cdot n/n_{ef,DIN}$
I-B-5-A12-1	o.	1388	1461	543	2004	0,69	0,88
	u.	1388	1436	543	1979	0,70	0,89
I-B-5-A12-2	o.	1493	1542	550	2092	0,71	0,91
	u.	1493	1447	550	1997	0,75	0,95
I-B-5-A12-3	o.	1288	1466	567	2033	0,63	0,81
	u.	1288	1477	567	2045	0,63	0,80
I-B-5-A12-4	o.	1388	1465	573	2038	0,68	0,87
	u.	1388	1465	573	2038	0,68	0,87
I-B-5-A12-5	o.	1340	1582	609	2191	0,61	0,78
	u.	1340	1582	609	2190	0,61	0,78
Mittelwerte		1379	1492	568	2061	0,67	0,85

Alle Angaben pro VM und Scherfuge.

Tabelle 9-39 Höchstlast und Erwartungswert der Tragfähigkeit

Versuch		F in N	R_{Joh} in N	ΔR in N	R_{ges} in N	$\eta=F/R_{ges}$	$\eta \cdot n/n_{ef,DIN}$
I-B-6-A12-1	o.	2313	1967	571	2538	0,91	1,16
	u.	2313	1955	571	2526	0,92	1,17
I-B-6-A12-2	o.	2245	2056	629	2685	0,84	1,07
	u.	2245	2043	629	2672	0,84	1,07
I-B-6-A12-3	o.	1688	2022	606	2629	0,64	0,82
	u.	1688	2024	606	2631	0,64	0,82
I-B-6-A12-4	o.	1813	2082	655	2738	0,66	0,84
	u.	1813	2088	655	2743	0,66	0,84
I-B-6-A12-5	o.	2255	2015	589	2605	0,87	1,10
	u.	2255	2025	589	2614	0,86	1,10
Mittelwerte		2063	2028	610	2638	0,78	1,00

Alle Angaben pro VM und Scherfuge.

Tabelle 9-40 Höchstlast und Erwartungswert der Tragfähigkeit

Versuch		F in N	R_{Joh} in N	ΔR in N	R_{ges} in N	η=F./R_{ges}	$\eta \cdot n/n_{ef,DIN}$
I-B-6-B12-1	o.	2070	2014	849	2863	0,72	0,92
	u.	2070	2009	849	2859	0,72	0,92
I-B-6-B12-2	o.	1950	2067	872	2938	0,66	0,85
	u.	1950	2065	872	2937	0,66	0,85
I-B-6-B12-3	o.	2120	2184	954	3139	0,68	0,86
	u.	2120	2178	954	3132	0,68	0,86
I-B-6-B12-4	o.	2095	2222	989	3211	0,65	0,83
	u.	2095	2218	989	3207	0,65	0,83
I-B-6-B12-5	o.	2048	1893	806	2699	0,76	0,97
	u.	2048	1928	806	2734	0,75	0,95
Mittelwerte		2057	2078	894	2972	0,69	0,88

Alle Angaben pro VM und Scherfuge.

Tabelle 9-41 Höchstlast und Erwartungswert der Tragfähigkeit

Versuch		F in N	R_{Joh} in N	ΔR in N	R_{ges} in N	η=F./R_{ges}	$\eta \cdot n/n_{ef,DIN}$
I-B-6-A32-1	o.	2385	1897	550	2447	0,97	1,24
	u.	2385	1883	550	2433	0,98	1,25
I-B-6-A32-2	o.	2052	1983	620	2603	0,79	1,00
	u.	2052	1986	620	2606	0,79	1,00
I-B-6-A32-3	o.	2073	2094	685	2779	0,75	0,95
	u.	2073	2123	685	2808	0,74	0,94
I-B-6-A32-4	o.	2433	2040	625	2665	0,91	1,16
	u.	2433	2047	625	2672	0,91	1,16
I-B-6-A32-5	o.	2346	2016	611	2627	0,89	1,14
	u.	2346	2013	611	2624	0,89	1,14
Mittelwerte		2258	2008	618	2626	0,86	1,10

Alle Angaben pro VM und Scherfuge.

Tabelle 9-42 Höchstlast und Erwartungswert der Tragfähigkeit

Versuch		F in N	R_{Joh} in N	ΔR in N	R_{ges} in N	η=F./R_{ges}	$\eta \cdot n/n_{ef,DIN}$
II-8-A12-1	o.	5565	3106	3106	6212	0,90	1,14
	u.	5565	3059	3059	6119	0,91	1,16
II-8-A12-2	o.	4508	3145	3145	6291	0,72	0,91
	u.	4508	3148	3148	6295	0,72	0,91
II-8-A12-3	o.	5533	3196	3196	6392	0,87	1,10
	u.	5533	3196	3196	6392	0,87	1,10
II-8-A12-4	o.	4350	3266	3266	6531	0,67	0,85
	u.	4350	3270	3270	6541	0,67	0,85
II-8-A12-5	o.	4718	3285	3285	6570	0,72	0,92
	u.	4718	3256	3256	6512	0,72	0,92
Mittelwerte		4935	3193	3193	6386	0,78	0,99

Alle Angaben pro VM und Scherfuge.

Tabelle 9-43 Höchstlast und Erwartungswert der Tragfähigkeit

Versuch		F in N	R_{Joh} in N	ΔR in N	R_{ges} in N	η=F./R_{ges}	$\eta \cdot n/n_{ef,DIN}$
II-8-A13-1	o.	3815	3310	3310	6621	0,58	0,76
	u.	3815	3326	3326	6651	0,57	0,76
II-8-A13-2	o.	3430	3341	3341	6683	0,51	0,68
	u.	3430	3427	3427	6853	0,50	0,66
II-8-A13-3	o.	4892	3109	3109	6218	0,79	1,04
	u.	5300	3135	3135	6270	0,85	1,12
II-8-A13-4	o.	4268	3098	3098	6197	0,69	0,91
	u.	4268	3088	3088	6177	0,69	0,92
II-8-A13-5	o.	5342	3282	3282	6564	0,81	1,08
	u.	5923	3278	3278	6555	0,90	1,20
Mittelwerte		4448	3239	3239	6479	0,69	0,91

Alle Angaben pro VM und Scherfuge.

Tabelle 9-44 Höchstlast und Erwartungswert der Tragfähigkeit

Versuch		F in N	R_{Joh} in N	ΔR in N	R_{ges} in N	$\eta=F/R_{ges}$	$\eta \cdot n/n_{ef,DIN}$
III-8-B12-1	o.	3140	2938	1701	4639	0,68	0,86
	u.	3140	2886	1701	4588	0,68	0,87
III-8-B12-2	o.	2665	3169	1894	5063	0,53	0,67
	u.	2665	3209	1894	5103	0,52	0,67
III-8-B12-3	o.	3278	3093	1747	4840	0,68	0,86
	u.	3278	3098	1747	4844	0,68	0,86
III-8-B12-4	o.	2773	3259	1785	5044	0,55	0,70
	u.	2773	3263	1785	5048	0,55	0,70
III-8-B12-5	o.	3085	3330	1848	5178	0,60	0,76
	u.	3085	3320	1848	5168	0,60	0,76
Mittelwerte		2988	3157	1795	4952	0,61	0,77

Alle Angaben pro VM und Scherfuge.

Tabelle 9-45 Höchstlast und Erwartungswert der Tragfähigkeit

Versuch		F in N	R_{Joh} in N	ΔR in N	R_{ges} in N	$\eta=F/R_{ges}$	$\eta \cdot n/n_{ef,DIN}$
III-8-B32-1	o.	4203	3022	1638	4660	0,90	1,15
	u.	4203	2954	1638	4592	0,92	1,17
III-8-B32-2	o.	3429	3075	1725	4801	0,71	0,91
	u.	3429	3177	1725	4902	0,70	0,89
III-8-B32-3	o.	3887	3101	1697	4798	0,81	1,03
	u.	4071	3129	1697	4826	0,84	1,08
III-8-B32-4	o.	4216	3203	1755	4958	0,85	1,08
	u.	4216	3201	1755	4956	0,85	1,08
III-8-B32-5	o.	4340	3262	1845	5108	0,85	1,08
	u.	4340	3279	1845	5124	0,85	1,08
Mittelwerte		4033	3140	1732	4873	0,83	1,06

Alle Angaben pro VM und Scherfuge.

Tabelle 9-46 Höchstlast und Erwartungswert der Tragfähigkeit

Versuch		F in N	R_{Joh} in N	ΔR in N	R_{ges} in N	$\eta = F_{.}/R_{ges}$	$\eta \cdot n/n_{ef,DIN}$
III-8-B14a-1	o.	1891	2908	1739	4647	0,41	0,56
	u.	1891	2935	1739	4674	0,40	0,55
III-8-B14a -2	o.	2023	2968	1705	4673	0,43	0,59
	u.	2023	2960	1705	4666	0,43	0,59
III-8-B14a -3	o.	1559	3123	1785	4908	0,32	0,43
	u.	1559	3117	1785	4902	0,32	0,43
III-8-B14a -4	o.	2410	3267	1792	5059	0,48	0,65
	u.	2410	3248	1792	5040	0,48	0,65
III-8-B14a -5	o.	2000	3387	1933	5320	0,38	0,51
	u.	2000	3358	1933	5291	0,38	0,52
Mittelwerte		1977	3127	1791	4918	0,40	0,55

Alle Angaben pro VM und Scherfuge.

Tabelle 9-47 Höchstlast und Erwartungswert der Tragfähigkeit

Versuch		F in N	R_{Joh} in N	ΔR in N	R_{ges} in N	$\eta = F_{.}/R_{ges}$	$\eta \cdot n/n_{ef,DIN}$
III-8-B32a-1	o.	4108	3029	1677	4706	0,87	1,11
	u.	4108	3027	1677	4703	0,87	1,11
III-8-B32a-2	o.	3290	3055	1675	4731	0,70	0,89
	u.	3290	3084	1675	4759	0,69	0,88
III-8-B32a-3	o.	4563	3122	1688	4811	0,95	1,21
	u.	4563	3126	1688	4814	0,95	1,21
III-8-B32a-4	o.	4356	3219	1787	5006	0,87	1,11
	u.	4498	3219	1787	5006	0,90	1,15
III-8-B32a-5	o.	3885	3302	1883	5185	0,75	0,96
	u.	3885	3344	1883	5227	0,74	0,95
Mittelwerte		4055	3153	1742	4895	0,83	1,06

Alle Angaben pro VM und Scherfuge.

9.4 Anhang zum Abschnitt 4.2

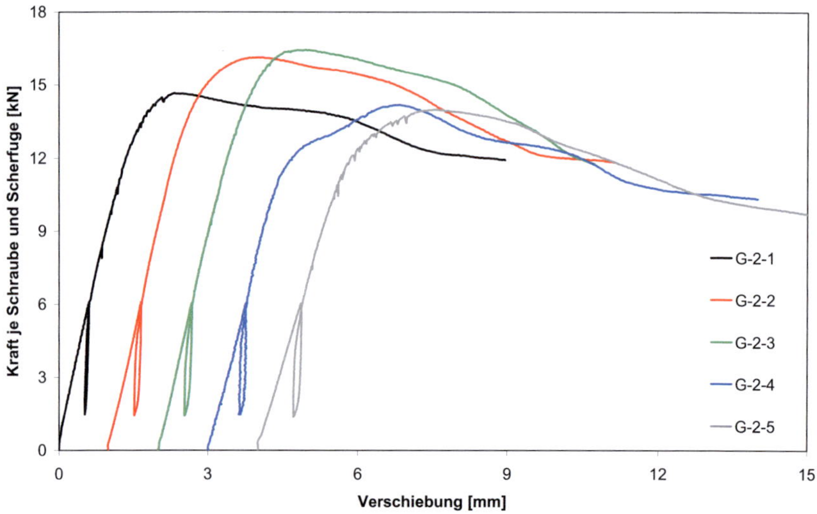

Bild 9-33 Last-Verschiebungs-Diagramme für die Versuchsreihe G-2

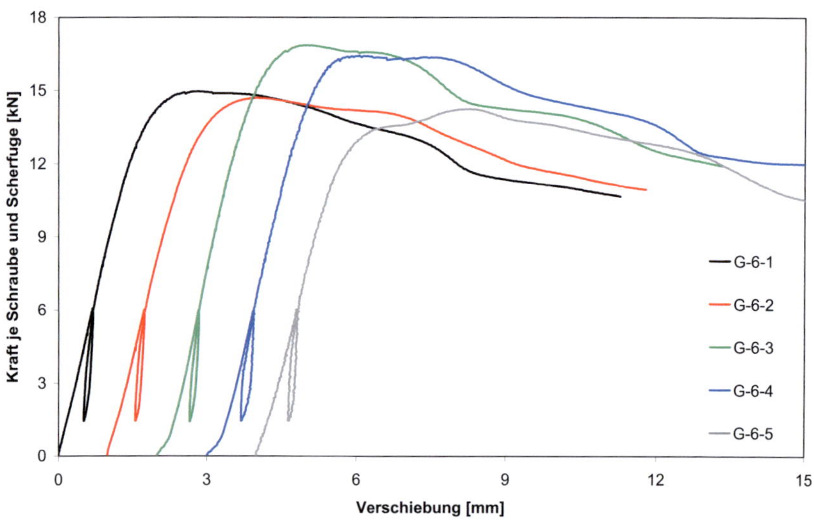

Bild 9-34 Last-Verschiebungs-Diagramme für die Versuchsreihe G-6

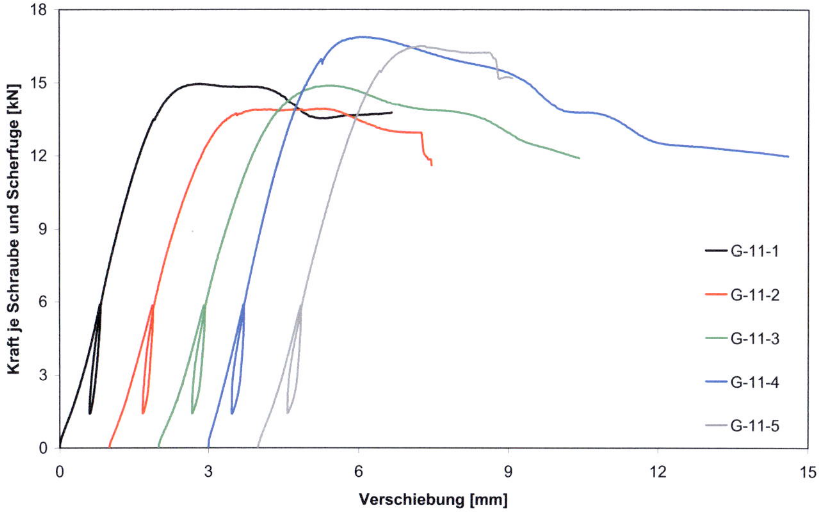

Bild 9-35 Last-Verschiebungs-Diagramme für die Versuchsreihe G-11

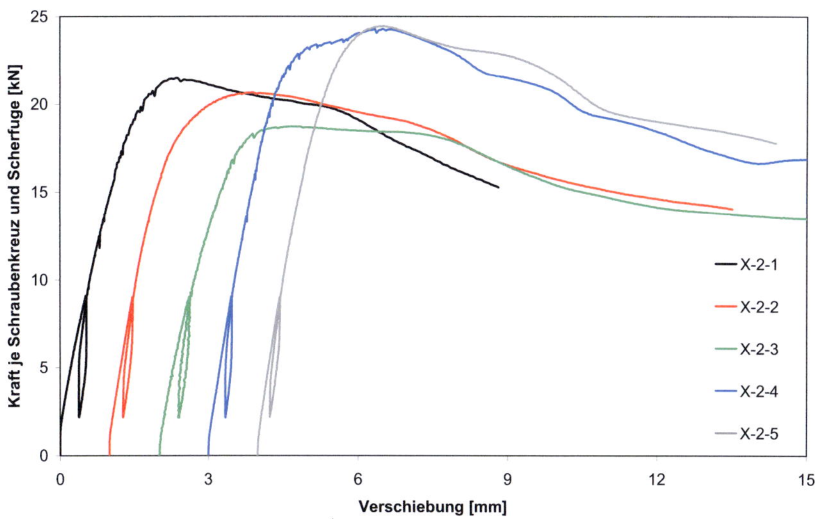

Bild 9-36 Last-Verschiebungs-Diagramme für die Versuchsreihe X-2

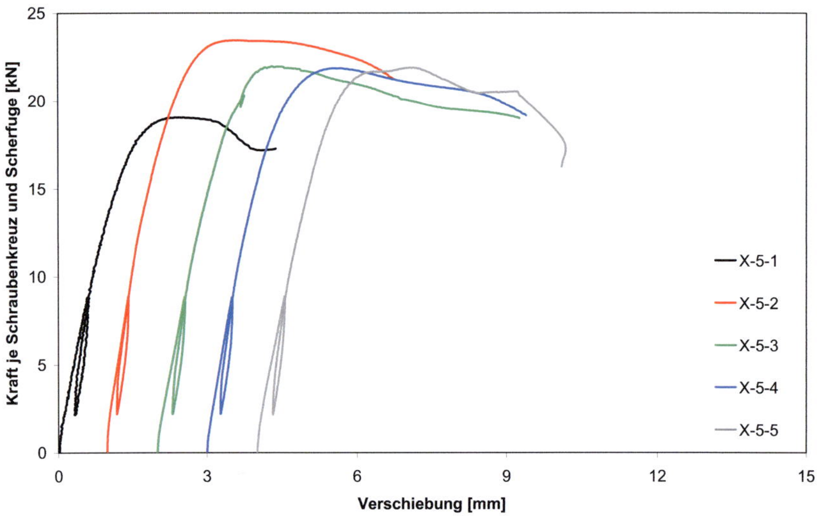

Bild 9-37 Last-Verschiebungs-Diagramme für die Versuchsreihe X-5

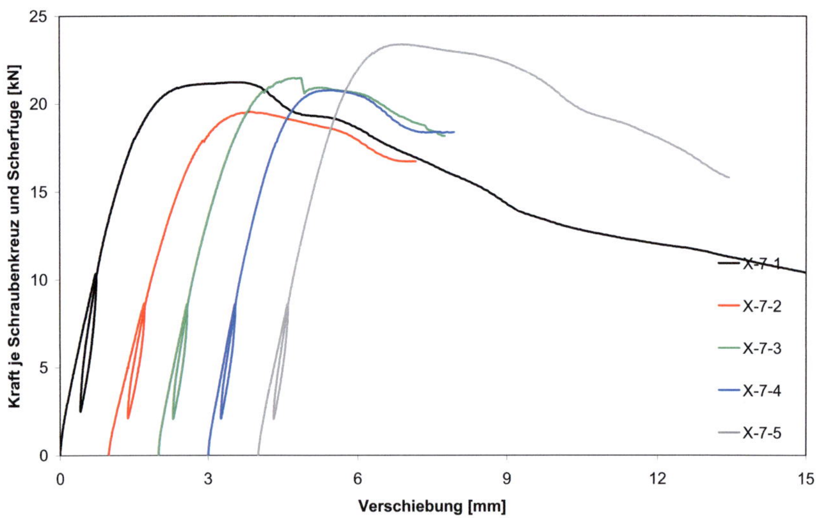

Bild 9-38 Last-Verschiebungs-Diagramme für die Versuchsreihe X-7

9.5 Anhang zum Abschnitt 5.2.2

9.5.1 Einschnittige Stahlblech-Holz-Verbindungen mit dickem Stahlblech und zweischnittige Stahlblech-Holz-Verbindungen mit innen liegendem Stahlblech

$$R = \min\{R_1, R_2, R_3\} \tag{67}$$

mit

$$R_1 = f_h \cdot d \cdot t_1 + R_{VE} \tag{68}$$

$$R_2 = f_h \cdot d \cdot t_1 \cdot \left[\sqrt{2 + \frac{4}{t_1^2} \cdot \frac{M_y}{f_h \cdot d}} - 1\right] \quad \text{für } p \geq x_2 \tag{69}$$

$$R_2 = \frac{M_y}{p} + f_h \cdot d \cdot t_1 \cdot \left[\frac{t_1}{2 \cdot p} + \frac{p}{t_1} - 1\right] \quad \text{für } p < x_2 \text{ und } R_{VE} > F_{VE,2} \tag{70}$$

$$R_2 = R_{VE} + f_h \cdot t_1 \cdot d \cdot \left[\sqrt{2 + \frac{4}{t_1^2} \cdot \left(\frac{M_y - R_{VE} \cdot p}{f_h \cdot d}\right)} - 1\right] \quad \text{für } p < x_2 \text{ und } R_{VE} \leq F_{VE,2} \tag{71}$$

$$\text{mit } F_{VE,2} = \frac{M_y}{p} + \frac{f_h \cdot d}{p} \cdot \left[\frac{t_1^2}{2} - p^2\right] \quad \text{und } x_2 = \sqrt{\frac{t_1^2}{2} + \frac{M_y}{f_h \cdot d}} \tag{72}$$

$$R_3 = \sqrt{2} \cdot \sqrt{2 \cdot M_y \cdot f_h \cdot d} \quad \text{für } p \geq x_3 \tag{73}$$

$$R_3 = \frac{2 \cdot M_y}{p} + \frac{f_h \cdot d \cdot p}{2} \quad \text{für } p < x_3 \text{ und } R_{VE} > F_{VE,3} \tag{74}$$

$$R_3 = R_{VE} + \sqrt{2} \cdot \sqrt{f_h \cdot d \cdot (2 \cdot M_y - R_{VE} \cdot p)} \quad \text{für } p < x_3 \text{ und } R_{VE} \leq F_{VE,3} \tag{75}$$

$$\text{mit } F_{VE,3} = \frac{2 \cdot M_y}{p} - \frac{f_h \cdot d \cdot p}{2} \quad \text{und } x_3 = \sqrt{\frac{4 \cdot M_y}{f_h \cdot d}} \tag{76}$$

9.5.2 Einschnittige Stahlblech-Holz-Verbindungen mit dünnem Stahlblech

$$R = \min\{R_2, R_3\} \tag{77}$$

mit

$$R_2 = f_h \cdot d \cdot t_1 \cdot \left[\sqrt{2} - 1\right] \qquad \text{für } p \geq x_2 \tag{78}$$

$$R_2 = f_h \cdot d \cdot t_1 \cdot \left[\frac{t_1}{2 \cdot p} + \frac{p}{t_1} - 1\right] \qquad \text{für } p < x_2 \text{ und } R_{VE} > F_{VE,2} \tag{79}$$

$$R_2 = R_{VE} + f_h \cdot t_1 \cdot d \cdot \left[\sqrt{2 - \frac{4 \cdot R_{VE} \cdot p}{t_1^2 \cdot f_h \cdot d}} - 1\right] \qquad \text{für } p < x_2 \text{ und } R_{VE} \leq F_{VE,2} \tag{80}$$

$$\text{mit } F_{VE,2} = \frac{f_h \cdot d}{p} \cdot \left[\frac{t_1^2}{2} - p^2\right] \qquad \text{und } x_2 = \frac{t_1}{\sqrt{2}} \tag{81}$$

$$R_3 = \sqrt{2 \cdot f_h \cdot d \cdot M_y} \qquad \text{für } p \geq x_3 \tag{82}$$

$$R_3 = \frac{M_y}{p} + \frac{f_h \cdot d \cdot p}{2} \qquad \text{für } p < x_3 \text{ und } R_{VE} > F_{VE,3} \tag{83}$$

$$R_3 = R_{VE} + \sqrt{2 \cdot f_h \cdot d \cdot (M_y - R_{VE} \cdot p)} \qquad \text{für } p < x_3 \text{ und } R_{VE} \leq F_{VE,3} \tag{84}$$

$$\text{mit } F_{VE,3} = \frac{M_y}{p} - \frac{f_h \cdot d \cdot p}{2} \qquad \text{und } x_3 = \sqrt{\frac{2 \cdot M_y}{f_h \cdot d}} \tag{85}$$

9.5.3 Zweischnittige Stahlblech-Holz-Verbindungen mit dünnen, außen liegenden Stahlblechen

$$R = \min\{R_1, R_3\} \tag{86}$$

mit

$$R_1 = \frac{1}{2} \cdot f_h \cdot d \cdot t_2 + R_{VE} \tag{87}$$

$$R_3 = \sqrt{2 \cdot M_y \cdot f_h \cdot d} \qquad \text{für } \frac{t_2}{2} > p \geq x_3 \tag{88}$$

$$R_3 = \frac{M_y}{p} + \frac{f_h \cdot d \cdot p}{2} \qquad \text{für } p < x_3 < \frac{t_2}{2} \text{ und } R_{VE} > F_{VE,3} \tag{89}$$

$$R_3 = R_{VE} + \sqrt{2 \cdot f_h \cdot d \cdot \left(M_y - R_{VE} \cdot p\right)} \qquad \text{für } p < x_3 < \frac{t_2}{2} \text{ und } R_{VE} \leq F_{VE,3} \tag{90}$$

$$\text{mit } F_{VE,3} = \frac{M_y}{p} - \frac{f_h \cdot d \cdot p}{2} \qquad \text{und } x_3 = \sqrt{\frac{2 \cdot M_y}{f_h \cdot d}} \tag{91}$$

9.5.4 Zweischnittige Stahlblech-Holz-Verbindung mit dicken, außen liegenden Stahlblechen

$$R = \min\{R_1, R_3\} \tag{92}$$

mit

$$R_1 = \frac{1}{2} \cdot f_h \cdot d \cdot t_2 + R_{VE} \tag{93}$$

$$R_3 = \sqrt{2} \cdot \sqrt{2 \cdot M_y \cdot f_h \cdot d} \qquad \text{für } \frac{t_2}{2} > p \geq x_3 \tag{94}$$

$$R_3 = \frac{2 \cdot M_y}{p} + \frac{f_h \cdot d \cdot p}{2} \qquad \text{für } p < x_3 < \frac{t_2}{2} \text{ und } R_{VE} > F_{VE,3} \tag{95}$$

$$R_3 = R_{VE} + \sqrt{2} \cdot \sqrt{f_h \cdot d \cdot \left(2 \cdot M_y - R_{VE} \cdot p\right)} \qquad \text{für } p < x_3 < \frac{t_2}{2} \text{ und } R_{VE} \leq F_{VE,3} \tag{96}$$

$$\text{mit } F_{VE,3} = \frac{2 \cdot M_y}{p} - \frac{f_h \cdot d \cdot p}{2} \qquad \text{und } x_3 = \sqrt{\frac{4 \cdot M_y}{f_h \cdot d}} \tag{97}$$

9.6 Anhang zum Abschnitt 5.2.3

9.6.1 Einschnittige Holz-Holz-Verbindungen

$$R = \min\{R_{1a}, R_{1b}, R_{1c}, R_{2a}, R_{2b}, R_3\} \tag{98}$$

mit

$$R_{1a} = f_{h,1} \cdot d \cdot t_1 + R_{1,VE} \tag{99}$$

$$R_{1b} = \beta \cdot f_{h,1} \cdot d \cdot t_2 + \psi \cdot R_{1,VE} \tag{100}$$

$$R_{1c} = \frac{f_{h,1} \cdot d \cdot t_1}{(1+\beta)} \cdot \left[\sqrt{\beta + 2 \cdot \beta^2 \cdot \left(1 + \frac{t_2}{t_1} + \frac{t_2^{\;2}}{t_1^{\;2}}\right) + \beta^3 \cdot \frac{t_2^{\;2}}{t_1^{\;2}}} - \beta \cdot \left(1 + \frac{t_2}{t_1}\right)\right] \quad \text{für } p \geq x_{1,1c} \text{ u. } p \geq x_{2,1c} \tag{101}$$

$$R_{1c} = \frac{f_{h,1} \cdot d \cdot t_1}{2} \cdot \left[(\beta + 1) \cdot \frac{p}{t_1} - 1 - \beta \cdot \frac{t_2}{t_1} + \left(1 + \beta \cdot \frac{t_2^{\;2}}{t_1^{\;2}}\right) \cdot \frac{t_1}{2 \cdot p}\right] \tag{102}$$

für $p < x_{1,1c}$ und $p < x_{2,1c}$ sowie für $R_{1,VE} > F_{1,VE,1c}$ und $R_{1,VE} > \frac{F_{2,VE,1c}}{\psi}$

$$R_{1c} = R_{1,VE} \cdot \frac{(\psi + \beta)}{(1+\beta)} + \frac{f_{h,1} \cdot d \cdot t_1}{(1+\beta)} \cdot \left[\sqrt{\beta + 2 \cdot \beta^2 \cdot \left(1 + \frac{t_2}{t_1} + \frac{t_2^{\;2}}{t_1^{\;2}}\right) + \beta^3 \cdot \frac{t_2^{\;2}}{t_1^{\;2}} - \frac{R_{1,VE}^{\;\;2} \cdot \beta \cdot (\psi - 1)^2}{t_1^{\;2} \cdot d^2 \cdot f_{h,1}^{\;\;2}} - \frac{2 \cdot R_{1,VE} \cdot \beta \cdot p \cdot \left(2 \cdot (1+\beta) \cdot (1+\psi) + \frac{t_1}{p} \cdot (1-\psi) \cdot \left(\beta \cdot \frac{t_2}{t_1} - 1\right)\right)}{f_{h,1} \cdot d \cdot t_1^{\;2}}} - \beta \cdot \left(1 + \frac{t_2}{t_1}\right)\right] \tag{103}$$

für $p < x_{1,1c}$ und $p < x_{2,1c}$ sowie für $R_{1,VE} \leq Z_{1c}$

$$R_{1c} = R_{1,VE} + f_{h,1} \cdot d \cdot t_1 \cdot \left[\sqrt{2} \cdot \sqrt{2 \cdot \frac{p^2}{t_1^{\;2}} \cdot (1+\beta) + 2 \cdot \frac{p}{t_1} \cdot \left(1 - \beta \cdot \frac{t_2}{t_1}\right) + \left(1 + \beta \cdot \frac{t_2^{\;2}}{t_1^{\;2}}\right) - \frac{4 \cdot R_{1,VE} \cdot p}{t_1^{\;2} \cdot d \cdot f_{h,1}}} - 2 \cdot \frac{p}{t_1} - 1\right] \tag{104}$$

für $p < x_{1,1c}$ und $p < x_{2,1c}$ sowie für $F_{1,VE,1c} > \frac{F_{2,VE,1c}}{\psi}$ und $Z_{1c} < R_{1,VE} \leq F_{1,VE,1c}$

$$R_{1c} = R_{1,VE} \cdot \psi + f_{h,1} \cdot d \cdot t_1 \cdot \left[\sqrt{2 \cdot \beta} \cdot \sqrt{\begin{array}{l} 2 \cdot \frac{p^2}{t_1^2} \cdot (1+\beta) - 2 \cdot \frac{p}{t_1} \cdot \left(1 - \beta \cdot \frac{t_2}{t_1}\right) \\ +1 + \beta \cdot \frac{t_2^{\,2}}{t_1^{\,2}} - \frac{4 \cdot R_{1,VE} \cdot \psi \cdot p}{t_1^{\,2} \cdot d \cdot f_{h,1}} \end{array}} - \beta \cdot \left(\frac{t_2}{t_1} + 2 \cdot \frac{p}{t_1} \right) \right] \quad (105)$$

für $p < x_{1,1c}$ und $p < x_{2,1c}$ sowie für $F_{1,VE,1c} \leq \frac{F_{2,VE,1c}}{\psi}$ und $Z_{1c} < R_{1,VE} \leq \frac{F_{2,VE,1c}}{\psi}$

Mit

$$x_{1,1c} = \frac{t_1}{2 \cdot (1+\beta)} \cdot \left[\sqrt{\beta + 2 \cdot \beta^2 \cdot \left[1 + \frac{t_2}{t_1} + \left(\frac{t_2}{t_1}\right)^2 \right] + \beta^3 \cdot \left(\frac{t_2}{t_1}\right)^2} + 1 - \beta \cdot \frac{t_2}{t_1} \right] \quad (106)$$

$$x_{2,1c} = \frac{t_1}{2 \cdot \beta \cdot (1+\beta)} \cdot \left[\sqrt{\beta + 2 \cdot \beta^2 \cdot \left[1 + \frac{t_2}{t_1} + \left(\frac{t_2}{t_1}\right)^2 \right] + \beta^3 \cdot \left(\frac{t_2}{t_1}\right)^2} - \beta \cdot \left(1 - \beta \cdot \frac{t_2}{t_1}\right) \right] \quad (107)$$

$$F_{1,VE,1c} = \frac{f_{h,1} \cdot d \cdot t_1}{2} \cdot \left[(\beta - 3) \cdot \frac{p}{t_1} + 1 - \beta \cdot \frac{t_2}{t_1} + \left(1 + \beta \cdot \frac{t_2^{\,2}}{t_1^{\,2}}\right) \cdot \frac{t_1}{2 \cdot p} \right] \quad (108)$$

$$F_{2,VE,1c} = \frac{f_{h,1} \cdot d \cdot t_1}{2} \cdot \left[(1 - 3 \cdot \beta) \cdot \frac{p}{t_1} - 1 + \beta \cdot \frac{t_2}{t_1} + \left(1 + \beta \cdot \frac{t_2^{\,2}}{t_1^{\,2}}\right) \cdot \frac{t_1}{2 \cdot p} \right] \quad (109)$$

$$Z_{1c} = \min \left\{ \begin{array}{l} \frac{f_{h,1} \cdot d}{(\psi - 1)^2} \cdot \left[\begin{array}{l} (t_1 - t_2 \cdot \beta - 2 \cdot p) \cdot (1 - \psi) - 2 \cdot p \cdot \beta \cdot (1 + \psi) + \sqrt{2 \cdot \beta} \\ \cdot \sqrt{\begin{array}{l} 2 \cdot p^2 \cdot (\psi + 1)^2 \cdot (1 + \beta) + t_1^2 \cdot (\psi - 1)^2 \cdot \left(1 + \beta \cdot \frac{t_2^{\,2}}{t_1^{\,2}}\right) \\ +2 \cdot p \cdot t_1 \cdot (1 - \psi^2) \cdot \left(\beta \cdot \frac{t_2}{t_1} - 1\right) - 8 \cdot \psi^2 \cdot p^2 \end{array}} \end{array} \right] \\ \frac{f_{h,1} \cdot d}{(\psi - 1)^2} \cdot \left[\begin{array}{l} (t_1 - t_2 \cdot \beta - 2 \cdot p) \cdot (1 - \psi) + 2 \cdot p \cdot \beta \cdot (1 - \psi) - 4 \cdot \psi \cdot p \\ +\sqrt{2} \cdot \sqrt{\begin{array}{l} 2 \cdot p^2 \cdot \psi \cdot (\psi + 2) \cdot (1 + \beta) + 2 \cdot p^2 \cdot (1 - 3 \cdot \beta) \\ +2 \cdot p \cdot (1 - \psi^2) \cdot (\beta \cdot t_2 - t_1) + (\psi - 1)^2 \cdot (t_1^2 + \beta \cdot t_2^{\,2}) \end{array}} \end{array} \right] \end{array} \right\} \quad (110)$$

für $\psi \neq 1$

$$Z_{1c} = \min \left\{ \begin{array}{l} \dfrac{f_{h,1} \cdot d}{2 \cdot \beta} \cdot \left[(t_1 - t_2 \cdot \beta) - p \cdot (\beta + 1) + \dfrac{t_1^2}{2 \cdot p} \cdot (\beta - 1) + \dfrac{(\beta \cdot t_2 + t_1)^2}{4 \cdot p} \right] \\ \dfrac{f_{h,1} \cdot d \cdot \beta}{2} \cdot \left[(t_2 \cdot \beta - t_1) - p \cdot (\beta + 1) + \dfrac{t_2^2}{2 \cdot p} \cdot (1 - \beta) + \dfrac{(\beta \cdot t_2 + t_1)^2}{4 \cdot p \cdot \beta} \right] \end{array} \right\} \qquad (111)$$

für $\psi = 1$

$$R_{2a} = \frac{f_{h,1} \cdot d \cdot t_1}{(2 + \beta)} \cdot \left[\sqrt{2 \cdot \beta \cdot (1 + \beta) + \frac{4 \cdot \beta \cdot (2 + \beta) \cdot M_y}{f_{h,1} \cdot d \cdot t_1^2}} - \beta \right] \qquad (112)$$

für $p \geq x_{1,2a}$ und $p \geq x_{2,2a}$

$$R_{2a} = \frac{f_{h,1} \cdot d \cdot t_1}{4} \cdot \left[(\beta + 2) \cdot \frac{p}{t_1} - 2 + \frac{t_1}{p} \right] + \frac{M_y}{2 \cdot p} \qquad (113)$$

für $p < x_{1,2a}$ und $p < x_{2,2a}$ sowie für $R_{1,VE} > F_{1,VE,2a}$ und $R_{1,VE} > \dfrac{F_{2,VE,2a}}{\psi}$

$$R_{2a} = R_{1,VE} \cdot \frac{(2 \cdot \psi + \beta)}{(2 + \beta)} + \frac{f_{h,1} \cdot d \cdot t_1}{(2 + \beta)} \cdot \left[\sqrt{ \begin{array}{l} 2 \cdot \beta \cdot (1 + \beta) - \dfrac{2 \cdot R_{1,VE}^2 \cdot \beta \cdot (\psi - 1)^2}{t_1^2 \cdot d^2 \cdot f_{h,1}^2} \\ - \dfrac{4 \cdot R_{1,VE} \cdot \beta \cdot \left(\dfrac{p}{t_1} \cdot (1 + \psi) \cdot (2 + \beta) + \psi - 1 \right)}{f_{h,1} \cdot d \cdot t_1} + \dfrac{4 \cdot \beta \cdot (2 + \beta) \cdot M_y}{f_{h,1} \cdot d \cdot t_1^2} \end{array} } - \beta \right] \qquad (114)$$

für $p < x_{1,2a}$ und $p < x_{2,2a}$ sowie für $R_{1,VE} \leq Z_{2a}$

$$R_{2a} = R_{1,VE} + f_{h,1} \cdot d \cdot t_1 \cdot \left[\sqrt{(2 + \beta) \cdot 2 \cdot \frac{p^2}{t_1^2} + 2 + 4 \cdot \frac{p}{t_1} - \frac{(8 \cdot R_{1,VE} \cdot p - 4 \cdot M_y)}{t_1^2 \cdot f_{h,1} \cdot d}} - 2 \cdot \frac{p}{t_1} - 1 \right] \qquad (115)$$

für $p < x_{1,2a}$ und $p < x_{2,2a}$ sowie für $F_{1,VE,2a} > \dfrac{F_{2,VE,2a}}{\psi}$ und $Z_{2a} < R_{1,VE} \leq F_{1,VE,2a}$

$$R_{2a} = R_{1,VE} \cdot \psi$$
$$+f_{h,1} \cdot d \cdot t_1 \cdot \left[\sqrt{(2+\beta) \cdot \beta \cdot \frac{p^2}{t_1^2} + \beta - 2 \cdot \beta \cdot \frac{p}{t_1} - \frac{\beta \cdot (4 \cdot R_{1,VE} \cdot \psi \cdot p - 2 \cdot M_y)}{t_1^2 \cdot f_{h,1} \cdot d}} - \beta \cdot \frac{p}{t_1} \right] \tag{116}$$

für $p < x_{1,2a}$ und $p < x_{2,2a}$ sowie für $F_{1,VE,2a} \leq \frac{F_{2,VE,2a}}{\psi}$ und $Z_{2a} < R_{1,VE} \leq \frac{F_{2,VE,2a}}{\psi}$

Mit

$$x_{1,2a} = \frac{t_1}{2 \cdot (2+\beta)} \cdot \left[\sqrt{2 \cdot \beta \cdot (1+\beta) + \frac{(2+\beta) \cdot \beta \cdot 4 \cdot M_y}{t_1^2 \cdot f_{h,1} \cdot d}} + 2 \right] \tag{117}$$

$$x_{2,2a} = \frac{t_1}{\beta \cdot (2+\beta)} \cdot \left[\sqrt{2 \cdot \beta \cdot (1+\beta) + \frac{(2+\beta) \cdot \beta \cdot 4 \cdot M_y}{t_1^2 \cdot f_{h,1} \cdot d}} - \beta \right] \tag{118}$$

$$F_{1,VE,2a} = \frac{f_{h,1} \cdot d \cdot t_1}{4} \cdot \left[(\beta - 6) \cdot \frac{p}{t_1} + 2 + \frac{t_1}{p} \right] + \frac{M_y}{2 \cdot p} \tag{119}$$

$$F_{2,VE,2a} = \frac{f_{h,1} \cdot d \cdot t_1}{4} \cdot \left[(2 - 3 \cdot \beta) \cdot \frac{p}{t_1} - 2 + \frac{t_1}{p} \right] + \frac{M_y}{2 \cdot p} \tag{120}$$

$$Z_{2a} = \min \left\{ \begin{array}{l} \frac{f_{h,1} \cdot d}{(\psi - 1)^2} \cdot \left[\begin{array}{l} (2 \cdot p - t_1 - \beta \cdot p) \cdot (\psi - 1) - 2 \cdot p \cdot \beta \\ + \sqrt{\begin{array}{l} \beta \cdot p^2 \cdot (\psi + 1)^2 \cdot (2+\beta) + 2 \cdot p \cdot t_1 \cdot \beta \cdot (\psi^2 - 1) \\ + \beta \cdot t_1^2 \cdot (\psi - 1)^2 - 8 \cdot \beta \cdot \psi^2 \cdot p^2 + \frac{2 \cdot \beta \cdot (\psi - 1)^2 \cdot M_y}{f_{h,1} \cdot d} \end{array}} \end{array} \right] \\ \frac{f_{h,1} \cdot d}{(\psi - 1)^2} \cdot \left[\begin{array}{l} (2 \cdot p + t_1 + \beta \cdot p) \cdot (1 - \psi) - 4 \cdot p \\ + \sqrt{2} \cdot \sqrt{\begin{array}{l} p^2 \cdot (\psi + 1)^2 \cdot (2+\beta) + 2 \cdot p \cdot t_1 \cdot (\psi^2 - 1) \\ + t_1^2 \cdot (\psi - 1)^2 - 4 \cdot \beta \cdot p^2 + \frac{2 \cdot (\psi - 1)^2 \cdot M_y}{f_{h,1} \cdot d} \end{array}} \end{array} \right] \end{array} \right\} \tag{121}$$

für $\psi \neq 1$

$$Z_{2a} = \min \begin{Bmatrix} \dfrac{f_{h,1} \cdot d}{4 \cdot p \cdot \beta} \cdot \left[(\beta - 1) \cdot t_1^{\,2} + 4 \cdot p \cdot t_1 - 2 \cdot p^2 \cdot (2 + \beta) \right] + \dfrac{M_y}{2 \cdot p} \\ \dfrac{f_{h,1} \cdot d}{8 \cdot p} \cdot \left[t_1^{\,2} - 2 \cdot p \cdot \beta \cdot t_1 - p^2 \cdot \beta \cdot (2 + \beta) \right] + \dfrac{M_y}{2 \cdot p} \end{Bmatrix} \text{ für } \psi = 1 \tag{122}$$

$$R_{2b} = \frac{f_{h,1} \cdot d \cdot t_2}{(2 \cdot \beta + 1)} \cdot \left[\sqrt{2 \cdot \beta^2 \cdot (1 + \beta) + \frac{4 \cdot \beta \cdot (2 \cdot \beta + 1) \cdot M_y}{f_{h,1} \cdot d \cdot t_2^{\,2}}} - \beta \right] \quad \text{für } p \geq x_{1,2b} \text{ und } p \geq x_{2,2b} \tag{123}$$

$$R_{2b} = \frac{f_{h,1} \cdot d \cdot t_2}{4} \cdot \left[(2 \cdot \beta + 1) \cdot \frac{p}{t_2} + 2 \cdot \beta \cdot \left(\frac{t_2}{2 \cdot p} - 1 \right) \right] + \frac{M_y}{2 \cdot p} \tag{124}$$

für $p < x_{1,2b}$ und $p < x_{2,2b}$ sowie für $R_{1,VE} > F_{1,VE,2b}$ und $R_{1,VE} > \dfrac{F_{2,VE,2b}}{\psi}$

$$R_{2b} = R_{1,VE} \cdot \frac{(2 \cdot \beta + \psi)}{(2 \cdot \beta + 1)} + \frac{f_{h,1} \cdot d \cdot t_2}{(2 \cdot \beta + 1)} \cdot \left[\sqrt{ 2 \cdot \beta^2 \cdot (1 + \beta) - \frac{2 \cdot R_{1,VE}^{\,2} \cdot \beta \cdot (\psi - 1)^2}{t_2^{\,2} \cdot d^2 \cdot f_{h,1}^{\,2}} + \frac{4 \cdot \beta \cdot (2 \cdot \beta + 1) \cdot M_y}{f_{h,1} \cdot d \cdot t_2^{\,2}} - \frac{4 \cdot R_{1,VE} \cdot \beta \cdot \left(\frac{p}{t_2} \cdot (1 + \psi) \cdot (2 \cdot \beta + 1) + \beta - \psi \cdot \beta \right)}{f_{h,1} \cdot d \cdot t_2} } - \beta \right] \tag{125}$$

für $p < x_{1,2b}$ und $p < x_{2,2b}$ sowie für $R_{1,VE} \leq Z_{2b}$

$$R_{2b} = R_{1,VE} + f_{h,1} \cdot d \cdot t_2 \cdot \left[\sqrt{(1 + 2 \cdot \beta) \cdot \frac{p^2}{t_2^{\,2}} + \left(1 - 2 \cdot \frac{p}{t_2} \right) \cdot \beta - \frac{(4 \cdot R_{1,VE} \cdot p - 2 \cdot M_y)}{t_2^{\,2} \cdot f_{h,1} \cdot d}} - \frac{p}{t_2} \right] \tag{126}$$

für $p < x_{1,2b}$ und $p < x_{2,2b}$ sowie für $F_{1,VE,2b} > \dfrac{F_{2,VE,2b}}{\psi}$ und $Z_{2b} < R_{1,VE} \leq F_{1,VE,2b}$

$$R_{2b} = R_{1,VE} \cdot \psi + f_{h,1} \cdot d \cdot t_2 \cdot \left[\sqrt{\beta} \cdot \sqrt{(1 + 2 \cdot \beta) \cdot 2 \cdot \frac{p^2}{t_2^{\,2}} + \left(1 + 2 \cdot \frac{p}{t_2} \right) \cdot 2 \cdot \beta - \frac{4 \cdot (2 \cdot R_{1,VE} \cdot \psi \cdot p - M_y)}{t_2^{\,2} \cdot f_{h,1} \cdot d}} - \beta \cdot \left(1 + 2 \cdot \frac{p}{t_2} \right) \right] \tag{127}$$

für $p < x_{1,2b}$ und $p < x_{2,2b}$ sowie für $F_{1,VE,2b} \leq \dfrac{F_{2,VE,2b}}{\psi}$ und $Z_{2b} < R_{1,VE} \leq \dfrac{F_{2,VE,2b}}{\psi}$

Mit

$$x_{1,2b}=\frac{t_2}{1+2\cdot\beta}\cdot\left[\sqrt{2\cdot\beta^2\cdot(1+\beta)+\frac{(1+2\cdot\beta)\cdot\beta\cdot4\cdot M_y}{t_2{}^2\cdot f_{h,1}\cdot d}}-\beta\right] \tag{128}$$

$$x_{2,2b}=\frac{t_2}{2\cdot\beta\cdot(1+2\cdot\beta)}\cdot\left[\sqrt{2\cdot\beta^2\cdot(1+\beta)+\frac{(1+2\cdot\beta)\cdot\beta\cdot4\cdot M_y}{t_2{}^2\cdot f_{h,1}\cdot d}}+2\cdot\beta^2\right] \tag{129}$$

$$F_{1,VE,2b}=\frac{f_{h,1}\cdot d\cdot t_2}{4}\cdot\left[(2\cdot\beta-3)\cdot\frac{p}{t_2}+2\cdot\beta\cdot\left(\frac{t_2}{2\cdot p}-1\right)\right]+\frac{M_y}{2\cdot p} \tag{130}$$

$$F_{2,VE,2b}=\frac{f_{h,1}\cdot d\cdot t_2}{4}\cdot\left[(1-6\cdot\beta)\cdot\frac{p}{t_2}+2\cdot\beta\cdot\left(\frac{t_2}{2\cdot p}+1\right)\right]+\frac{M_y}{2\cdot p} \tag{131}$$

$$Z_{2b}=\min\left\{\begin{array}{l}\dfrac{f_{h,1}\cdot d}{(\psi-1)^2}\cdot\left[\begin{array}{l}(p+\beta\cdot t_2-2\cdot\beta\cdot p)\cdot(\psi-1)-4\cdot p\cdot\beta+\sqrt{2}\\ \cdot\sqrt{\begin{array}{l}\beta\cdot p^2\cdot(\psi+1)^2\cdot(2\cdot\beta+1)+2\cdot p\cdot t_2\cdot\beta^2\cdot(1-\psi^2)\\ +\beta^2\cdot t_2{}^2\cdot(\psi-1)^2-4\cdot\beta\cdot\psi^2\cdot p^2+\dfrac{2\cdot\beta\cdot(\psi-1)^2\cdot M_y}{f_{h,1}\cdot d}\end{array}}\end{array}\right]\\ \dfrac{f_{h,1}\cdot d}{(\psi-1)^2}\cdot\left[\begin{array}{l}(2\cdot p\cdot\beta-\beta\cdot t_2+p)\cdot(1-\psi)-2\cdot p\\ +\sqrt{\begin{array}{l}p^2\cdot(\psi+1)^2\cdot(2\cdot\beta+1)+2\cdot\beta\cdot p\cdot t_2\cdot(1-\psi^2)\\ +\beta\cdot t_2{}^2\cdot(\psi-1)^2-8\cdot\beta\cdot p^2+\dfrac{2\cdot(\psi-1)^2\cdot M_y}{f_{h,1}\cdot d}\end{array}}\end{array}\right]\end{array}\right\} \tag{132}$$

für $\psi\neq1$

$$Z_{2b}=\min\left\{\begin{array}{l}\dfrac{f_{h,1}\cdot d}{8\cdot p\cdot\beta}\cdot\left[\beta^2\cdot t_2{}^2-2\cdot p\cdot\beta\cdot t_2-p^2\cdot(2\cdot\beta+1)\right]+\dfrac{M_y}{2\cdot p}\\ \dfrac{f_{h,1}\cdot d}{4\cdot p}\cdot\left[4\cdot p\cdot\beta^2\cdot t_2-2\cdot p^2\cdot\beta\cdot(2\cdot\beta+1)+t_2{}^2\cdot\beta\cdot(1-\beta)\right]+\dfrac{M_y}{2\cdot p}\end{array}\right\} \tag{133}$$

für $\psi=1$

$$R_3 = \frac{\sqrt{2 \cdot \beta}}{\sqrt{1+\beta}} \cdot \sqrt{2 \cdot f_{h,1} \cdot d \cdot M_y} \qquad \text{für } p \geq x_{1,3} \text{ und } p \geq x_{2,3} \tag{134}$$

$$R_3 = \frac{M_y}{p} + \frac{f_{h,1} \cdot d \cdot p}{4} \cdot (1+\beta) \tag{135}$$

für $p < x_{1,3}$ und $p < x_{2,3}$ sowie für $R_{1,VE} > F_{1,VE,3}$ und $R_{1,VE} > \frac{F_{2,VE,3}}{\psi}$

$$R_3 = R_{1,VE} \cdot \frac{(\beta + \psi)}{(1+\beta)} + \sqrt{\frac{2 \cdot \beta}{1+\beta}} \cdot \sqrt{f_{h,1} \cdot d \cdot \left(2 \cdot M_y - R_{1,VE} \cdot p \cdot (1+\psi)\right) - \frac{R_{1,VE}{}^2 \cdot (\psi - 1)^2}{2 \cdot (1+\beta)}} \tag{136}$$

für $p < x_{1,3}$ und $p < x_{2,3}$ sowie für $R_{1,VE} \leq Z_3$

$$R_3 = R_{1,VE} + f_{h,1} \cdot d \cdot \left[\sqrt{(1+\beta) \cdot p^2 - \frac{4 \cdot R_{1,VE} \cdot p - 4 \cdot M_y}{f_{h,1} \cdot d}} - p\right] \tag{137}$$

für $p < x_{1,3}$ und $p < x_{2,3}$ sowie für $F_{1,VE,3} > \frac{F_{2,VE,3}}{\psi}$ und $Z_3 < R_{1,VE} \leq F_{1,VE,3}$

$$R_3 = R_{1,VE} \cdot \psi + f_{h,1} \cdot d \cdot \left[\sqrt{(1+\beta) \cdot \beta \cdot p^2 - \frac{4 \cdot \beta \cdot \left(R_{1,VE} \cdot \psi \cdot p - M_y\right)}{f_{h,1} \cdot d}} - p \cdot \beta\right] \text{für} \tag{138}$$

$p < x_{1,3}$ und $p < x_{2,3}$ sowie für $F_{1,VE,3} \leq \frac{F_{2,VE,3}}{\psi}$ und $Z_3 < R_{1,VE} \leq \frac{F_{2,VE,3}}{\psi}$

Mit

$$x_{1,3} = \frac{\sqrt{2 \cdot \beta}}{\sqrt{1+\beta}} \cdot \sqrt{\frac{2 \cdot M_y}{f_{h,1} \cdot d}} \tag{139}$$

$$x_{2,3} = \frac{\sqrt{2}}{\sqrt{\beta \cdot (1+\beta)}} \cdot \sqrt{\frac{2 \cdot M_y}{f_{h,1} \cdot d}} \tag{140}$$

$$F_{1,VE,3} = \frac{M_y}{p} - \frac{f_{h,1} \cdot d \cdot p}{4} \cdot (3 - \beta) \tag{141}$$

$$F_{2,VE,3} = \frac{M_y}{p} - \frac{f_{h,1} \cdot d \cdot p}{4} \cdot (3 \cdot \beta - 1) \tag{142}$$

$$Z_3 = \min \begin{Bmatrix} \frac{f_{h,1} \cdot d \cdot p}{(\psi - 1)^2} \cdot \begin{bmatrix} \sqrt{(1+\psi)^2 \cdot (\beta^2 + \beta) - 4 \cdot \beta \cdot \psi^2 + \frac{4 \cdot \beta \cdot (\psi - 1)^2 \cdot M_y}{p^2 \cdot d \cdot f_{h,1}}} \\ -(\beta - 1) \cdot \psi - \beta - 1 \end{bmatrix} \\ \frac{f_{h,1} \cdot d \cdot p}{(\psi - 1)^2} \cdot \begin{bmatrix} \sqrt{(2+\psi) \cdot (\beta + 1) \cdot \psi + 1 - 3 \cdot \beta + \frac{4 \cdot (\psi - 1)^2 \cdot M_y}{p^2 \cdot d \cdot f_{h,1}}} \\ -(\beta + 1) \cdot \psi + \beta - 1 \end{bmatrix} \end{Bmatrix} \tag{143}$$

für $\psi \neq 1$

$$Z_3 = \min \begin{Bmatrix} \frac{M_y}{p} - \frac{f_{h,1} \cdot d \cdot p}{4 \cdot \beta} \cdot (1 + \beta) \\ \frac{M_y}{p} - \frac{f_{h,1} \cdot d \cdot p \cdot \beta}{4} \cdot (1 + \beta) \end{Bmatrix} \quad \text{für } \psi = 1 \tag{144}$$

9.6.2 Zweischnittige Holz-Holz-Verbindungen

$$R = \min\{R_{1a}, R_{1b}, R_{2a}, R_3\} \tag{145}$$

mit

R_{1a} nach Gleichung (99).

$$R_{1b} = 0{,}5 \cdot \beta \cdot f_{h,1} \cdot d \cdot t_2 + \psi \cdot R_{VE,1} \qquad mit \qquad p \leq 0{,}5 \cdot t_2 \tag{146}$$

R_{2a} nach Gleichung (112) bis (122) und R_3 nach Gleichung (134) bis (144).